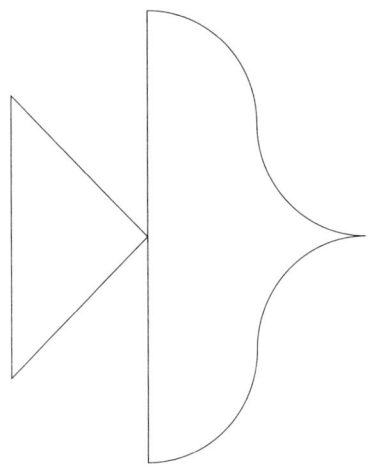

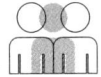

人格心理研究丛书

Series on
Personality
Psychology

郭永玉 主编

进化人格
心理学

陈建文 著

Evolutionary Personality
Psychology

上海教育出版社

图书在版编目(CIP)数据

进化人格心理学/陈建文著.—上海:上海教育出版社,2019.4
(人格心理研究丛书/郭永玉主编)
ISBN 978-7-5444-7500-6

Ⅰ.①进… Ⅱ.①陈… Ⅲ.①人格心理学-研究
Ⅳ.①B848

中国版本图书馆 CIP 数据核字(2019)第 068885 号

责任编辑　徐凤娇　谢冬华
书籍设计　陆　弦

人格心理研究丛书
郭永玉　主编
进化人格心理学
陈建文 著

出版发行	上海教育出版社有限公司
官　　网	www.seph.com.cn
地　　址	上海市永福路 123 号
邮　　编	200031
印　　刷	上海展强印刷有限公司
开　　本	889×1194　1/32　印张 11.625　插页 4
字　　数	220 千字
版　　次	2019 年 4 月第 1 版
印　　次	2019 年 4 月第 1 次印刷
书　　号	ISBN 978-7-5444-7500-6/B·0158
定　　价	68.00 元

如发现质量问题,读者可向本社调换　电话:021-64377165

总序

我撰写的《人格心理学：人性及其差异的研究》（中国社会科学出版社2005年版）一书出版后，我就开始酝酿一个计划，就是以此书的体系为框架，编写一套人格研究丛书。就是说此书尽管很厚，但就人格心理学这一丰富而宽泛的领域而言，仍然是概略性的。如果将每一章扩展成一本书，就可以讲得更明白而翔实一些。但这个计划从酝酿到现在实现，已经十几年过去了。之所以如此"难产"，原因当然很多，其中最主要的是中青年作者队伍的形成。因为人格心理学虽然在西方是心理学的一个基础性领域，已经有了深厚的积累，但在中国，由于历史的原因，人格心理学一直是一个薄弱的分支。

在那个心理学即使被允许存在的年代，"人格"一词在相当长的时间里也是避免使用的。在普通心理学课程中，有关人格的内容讲的是气质和性格，更奇怪的是，把气质又归结为巴甫洛夫的神经活动类型，把性格归结为对人、对己、对集体、对社会的态度。这些内容与西方的普通心理学或心理学导论课程中的人格章节的内容几乎没有相同之处,是另外一套说辞。总之就是回避"人格"一词。直到现在,我也很难解释这件事,只能笼统地理解为"人格"大概属于"资产阶级的东西,姓资不姓社"。这种情况是"冷战"时代意识形态指导学术的一个很小的例证。20 世纪 80 年代初期,由北京大学周先庚先生组织全国同行协作翻译的克雷奇(David Krech)等人编著的《心理学纲要》(文化教育出版社 1981 年版),涉及人格和心理健康的部分是没有被译出的,也就是说该书只是个节译本。这种情况直到 80 年代后期才有所改变,周先庚先生主持翻译的希尔加德(E. R. Hilgard)等人编著的《心理学导论》(北京大学出版社 1987 年版),就没有整章缺漏的情况了。

人格心理学在中国被视为一个独立的分支,具体而言就是在心理学专业课程体系中被作为一门课程,要比其他基础性分支晚得多。就教科书而言,高玉祥的《个性心理学》(北京师范大学出版社 1989 年版)和叶奕乾、孔克勤的《个性心理学》(华东师范大学出版社 1993 年版),是将动机和价值观,以及气质、性格和能力(智力)等都归在"个性"概念之下,将西方心理学中有关人格的知识纳入其中,将人格说成个性或者性格,总之是在"苏联心理学"的概念框架下吸收西方的人格心理学知识,但仍然尽量避免使用"人格"一词。

难能可贵的是,同样在那种背景之下,陈仲庚、张雨新的《人格心理学》(辽宁人民出版社 1987 年版)和叶奕乾的《人格心理学》(青海人民出版社 1990 年版)则是采用西方心理学的体系，以各大派别的人格理论为主线。黄希庭的《人格心理学》（台湾东华书局1998年版，浙江教育出版社2002年版）将这种体系加以整合完善。至此，人格心理学教材在体系和内容上才与国际接轨。而此时，"冷战"早已结束，作为特殊话语体系的所谓"苏联心理学"也早就寿终正寝了。当然，单从学术本身而言，人格心理学是具有社会性和文化性的学科，不同国家、地区乃至学术机构和具体学者都可能有不同的理论或体系，但这与"冷战"背景下形成的美苏两大学术壁垒或阵营是两回事。

进入21世纪，人格心理学的教学和研究也发展到更高的水平。在黄希庭等教授的倡导下，2005年10月中国心理学会第九届第一次常务理事会决定成立人格心理学专业委员会。从此，人格心理学的发展进入新的阶段。在教育部颁布的《高等学校本科专业类教学质量国家标准》的心理学部分，人格心理学被规定为心理学类专业的核心知识领域。我有幸作为这些事件的参与者，见证了这一学科发展的若干个里程碑时刻。

尽管如此，整体而言，人格心理学的教学和研究人员一直很少，招收人格研究方向研究生的导师屈指可数。因此，某种意义上，我是在等待愿意并能够承担这套丛书写作任务的中青年学者队伍的形成。直到近五年，时机逐渐成熟了。一批以人格为研究方向的年轻学者成长起来，他们大体在2010年前后五年内获得博士学位并成为教学科研骨干。2015年，我觉得丛书编写的计划可以付诸实施了，于是在上海教育出版社谢冬华先生的积极推动下，丛书写作任务开始落实。

丛书的选题依据基本上是以我在本文开始所言的那本书为蓝本，每一章扩展成一本书。为此，这里简要回顾一下那本书的框架。我当年在自序中说：

> 本书试图较系统地总结人格心理学的主要理论和研究成果，特别是体现这一领域从理论流派的纷争到深入的问题研究这一重大转向。我将主要以 1990 年代以来的文献为依据，以人格心理学的理论和实证研究成果为基础，整合人格心理学领域的最新研究成果，进而打通各理论派别间的界限，沟通各个研究主题间的联系，将已有的理论和实证研究成果整合到一种新的架构中，使人格心理学的知识体系接近历史与逻辑相统一的标准。

那本书包括六部分：第一部分探讨人格的概念及人格心理学的对象、任务、方法和历史，回顾传统的人格理论。在本丛书中，《人格理论》和《人格研究方法》就属于这一部分。

第二部分探讨人格的形成与发展，分别探讨生物学条件（生理、遗传、进化）和社会文化条件，以及发展历程（年龄阶段）和机制（天性与教养的相互作用）。在本丛书中，包括《人格的生理学维度》《人格的遗传学解释》《进化人格心理学》《人格与社会》《人格与文化》和《人格的形成与发展》。

第三部分是人格的整体功能研究，包括认知、情绪、动机和自我，即信息的获取与处理、情绪的反应与适应、行为的动力与目标，以及自我的统合与完善。在本丛书中，包括《人格与认知》《人格与情绪》《动机与目标》《自我调节》和《自我》。

第四部分是人格的具体功能研究，分别探讨潜意识、攻击、利他、人格与健康。在本丛书中，包括《人格与健康》《人格障碍》《人格中的恶》《利他主义》《人格与道德》和《人格与创造》。这部分与那本书的章目不完全对应，其间虽有内容上的重叠交叉，但每本书都围绕一个专题展开，各自有其独立成篇的合理性。

第五部分是人格的群体差异研究，包括性别差异和文化差异这两个最大的群体差异。在本丛书中，包括《性别与人格》和《中国人的人格》。

第六部分是总结性的，探讨人格测评的理论和方法，并在最后一章探讨人格理论中的人性观、人格理论分歧的维度、人格研究的方法论问题，以及人格心理学的未来走向。在本丛书中，有《人格评鉴》。

这里列的书目是迄今为止已经明确任务的，随着工作的进展，可能会有个别变动，有的可能因为各种原因不能如期完成，有的专题这里没有提及，但内容很好又有合适的作者，可能会新加入进来。但这些变动不会改变这个大的框架。定稿后的书名可能有变化，但内容基本就是这些。

人格心理学是一个丰富、有趣又富于挑战性的领域。我们期待这套丛书能够较完整地展现这一学科的面貌，也期待有更多的年轻人进入这一研究行列。当然，也期待着读者坦率地指出丛书编撰中存在的问题甚至错误。

郭永玉
2019年2月
于金陵随心斋

目录

序言 ...1

第1章 人格进化的基本原理 ...1

一、进化论的基本原理 ...5
二、进化心理学原理 ...10
三、人类本性：进化的种属普遍性机制 ...18
四、人格差异：进化人格心理学理论和研究 ...27

第2章 生活史理论与人格差异 ...41

一、生活史理论概述 ...42
二、生活史策略与发展可塑性 ...47
三、生活史策略与人格发展 ...54
四、生活史策略与性别差异 ...64
五、总结 ...68

第3章　进化生态学与人格差异 ...77

一、进化生态学理论概述 ...78
二、人类的生态位多样性 ...83
三、人类的社会选择 ...86
四、频率依赖选择 ...91
五、遗传多样性 ...95
六、发展可塑性 ...100
七、行为灵活性 ...104
八、总结 ...105

第4章　行为遗传学与人格差异 ...113

一、行为遗传学与进化心理学的融合 ...114
二、行为遗传学的研究方法 ...118
三、行为遗传学对有关进化人格问题的研究 ...123
四、总结 ...141

第5章　进化遗传学与人格差异 ... 153

一、相关的基本概念 ... 156

二、中性选择机制 ... 158

三、突变—选择平衡机制 ... 162

四、平衡选择机制 ... 167

五、平衡选择机制的实证检验 ... 170

六、平衡选择机制的争议 ... 181

七、评价与展望 ... 189

第6章　大五人格结构的进化观 ... 209

一、大五人格因素模型的进化观 ... 210

二、大五人格因素模型的适应权衡观 ... 222

三、评价与展望 ... 237

第7章　个体差异察觉机制的进化观 ... 257

一、个体差异与社会适应问题 ... 258

二、个体差异的察觉机制与社会适应 ... 262

三、社会适应问题及相应的个体差异察觉机制 ... 267

四、个体差异的自我察觉机制：自我评价的适应性 ... 285

五、总结与展望 ... 289

第8章　心理障碍的进化观　... 301

一、进化论视野下心理障碍的概念和标准 ... 305

二、不良状态的进化学分类 ... 315

三、进化精神病理学模型建构 ... 326

四、总结与展望 ... 339

序言

人格的多样性和差异性是一件令人着迷的事情。正如巴斯（David Buss）所说，这是一道人格的"风景线"。置身于这道风景线中，我们自然充满着无限的好奇：他们是怎样想问题的？他们有怎样的情感世界？他们为什么会有这种行为方式？为什么他们的思想、情感和行为方式与我们自己如此不同？同时，人格的多样性和差异性又是一件令人困惑的事情。我们在使用同样的语言，为什么彼此之间会如此难以沟通？我们有共同的目标，为什么彼此之间的合作会如此困难？我们有如此亲密的关系，为什么彼此还会有那么多的争吵和冲突？

毋庸讳言，起初，我们对人格的多样性和差异性的好奇和兴趣可能在于，从自己朴素的立场出发，试图回答这样的问题：自己身边的人与自己有什么不同？在哪些方面不同？尤其是在自己特别在意的方面彼此有什么不同？由于不同的人彼此观察的角度和评价的立场不同，因此经常出现这样的情况：对同样一个人，不同的观察者会有不同的评价。所谓"一千个读者,就有一千个哈姆雷特"。而对人格的多样性和差异性的解读,科学的人格心理学却试图提供一个立场更加公允、观察更加客观、评价更加全面的基本研究思路:要了解人格的多样性和差异性,首先需要找到一个基本的人格分析和评价的框架,那就是人们在哪些最基本的、最重要的、最有价值的维度上是不一样的,这也是所谓的人格结构研究。近几十年来人格结构研究的发展,基本形成了相对来说比较科学、客观的人格结构框架,用于对个体和群体的人格进行系统分析和全面评价。

从个人的角度来说,如果一个人置于这样的人格结构框架中,那么他可以在人格结构的每个维度上找到他相应的位置。当然,他在每个维度上所处的相对位置可能是不一样的。通过人格维度的组合,我们就能得到这个人的人格画像。毫无疑问,不同人的人格画像是不一样的,我们甚至找不到人格画像完全相同的两个人,尽管在有些人格维度上,彼此的相对位置会高度一致。那么,接下来的问题就是:这些独特的人格画像意味着什么呢?当然,这是一道道美丽的人格风景线,每道人格风景线里都包含着丰富而多样的内心世界,演绎过独特而传奇的人生故事。所谓人格魅力,正是来源于人格的多样性、差异性和独特性。

这些独特的人格画像还有另一种至关重要的功能,那就是人格的适应功能。起初,人们比较关注智力和能力的适应功能。我们拥有较高的智力水平和各种通过知识习得而形成的专业能力,于是我们就能解决所面临的各种适应性问题,从而取得成功。其实,人格心理学也告诉我们,我们拥有的人格特征也具有至关重要的适应功能。总体上说，我们拥有什么样的人格特征，就会拥有什么样的行为方式、生活方式和人生道路。所谓性格决定命运，就说明了这样一个朴素的道理。具体说来，我们具体的人格特征只有与相应的社会环境、社会角色和社会领域相匹配，我们的人格潜能和心理机能才能得到充分发挥，然后我们才能得到成功、幸福和健康。著名诗人北岛的诗句"卑鄙是卑鄙者的通行证，高尚是高尚者的墓志铭"，可以比较形象地说明这个道理。当然，从人格的适应功能角度来看，如果一个人的人格不能发挥其相应的适应功能，就可以被界定为适应不良或者心理障碍。

人格的个体差异表现在哪些方面？具体人格特征的适应功能是怎样的？主流的人格心理学研究试图回答这两个基本问题。接下来符合逻辑的两个基本问题是：人格的个体差异是从何而来的？人格的个体差异为什么能够发挥适应功能？现有的人格心理学也试图通过诉诸遗传和环境的交互作用来解释人格个体差异的近端原因。而对于人格个体差异的根本来源，或者人格个体差异的起源，现有的人格心理学理论和研究则难有作为。即使五因素模型（five-factor model，FFM）在解释五种基本人格特质的来源时，也是把它们看作基因型人格而止于人格特质的遗传变异层面，没有进一步探求人格特质遗传变异的根本来源。另外，人格的个体差异来源与人格特质的适应功能是否存在某种关联？现有的人格心理学理论和研究也没有给出恰当的解释。

近三十年来兴起的进化心理学在试图解释人类共同心理机

制的进化来源时,也对人类人格个体差异的进化来源给予了极大的关注。进化心理学在基于进化论的自然选择机制探讨人类共性的进化来源时也渐渐发现,自然选择机制不仅对人类的遗传变异进行"剔除"和"净化",从而进化地设计出人类共同的心理机制,而且会基于进化适应的原则保留少数具有差异性的较优适应价值的遗传变异,这是因为在进化适应的历史时期,人类成员始终面临着多样化的、不断变化的外在适应环境。于是,进化心理学试图借用进化生物学中的生活史理论、进化生态学理论、进化遗传学理论和行为遗传学理论,来深入地探讨在进化适应的历史时期,人类成员是如何通过适应多样性的、不断变化的外在环境而渐渐进化出人格的个体差异的,从而对人格差异的遗传变异来源进行独特的进化学解释,也最终产生了进化人格心理学。

进化人格心理学不仅探讨人格遗传变异的进化来源,而且试图对这些遗传变异的适应功能进行解释。实际上,基于进化的视角,正是由于这些遗传变异在不同的适应环境中发挥相对较优的适应功能,它们才被进化机制设计出来。因此,从进化人格心理学角度来看,人格的个体差异与人格特质的差异性适应功能是两个密切相关的问题。另外,在人格研究中,对人格的个体差异进行区分的人格维度研究大多采用词汇学研究取向和量表研究取向,由此得出的人格的维度结构(大五人格结构)尽管得到了广泛的认可,不过,这种基于行为描述和特征评价倾向的人格维度结构是否具有基础性、内源性和基因型的特征仍然颇受质疑。而进化人格心理学试图对这些基本的人格

序 言

维度作出遗传变异的进化来源的解释，无疑使这样的人格维度结构更具有坚实的客观科学的基础。

毋庸讳言，进化人格心理学只是试图揭示人格个体差异的遗传变异的进化来源和机制。这种进化而来的遗传变异（基因型）最终表现为具有现实适应功能的人格特征（表型），并且受到个体成长环境以及个体学习的影响。这种后天环境和个体学习的影响当然为人格特征表型的多样性、丰富性和灵活性提供了重要的发展空间，从而使我们可以从不同层面对人格特征进行各取所需的分析和讨论。不过，只有基于对人格遗传变异的进化来源的清晰认识，我们才能弄清楚，进化而来的遗传变异如何通过在现实环境中的基因表达来最终产生现实的人格特征（表型）。

以上阐述只是想说明这样一个观点，即人格心理学与进化心理学如何关联并最终导致进化人格心理学的产生。很显然，进化人格心理学是一门非常年轻的甚至有点稚嫩的学科分支。其中的很多理论观点也是假设性的，尚未经过实证研究的检验，因此值得进一步讨论。本人一直以来从事人格心理学研究和思考，在进化心理学领域还只是一个兴趣盎然的新人。本人抱着一种对科学还原论的宗教般的热情来涉足进化心理学领域，于是也不揣冒昧和粗浅，在边学习边思考的过程中撰写这本《进化人格心理学》。其中可能某些理论分析不够清晰到位，某些阐述也会显得繁复而琐碎，某些观点可能还有些偏激或者存在漏洞，也可能有许多文字上的纰漏和错误，在此，诚恳地请求同行和读者进行批评指正！

本书在前期准备和撰写过程中，本院以及本人指导的心理学专业研究生在外文文献收集和翻译方面做了不少相关的工作，他们分别是：2015级硕士研究生吴玮、杨施羽、储培、龚琴、王小莹、邵丽婷、代晓庆、谢雅芳，2016级硕士研究生余清香、杨金花、黄莹、陈亮亮、洪菲菲、向雪、石孝琼、黄晓婷、孙苏敏、杨娟。2017级硕士研究生刘春梅和博士研究生邓雪菲、贺金霞和李双双也通读了整部书稿，对书稿的修改提出了一些有益的建议。在此对以上提供无私帮助的各位亲爱的研究生同学表示衷心的感谢！

　　最后，我还要真诚地感谢南京师范大学郭永玉教授的邀请和倡议！同时也特别感谢上海教育出版社的支持和帮助！

陈建文
华中科技大学教育楼
2017年9月29日

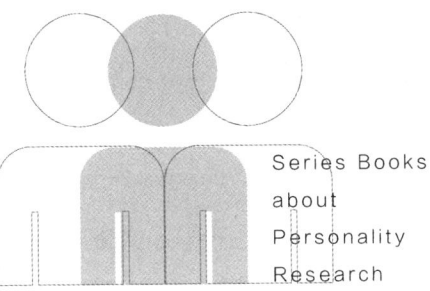

第1章

人格进化的基本原理

人格是一种整体的心理现象,是现实生活中个人心理倾向的总和。人格有许多属性,可以从不同的侧面进行分析(黄希庭,2002,p.4;郭永玉,2016,p.3)。不过,概括起来,人格心理学对人格的研究主要关注普遍的人类本性和心理特质的个体差异两个方面(Buss,1984)。普遍的人类本性是指人类共有的心理特征,包括共同的动机、目标和普遍的心理机制(Buss,2003,p.31)。而关于心理特质的个体差异,实际上,人们在非常多的心理特质上具有个体差异。不过,人格心理学关注那些最重要的、最基本的和最有价值的个体差异(陈建文,2009,p.3)。迄今为止,人格心理学在这两方面都取得了丰富的研究成果。关于普遍的人类本性的研究,有弗洛伊德(Sigmund Freud)的潜意识理论、马斯洛(Abraham Maslow)的自我实现理论、阿德勒(Alfred Adler)的追求卓越的理论,以及认知心理学关于人类共同的心理加工机制和决策机制理论,等等。关于人格个体差异的研究,似乎是人格心理学研究重点关注的领域,甚至一些著名的人格心理学家(Goldberg,1981;Norman,1963;Wiggins,1979)把人格心理学界定为研究人类个体差异的学科。近几十年来,关于人格个体差异的研究成果也很多,譬如,西方的"大五"结构(big five structure)(John & Srivastava,2003)、中国人格结构七因素模型(王登峰,崔红,2003)、中国人格结构六因素模型(张建新,周明洁,2006)。毫无疑问,鉴于人格心理学在这两个基本领域取得的丰硕研究成果，人格心理学已经成为心理科学体系中最重要的和最综合的学科分支之一。

正如整个心理学只强调对心理现象本身的探讨和研究，人格心理学一直以来注重对整体人格现象和个体差异本身进行理论探讨和实证研究，很少关注这些基本人类本性和重要个体差异的根本来源问题，即现有的心理科学研究和人格科学研究倾向于关注心理和行为现象的近端原因（proximate sources）的解释，而相对忽视其根本原因（ultimate sources）的解释。近几十年来兴起的进化心理学试图回答这个问题，即探讨人类的心理和行为的根本来源问题。进化心理学以生物进化论为理论基础，"把来自生物学、人类学、心理学及其他行为科学的证据和解释全部整合起来，形成对人类行为的整体描述"（Boyer & Heckhausen，2000，p.924）。进化心理学致力于探索人类基本的生存、繁殖功能与人类行为之间的关联，把那些有利于解决生存和繁殖问题的人类行为特征看作进化而来的适应器（adaptations），然后探索人类已经进化的适应器的结构类型和特征，以及它们分别发挥怎样的适应功能。

这些进化而来的适应器是大量的和多样化的。进化心理学家巴斯（Buss，2003）认为，作为进化过程的产物，进化的适应器可以分为人类本性（human nature）及其个体差异两个方面。这也是前面所说的人格含义的两个方面。所以，巴斯（Buss，2003）也认为，进化心理学探索的人类本性及其个体差异的进化就是人类人格的进化。起初，进化心理学关注进化的人类本性领域的研究，集中探讨了那些具有种属普遍性（species-typical）的心理机制的进化来源和进化适应功能，而相对忽视人格个体差异的进化来源及其适应功能的研究。甚至有进化心理学家（Tooby & Cosmides，1992）认为，基于自然选择的"净化"和"筛选"的功能，进化心理学应该只关注种属普遍性的适应机制，而个体差异可能不具有进化适应的功能和价值。不过，近年来随着进化心理学本身的发展，很多进化心理学家认识到，人格的个体差异也与进化适应性密切相关，即人格的个体差异也与人类的生存和繁殖成功、地位获取、后代的养育和照顾等适应问题密切相关。另外，随着进化遗传学等学科的发展，人格个体差异的进化来源和进化机制不断地被揭示和发现。因此，人格的个体差异也引起了进化心理学家的关注，最终形成进化人格心理学（evolutionary personality psychology）。

进化人格心理学当然也关注人类本性的进化来源和进化机制的探讨，不过，正如人格心理学倾向于关注人格的个体差异的研究，进化人格心理学也更加关注人格个体差异的进化来源和进化机制的探讨。作为本书的开篇，本章首先介绍作为进化心理学理论基础，也是作为人类本性和个体差异进化来源解释理论基础的有关进化论的基本理论，然后介绍进化心理学的基本原理，主要介绍关于种属普遍性心理机制的进化属性和特征，最后探讨人格的个体差异为什么具有进化适应的功能和进化来源的属性，同时对本书后面章节的有关进化人格心理学的理论和研究作出轮廓性描述。

一、进化论的基本原理
（一）自然选择理论

达尔文（Charles Robert Darwin）提出的自然选择理论起初无疑是用来解释物种起源以及进化规律和机制的，当然也用来解释人类的起源与进化机制。进化心理学自然而然受到达尔文进化论思想的启发，自然选择理论也可以解释人性（在很大程度上就是人的心理现象）的进化和发展规律与机制（Buss，2007，pp.44—50）。进化心理学认为，正如人类的生理结构和功能是进化而来的，人类的心理现象也是进化而来的。自然选择理论也可以解释心理现象的进化原理和机制。

达尔文的自然选择理论包括三个必要的组成部分：变异、遗传和选择。大千世界，无奇不有。所谓变异，是指各种生物体在结构和功能上是千差万别的。这里既包括跨物种之间生命形态上的根本差异，也包括物种内生命形态上的较大差异。无论是远古的过去，还是当下的自然界，各种生物体千差万别是一个普遍存在的客观事实，也是达尔文所说的物种进化的"原材料"。（不过，作为物种进化源头的变异又是如何产生的呢？也就是，这些原材料又是从哪里来的？达尔文并没有给出很有说服力的解释，而后来的进化遗传学通过基因突变等现象进行了合理的解释。）

"龙生龙，凤生凤，老鼠的儿子会打洞。"不同生物体可以通过繁殖过程把自己的生命特征遗传给下一代。也就是说，生物体的变异是可以遗传的。不过，达尔文认为，并非全部的生命体变异都可以遗传，而是只有部分生命体变异才是可以遗传的。父母可以把自己的身高、面部特征、智力和情绪特征遗传给自己的孩子，不过自己的某些生活习惯、后天偶然事故导致的某些身体残疾不会遗传给下一代。遗传是有内在条件的，所以在进化过程中，只有那些得以遗传的变异才具有进化的功能。

达尔文自然选择进化理论的第三个关键部分是选择，其实也就是自然选择。理论上，每个生物体都拥有相同的遗传概率。不过，在现实自然环境中，遗传繁殖是以自身的生存和成长为前提条件的。生存是繁殖的必要条件。按照达尔文的观点，在残酷的自然环境中，生物个体首先面临着生存竞争问题。只有那些获得足够食物资源，抵御强大敌人的威胁和致命疾病威胁，从而获得生存和成长机会的个体，才能获得足够多的遗传繁殖的机会。如此说来，在现实自然条件下，不同的生物个体获得遗传的机会又是不一样的。有些个体获得较多的遗传繁殖机会，而有些个体只有较少的遗传繁殖机会，有些个体甚至无法获得遗传繁殖的机会。这也是所谓的差异繁殖成功率

(differential reproductive success)。它是自然选择导致物种进化的关键因素。在残酷的生存竞争中，不同的个体拥有不同的繁殖成功率，那些拥有较高繁殖成功率的个体更有可能把自己拥有的可遗传特征传递给下一代。在这里，有些个体拥有较高的遗传成功率，是因为他们拥有有利于自身生存的可遗传特征（适应性特征），因而他们自然也倾向于将这些适应性特征遗传给下一代。相反，那些遗传成功率较低的个体，由于拥有不利于自身生存的可遗传特征，他们身上的可遗传特征由于较少的繁殖机会而难以获得遗传机会，因此可能被淘汰。经过若干代，那些有利于生存的可遗传特征（适应性特征）就会渐渐成为种属普遍性机制，于是物种获得进化。这就是所谓的"物竞天择，优胜劣汰，适者生存"。

（二）性选择理论

达尔文的进化论有两个前提：生存和繁殖。从主观上讲，个体没有为了获得生存和繁殖的机会而努力进化某些可遗传特征的意图。不过从客观上讲，生存和繁殖是个体进行遗传进化的必要条件，于是生存和繁殖也成为种群获得进化的动力和方向。前面的自然选择理论着重探讨了生存条件作为物种进化的动力机制，繁殖作为进化的动力机制也基于生存这个必要条件。不过，达尔文认为，基于单独繁殖的需要，物种也会进化出有利于繁殖的遗传特征。也就是说，物种可能进化出两种适应性特征：一种是在生存竞争中选择出来的，并有利于生存竞争的遗传特征；另一种是在繁殖竞争中选择出来的，并有利于繁殖竞争的遗传特征。后一种就是达尔文的性选择理论。

有机体的繁殖分为无性繁殖和有性繁殖。无性繁殖通过自身的复制实现基因遗传。而有性繁殖的基因遗传要复杂得多。相比于无性繁殖，有性繁殖需要花费更大的代价，譬如面临着寻找和选择配偶的问题。不过，有性繁殖也带来巨大适应收益，其中最重要的就是产生基因多样性的后代，从而有利于后代适应更广阔的生态环境，因此，有性繁殖本身就是一种进化的设计。毫无疑问，性选择发生在有性繁殖的物种中。

达尔文认为，性选择理论有两种主要的运作方式：同性竞争和异性选择。同性竞争（intrasexual competition）是指为了获得跟异性约会和交配的机会，而在同一性别成员之间进行的竞争。毫无疑问，同性竞争的胜利者将获得更多与异性约会和交配的机会，从而获得更多的繁殖机会把自己的基因遗传下去。于是，那些同性竞争的胜利者也获得更多的机会把自身有利于获得竞争优势的个人特征（譬如体格强壮、更有力量、更有智慧）遗传给下一代。异性选择（intersexual selection），也称择偶偏好选择，是指某一性别的成员会根据其需要和偏好来选择他们中意的异性成员。在异性之间的求偶过程中，最直接的表现就是，如果异性的某些求偶行为符合选择者当前的需要和偏好，那么这些异性成员更有可能被选择进行约会和交配。不过，最终异性选择者也会根据被选择者是否拥有可能满足其求偶需要和偏好的个人特征来进行约会和交配的决策。因此，那些拥有满足异性求偶需要和偏好的个人特征的候选者更有可能获得更多的繁殖机会。

（三）亲缘选择理论

当达尔文提出自然选择论的时候，他并不知道遗传机制究竟是什么。后来孟德尔（Gregor Johann Mendel）通过豌豆杂交的实验提出了颗粒性遗传理论，然后才真正弄清楚，遗传是通过基因复制进行的。于是，后来的研究者进一步解释，达尔文的进化论实际上就是强调个体通过生存竞争和繁殖竞争，致力于把自己的基因遗传给自己的直系后代。这是汉弥尔顿（William Hamilton）所谓的经典适应性（classical fitness）。汉弥尔顿（Hamilton，1964）认为，经典适应性强调基因直接复制的直接繁殖成功率。但是，现实的自然选择的进化过程并非如此狭隘，自然选择过程不只倾向于维持个体身上导致直接成功繁殖的适应性行为策略，也倾向于维持导致个体基因传递的广泛适应性行为策略。他提出亲代投资概念来解释这种进化的适应性行为策略。所谓亲代投资（parental investment），就是由于亲属（譬如兄弟姐妹）身上携带着我们的基因拷贝，因此我们倾向于付出努力，对亲属进行照顾。这样，通过帮助和照顾亲属，以保证他们的生存和繁殖，实际上也是增加我们自身基因的繁殖成功率。这就是汉弥尔顿的内含适应性理论（inclusive fitness theory），也称为亲缘选择理论（kin selection theory)。

汉弥尔顿的内含适应性理论的重大理论意义在于,它不仅拓展了达尔文的经典适应性理论,在更全面的意义上解释自然选择的进化过程,而且在很大程度上可以解释人类身上广泛存在的、与进化适应密切相关的许多社会行为(譬如利他行为、群体组织行为、家庭照顾等),这为进化心理学的产生提供了坚实的进化论的理论基础,进化心理学也把内含适应性理论作为建构许多心理机制的进化假设的元理论(Buss,2007,p.51)。

二、进化心理学原理

基于以上进化论的基本原理,进化心理学试图对人类心理和行为现象的进化来源、人类的种属普遍性适应机制及其进化的适应功能等方面提出系统性的假设。进化心理学原理可以被概括为以下五个重要的假说。

(一) 人类心理的进化起源假说

人类无疑是地球上最复杂的生物。人类的复杂性是因为人类拥有最多的、最复杂的适应环境的身心结构特征和机制(从手茧产生机制到复杂大脑的功能)。正是这些复杂的适应机制构成了人类的本性。人类这些复杂的适应机制从何而来?独创论(creationism)认为,人类是上帝创造的。很显然,独创论不是一个科学的理论,而是一种试图化解追问人类来源之困惑的武断观点。播种论(seeding theory)认为,人类和最初的生命并不是在地球上产生的，而是来自其他星球。其他星球的智能生物侵入地球，然后播下生命的种子，从而有了地球上的生命体和人类。播种论把生命和人类的来源放到更大的宇宙范围中来解释和归因，似乎有其合理性。不过，其他星球的生命和智能生物又是从何而来呢？它还是无法解释人类的起源。而自然选择的进化论试图基于地球本身的时空维度来解释生命和人类的起源，这是迄今为止唯一可被称为科学的理论（Buss，2007，p.46）。

人类探索这个世界奥秘时，也一直在探讨人类自身发展的密码。心理学作为探讨人类自身心理与行为现象的科学，在解释人类自身的心理结构、心理特征和心理功能方面已经取得非常重要而丰硕的成果。不过，人类的心理现象从何而来这个根本问题依然没有从已有的心理学研究中找到答案，而进化心理学试图基于进化论的基本观点回答这个问题。进化心理学认为，正如人类是进化而来的，人类的心理现象也是进化而来的。进化的心理现象是人类在漫长的进化历史进程中不断地试图解决面临的适应性问题而渐渐进化出来的，这些进化的心理现象也是人类继续适应环境的机制，即复杂的心理现象就是复杂的适应性机制。

当然，人类心理和行为现象的进化与人类生理结构和功能的进化是相关的，尤其与人类大脑的进化密切相关。大脑作为人类心理和行为现象的物质载体也是进化选择的结果。这可以从人类与其他物种共同起源的进化来源说得到证明。生物体的大脑在不同的进化时期出现不同的神经组织结构。海鞘和其他海洋生物在大约5亿年前最先发展出最为原始的大脑,随后,"原始大脑"进化成"爬行动物大脑"(大致对应于人脑的脑干部分)。爬行动物大脑使个体处于唤醒状态,调节呼吸和心跳,激发食欲和性欲,维持个体的生命机能。大约3亿年前,很多新的神经回路覆盖在原有的神经组织上,脑组织变得较为复杂,脑容量变大,"哺乳动物大脑"(大致对应于人脑的脑干以上的中间部位)就形成了。哺乳动物大脑能够平衡体温、血压和调节体循环,同时调节个体基本的情绪和情感。直到大约4 000万年前至6 000万年前,南方古猿与猿类在进化道路上分道扬镳后,逐步进化,最后进化设计出"人类大脑"。它让人类拥有复杂的行为现象,产生复杂的适应性心理机制和心理特征(张雷,2007,p.2)。

人类心理与行为现象的进化也与生物进化的性选择机制和亲缘选择机制有关。在无性繁殖中,有机体的后代繁殖只是自身的简单复制,几乎不需要作出繁殖行为的决策机制。而在有性繁殖中,有机体需要在寻找配偶、选择配偶等方面,作出达成繁殖结果或者较优繁殖结果的行为决策,于是,自然选择的进化过程在进化出有性繁殖这种适应性设计时,也可能相应地进化出达成有性繁殖结果的配偶寻找和选择的适应性决策机制。这可能是人类适应性心理机制产生的重要进化来源之一。

另外，在有性繁殖中，有机体的繁殖过程不仅包括通过性交配形成受精卵的简单过程，而且包括怀胎、分娩、哺乳、抚养、喂食和保护等一系列亲代投资过程。这样才能最终保证繁殖成功。而且，根据汉弥尔顿的内含适应性机制，个体的亲代投资（主要指孩子出生以后的亲代投资）不仅指向直系后代，而且可能指向相关的亲属后代。于是，伴随着有性繁殖和内含适应性机制的进化，人类也可能进化出需要作出亲代投资选择，以达到较优繁殖结果的适应性决策机制。因此，这可能是人类适应性心理机制产生的另一个重要的进化来源。

（二）进化的心理适应器假说

在漫长的进化过程中，有机体通过不断解决面临的适应性问题（生存和繁殖问题）而渐渐发展出解决这些适应性问题的适应机制。这些进化了的适应机制在生理上表现为通过遗传和变异而逐渐形成的生理结构和功能，譬如长颈鹿的脖子、孔雀的开屏翅膀。而对人类来说，人类的祖先为了解决面临的适应性问题（生存和繁殖问题），不仅进化了人类独特的生物性的适应机制（人类的生物本性），而且在此基础上进化了更高级的行为和心理的适应机制。这些适应机制就是所谓的适应器（Tooby & Cosmides，1990b）。所谓适应器，就是一种通过遗传获得的、能够稳定发展起来的特性，譬如前面提到的大脑结构和有性繁殖机制。它是通过自然选择的进化过程而形成的，在进化过程中，它有助于有机体解决生存和繁殖问题（Buss，

2007，p.46）。由于在人类身上进化了两种完全不同性质的适应机制，因此人类身上具有两种适应器：生物适应器和心理适应器。这两种适应器都是人类本性的标志。

进化心理学借鉴适应器的观点，提出了鉴别心理适应器的四条标准：有效性（efficiency）、经济性（economy）、精确性（precision）和可靠性（reliability）（Buss，2007，p.47）。所谓有效性，是指特定的适应器能否有效地解决相应的适应性问题；所谓经济性，是指该适应器能否动用有机体较少的资源，以一种经济划算的方式解决适应性问题；所谓精确性，是指特定的适应器是否得到精确的进化设计以解决特定的适应性问题；所谓可靠性，是指所有成员是否都拥有这种在正常环境下发展起来的适应器，并能否在相应的环境下稳定地表现出来。

基于适应器的评价标准，适应器可能不是唯一的进化产物。在进化过程中，伴随着进化适应器的产生，可能出现一些适应器的副产品（by-product）和噪声（noise）。副产品作为进化的产物并不具有适应性功能，不能解决特定的适应性问题。它们之所以也会通过自然选择的进化过程被保留下来，是因为它们可能碰巧与那些适应器相伴随（carry along）。进化过程中的噪声可能是遗传突变、进化适应环境的变化和个体发展的意外情况等因素造成的。这种噪声可能是有害的，会妨碍适应器功能的发挥；也可能是中性的，没有任何适应价值，也不会带来害处；还可能是对有机体有益的。噪声与现有的适应性特征是完全独立的，没有任何关联，因此它不具备种属普遍性特征。不过，在将来的进化历程中，这些噪声变异可能作为进化的"原材料"，成为自然选择的对象，某些有益的噪声可能成为进化的适应机制。

（三）进化心理机制的决策规则假说

人类进化的心理适应器主要以进化的心理机制的形式表现出来。这些进化了的心理机制是一些特定心理过程的反应程序及其相应的决策规则。它们主要具有以下特征（Buss，2007，pp.58—61）。

（1）每种进化的心理机制都是一套固定的决策规则。这套决策规则通过一系列"如果……，那么……"的程序内隐地表征在个体的大脑中。这些决策规则通过将输入信息转化为输出信息，引导个体怎么做。

（2）每种进化的心理机制都是独特的决策规则。每套决策规则都只能解决特定的适应性问题。其实，它也是在反复解决特定适应性问题（生存和繁殖）的基础上渐渐形成的。某一套决策规则就好像为特定适应性问题这套锁配置的一把钥匙。

（3）每种进化的心理机制都是与适应性问题密切相关的规范的决策规则。从信息输入来看，特定的心理机制识别了特定的信息输入，这意味着个体面临着特定的适应性问题。决策程序的输出端则直接指向适应性问题的解决方案。当然，这些输出形式是多样性的，可以是行为的、情绪的，也可以是生理的。

（四）进化心理机制的模块假说

尽管人类进化可以归于生存和繁殖这两个基本问题，但是在现实的进化适应过程中，人类依然面临着许多不同的适应性问题。在解决这些适应性问题的过程中，人类自然进化出许多解决这些适应性问题的一系列心理机制或者适应器。可以说在人类进化史上，人类面临着成百上千的适应性问题，从食物选择、配偶选择、友谊保持、逃避敌人、避免有毒食物，到社会地位的获得、儿童生存、欺骗的识别、侵犯的防御、乱伦回避、联盟形成，等等。这么多适应性问题，不可能用一种通用的心理机制加以解决。人类的进化实际上形成了专门的适应性心理机制，解决特定的适应性问题，这就是所谓的进化心理机制的模块化。毫无疑问，人类拥有大量模块化的心理机制。

（五）进化心理机制的适应功能假说

正如巴斯（Buss，2007）所说，进化形成的心理机制之所以表现出当前这种形式，是因为它在进化的历史中解决了反复出现的与生存和繁殖有关的适应性问题。也就是说，一种心理机制的设计特征就好像为一把特殊的锁而专门配置的钥匙。一把钥匙开一把锁，同样，一种心理机制的设计特征也必须与它所要解决的适应性问题的特征相符合。因此，在一定的适应环境下，特定心理机制产生的输出结果，也会直接指向特定适应性问题的解决方案。这就是进化心理机制的适应功能假说。基

第1章
人格进化的基本原理

于这种假说，对于某些认知机制，进化心理学与主流心理学有完全不同的看法。譬如启发式决策机制，主流认知心理学认为，由于缺乏理性逻辑推理能力，人们在不确定的条件下作出判断时，可能会出现认知偏差和错误（Tversky & Kahneman，1990）。而进化心理学认为，主流认知心理学家提出的决策判断问题（譬如，Linda 是银行出纳员还是女权主义银行出纳员的经典决策判断问题）并不是人类进化适应环境面临的适应性问题（进化适应环境中，人类面临更多的是频率问题而不是概率问题），相反，这些决策判断问题是心理学家人为编制出来的逻辑推理问题。人类并没有进化出相应的决策判断机制来解决这些问题，因此，没有经过严格形式逻辑训练的个体出现上述不确定条件下的判断认知偏差和错误也就不奇怪了。不过，关于决策判断机制，人类进化出了快速、有效、节俭的启发式决策机制，用于解决进化适应环境中面临的现实性的适应性问题。

虽然这些进化的心理机制直接指向适应性问题的解决，但并不意味着一旦启动这些心理机制就一定能够成功地，甚至非常完美地解决适应性问题。这些进化的心理机制之所以具有适应功能，是因为相对来说，这些心理机制启动的适应性问题的解决方案要比其他方案解决特定适应性问题的成功率更高，从而达到适应性状态的可能性更大。另外，在人类社会进化的晚近时期，人类面临的外在环境（自然环境和社会环境）的变化速度要远远快于人类自身进化发展的速度。因此，那些在进化历史中形成的比较成功地解决了适应性问题的心理机制不一定能在现代环境下解决新的适应性问题。这些进化的机制在进化历史上是具有适应功能的，但是面临快速变化的环境，这些机制就不一定是适应性的了。譬如神经质人格，在人类进化的历史中，这种人格机制作为危险警觉和情绪唤醒机制，在个体面临危险的情境时具有自我保护的适应功能，而在现代相对和平安全的环境中，神经质人格可能丧失了这种适应功能。这正如巴斯所说，"我们拥有石器时代的大脑，但生活在现代社会中"（Buss，2007，p.23）。

三、人类本性：进化的种属普遍性机制

进化心理学（Buss，2007）认为，人类进化的种属普遍性机制（species-typical mechanisms）可被看作人类本性的组成部分。这些在自然选择进化过程中产生的人类本性的心理成分，至少由共同的心理加工机制和共同的动机偏好两个部分组成。

（一）共同的心理加工机制

1. 模块化的认知加工机制

基于进化心理学关于进化心理机制的模块化假说，人类大部分心理机制都是具有领域的特殊的认知模式。这种假说的推断也来自进化生物学的证据，即生物有机体也是由一些功能上

相互独立的组织结构单元构成的,因此,与此类似,人类的适应心理机制也基本上由相互独立的各种适应心理成分构成。各种适应心理成分被称为认知模块。每个认知模块能够解决特定的适应性问题。进化心理学分析,与人类生存和繁殖有关的适应性领域大致包括食物的获得和选择、配偶的寻找和选择、子女的抚育、外来威胁的防御,以及群体中的合作与竞争等方面,因此,人类也应该在这些领域进化出大量的专门化的认知加工机制。对专门化的适应性认知机制的探讨是进化心理学研究的重点领域。迄今为止,进化心理学提出了许多专门化的适应机制,在这里详尽罗列这些适应机制比较困难。不过,至少有以下这些重要的专门化的适应机制值得介绍(Buss,2007)。

在生存适应问题领域,人类可能进化了男性的狩猎能力、女性的采集能力,以及与此有关联的空间能力的性别差异。一般而言,女性在空间定位的记忆能力上要优于男性,这有利于她们在一定区域内找到采集的果类等食物;而男性在物体的心理旋转、辨别方向和阅读地图的任务中要比女性表现得更好,这有利于他们在远距离的狩猎任务中表现得更优秀。此外,人类还进化了对资源丰富和视野开阔的风景的偏好机制,这也有利于人类寻找安全、可靠的栖身之所。

在配偶的寻找和选择问题领域,人类进化了相关的择偶偏好机制。由于男性和女性在性繁殖领域面临的适应性问题不同,因此男性与女性在择偶偏好上也存在明显的性别差异。对女性来说,她们面临着性繁殖期间自身和后代的资源保障问题,于是针对择偶对象(男性),她们相应地进化了对经济资源的偏好机制、对好的经济前景的偏好机制、对高社会地位的偏好机制、对年长男性的偏好机制、对抱负和勤奋的偏好机制、对可靠性和稳定性的偏好机制、对运动能力的偏好机制、对健康和外貌的偏好机制等。而对男性来说,他们面临的适应性问题是如何鉴别有高生育能力的女性以及父子关系不确定性问题,因此男性主要进化了对年轻、健康、美貌女性的偏好机制以及对性忠诚的察觉机制。

在后代的养育问题和亲属关系领域,人类进化了确保后代生存和繁殖的亲代投资机制。基于父子关系的不确定性假设,亲代投资机制也存在明显的性别差异。亲代投资的进化机制决定个体至少对以下三种背景因素比较敏感:(1)与子女的亲缘关系;(2)后代把亲代抚育转化成适应性的能力;(3)亲代投资的其他可利用途径。在亲属关系领域,在具有更广泛进化适应性的亲缘选择机制的基础上,人类可能也进化了一组特定的涉及各种亲属关系的适应性心理机制,这些机制能解决同胞、半同胞、祖父母以及姑姨叔舅等亲属带来的不同的适应性问题。

在有关群体合作和竞争的适应性领域,人类进化了互惠式的利他行为机制以促进相互合作,形成联盟以获得对外在环境适应上的优势。同时,人类也会进化出对破坏合作的欺骗者的察觉机制。此外，人类还会进化出在特殊领域才表现出来的攻击性行为机制，它帮助个体解决很多独特的问题，譬如获得资源、同性竞争、提升社会等级以及留住配偶等问题。

2. 一般性的认知加工机制

进化心理学的共识是，人类进化了大量的专门化的心理机制，每一种机制只负责处理特定的适应性问题。专门化的心理机制只用于处理一直以来反复出现的适应性问题。但是，在现实的环境适应过程中，人类还必须面对许多过去从来没有出现过的、新颖的问题。因此，在进化大量的专门化的心理机制的基础上，人类还进化了解决可能随时出现的新问题的灵活变通的通用性心理机制。其实，人类进化出的具有一般形式的决策程序和规则（信息输入—基于规则的加工—反应输出），就在很大程度上为通用性的一般心理机制提供前提条件。有些进化心理学家认为，这些一般性的心理机制包括经典条件反射、工作记忆、类比推理、概念形成和一般智力等（Buss，2007，p.65；Chiappe & MacDonald，2005），这些心理机制都建立在一般形式的决策程序基础上。

人类同时面临几个适应性问题时，每个适应性问题启动专属的适应机制，由于资源、精力和时间限制，这些适应性问题的解决必然面临冲突和矛盾。譬如，当你在大森林里时，你找到了长满成熟果子的果树，同时看到了一个有吸引力的异性，但此时你突然发现有一只凶猛的食肉动物正向你冲过来，这时你应该怎么办呢？你可能会选择先逃避凶猛的动物，从而放弃鲜美的果子和具有吸引力的异性。很显然，这里可能存在一种协调各种专门化心理机制的上层机制（superordinate mechanism）（Buss，2007，p.66）。这种上层机制发挥统筹协调功能，面对各种冲突情况和突发状况，具有通用性心理机制的属性。与此同时，语言无疑是一种重要的适应性工具。乔姆斯基（Noam Chomsky）认为，语言获得机制是先天的，因此许多进化心理学家认为，它也是进化的产物。语言工具能够帮助我们解决各种适应性问题，因此语言机制应该是一种通用性的心理机制（张雷，2007，pp.330—336）。

（二）共同的动机偏好

在人类漫长的进化过程中，为了不断解决面临的适应性问题，进化的心理适应器设计不仅包括进化的心理机制，而且包括进化的动机偏好。进化的心理加工机制有助于提出适应性的问题解决方案，进化的动机偏好则有助于个体在复杂的、多样化的适应环境中将自己的个人努力和资源直接指向适应性问题的解决。进化心理学的分析表明，至少有以下四种动机偏好具有进化的属性（Buss，2003，pp.54—60）。

1. 对地位的追求

不只是人类，在大多数群居的物种中，群体中每个成员的地位并非都是平等的，相反，在这些群居环境中，成员之间总会形成一种支配等级（dominance hierarchy）。所谓支配等级，就是指一个群体内的一部分个体比其他个体拥有更多机会获取那些非常关键的、有助于个体的生存和繁殖的资源（Cummins，1999）。个体的等级越高，所获得的关键资源就越多，反之亦然。面对这种群居环境带来的适应性问题，在群体中获得较高支配等级就是解决这些适应性问题的重要途径。因此，在这样一种进化的适应环境（群居环境）中，争取较高等级，获得较高社会地位的动机偏好作为一种适应性的心理设计而获得进化。

在人类社会的进化过程中，面对为了获得更多生存和繁殖机会而涌现出的各种适应性问题，男性和女性的作用是有很大差别的。相对来说，女性承担着更多的抚养责任。一个后代从生命孕育（受精卵）到出生，然后成年，成为承担传宗接代任务的成熟个体，需要长期的抚育过程，而这些抚育责任基本上是由女性承担的。男性则通过性交付出较少的代价就可以得到一个小孩。为了解决繁殖问题的性策略存在的巨大性别差异，男性更倾向于为了获得更多的与异性交配的机会而付出自己的努力和资源。这也导致为了获得更多的与异性交配的机会而在男性之间出现激烈的性资源竞争。于是在获取约会和交配机会的问题上，男性群体中支配等级现象更加突出，当然，男性对地位的追求比女性更加强烈。巴斯（Buss，2003，p.56）认为，基于地位追求的性别差异的基本假设，相应地可以进行以下符合逻辑的推论：第一，为了获得更高的地位，男性比女性更愿意冒险；第二，在各种适应性问题中分配精力时，男性会比女性更多地将时间和努力分配到对地位的追求上；第三，与失去地位的女性相比，失去地位的男性为了制止这种损失，更容易采取不顾后果的措施；第四，失去地位后，男性体验到的内心痛苦比失去相应地位的女性更严重。

2. 交配动机

食、色，性也。性交配的动机和需求与饮食需求一样，是人性的基本成分。其实，在有关进化设计的心理机制和心理特征中，再没有哪种进化设计比性交配动机与繁殖过程更接近了，性交配动机的进化设计直接指向繁殖问题的解决。不过，性交配动机的启动导致繁殖问题的解决，其中也有更具体的适应性任务的心理机制设计。首先是为了完成吸引配偶任务的心理机制设计。这个任务至少包括选择恰当的配偶（譬如选择有生育能力的人）、表达需要对方和成为对方目标成员的愿望等方面。其次是成功达成性交配行为的心理机制设计。虽然受性交配动机驱使，对大多数人来说，两情相悦、生儿育女是顺理成章、水到渠成的事情，不过，进化的性交配动机还是衍生了很多表现个体旺盛生命力以激发异性交配动机，胜过其他同性竞争者，提升自身交配能力等适应性策略。与地位追求的动机偏好一样，性交配动机的性别差异也是进化而来的。这同样是因为在繁殖任务的执行过程中，男性与女性承担的功能有很大不同，从而导致两性的性交配动机的巨大差异。已有的大量跨文化的实证证据表明，男性在交配动机驱使下更倾向于寻找年轻和漂亮的配偶，女性则更可能寻找愿意并且有能力积累和提供资源的配偶（Buss，2003）。

3. 养育动机

从进化论的角度来看，子女是父母基因的载体。父母把自己的基因传递给下一代，完成繁殖的任务，从吸引和选择配偶开始，执行性交配，通过孕育把孩子生下来，然后照顾和抚养孩子成长，最后完成复制自身基因的任务。很显然，养育子女是完成繁殖任务的最后环节。因此，自然选择应该进化出保证繁殖任务最终顺利完成的适应性的养育机制。其中普遍性的养育动机偏好应该是养育机制中最重要的构成成分。不过，进化的养育动机在人类身上出现也有条件性的因素。有一些调查和实验表明（Buss，2003），父母感知到的亲缘关系的程度、后代进一步执行基因复制的繁殖能力，以及后代的外貌和身体状况等因素，会影响父母对孩子的养育和关爱水平。另外，由于孩子在母亲体内孕育，母亲确信自己养育的孩子是自己的孩子，遗传了自己的基因，父亲却不一定完全确信自己抚养的孩子一定是自己的孩子，能够遗传自己的基因，所以，父亲在进行亲代投资时，需要寻求更多的线索来确信自己与孩子的亲子关系。于是，有研究者认为，在养育动机偏好上存在性别差异（Yu，Zhang，Chen，Jin，Qiao，& Cai，2016）。

4. 普遍性的情感

在心理学的基本原理中，情绪与认知、动机一样，是构成心理现象的基本元素。不过，通常心理学家把情绪看成个体内在的认知、动机与外在环境和事件交互作用而产生的心理后果，把情绪分为标志良好后果的积极情绪和标志不良后果的消极情绪，于是情绪也跟个体与环境互动适应良好与否联系起来。但是，进化心理学对于把普遍的情感机制看作人性的基本成分有着完全不同的观点。进化心理学认为，情绪是多种多样的，每种情绪机制作为一种被进化设计出来的适应机制是被用来解决特定适应性问题的（Buss，1984；Nesse，1990；Tooby & Cosmides，1990b）。

这种普遍性的情绪机制的典型代表就是忌妒。在当代心理学框架中，忌妒通常被界定为消极的情绪，具有适应不良的功能。但是，进化心理学认为，忌妒是被进化出来用以解决配偶保持问题的一种普遍性的情感适应机制（Daly, Wilson, & Weghorst, 1982; Buss, Larsen, Westen, & Semmelroth, 1992）。当个体看重的两性关系受到威胁时，个体就会表现出忌妒情感，这种情感又会促使个体采取行动减少这种威胁。其行动策略包括击退同性竞争者，劝说自己的配偶继续与自己保持关系，同时激发潜力提升自己对配偶的价值等方面。性忌妒及其行为策略的适应价值在于，相比于不启动忌妒机制，启动机制获得成功的概率要大得多，尽管个体要为此付出其他的代价。

和进化的心理机制一样，进化的情绪机制也是多种多样的。有研究者（Ekman，1994）指出，那些在不同人类文化中都可以被发现的普遍性的情绪机制都是进化而来的，具有适应性的价值，这些情绪包括恐惧、愤怒、羡慕、厌恶、悲伤、快乐、兴奋、内疚，等等。甚至这些普遍的情绪机制在灵长类物种中也会存在。这些普遍的情绪机制的适应功能在于，它们能够指导人们朝向与进化的适应环境相适宜的目标，或者避免不适宜的目标出现。另外，某些社会情绪还具有操控他人的适应功能，譬如愤怒情绪表达威胁信息，发挥阻止他人攻击的作用；悲伤情绪表达弱者的信息，激发他人的同情，发挥寻求援助的作用。

四、人格差异：进化人格心理学理论和研究
（一）进化与个体差异

人格理论和研究关注共同的人性，同时关注个体差异。人格心理学对个体差异的关注主要集中在以下几个方面：在人类成员身上存在哪些最基本的、最重要的个体差异？这些个体差异的起源是什么？这些个体差异是否与基因遗传和生理机制有关联，是否与文化、种族有关系？这些个体差异是否与个体的社会适应、身心健康、生活幸福、事业成功有关联？鉴于人格差异本身的复杂性和人格研究方法的局限性，一直以来，人格心理学家在人格个体差异的基本维度上很难达成共识，这也在某种程度上妨碍了人格个体差异的来源和功能的研究。不过，近三十年来，不同的人格心理学家采用不同的研究方法，采集

不同文化和国家的样本，形成了关于人格差异的基本维度的共识。不过，也有研究者认为（王登峰，崔红，2008），基本人格维度还是有文化上的差异，那就是"大五"人格因素模型。这个人格研究上的共识被称为人格心理学"一次静悄悄的革命"（Goldberg，1992）。也就是说，人类成员最重要的、最基本的个体差异就表现在这五个人格维度上。于是，这也为从进化心理学角度探讨人格差异的来源提供了坚实的实证和理论基础。

但是，起初进化心理学大多数的研究集中关注那些具有种属普遍性的心理机制，相比之下，人格的个体差异则在很大程度上被忽视了。实际上，直到1990年代中期，人格差异的进化论还被看作一个逻辑上的悖论。按照自然选择的进化论观点，经由自然选择的进化过程，只会进化出种属普遍性的适应机制。进化论怎么能解释人格个体差异的进化呢？于是，在有些进化心理学家（Tooby & Cosmides，1990b；Wilson，1994）看来，个体差异，尤其是那些可遗传的个体差异，并非经由自然选择的过程通过遗传保留下来，而是随机突变的结果。有研究者（Tooby & Cosmides，1990b）认为，在三种进化的产物中，只有普遍的适应机制才是自然选择的产物，而个体差异只是"噪声"，是环境中突发的空前变化和个体发展过程中的意外情况等因素产生的随机影响的结果，是所谓刚好留在人群中的"遗传垃圾"（genetic junk）。他们进一步阐述，相比于人类漫长的进化历史进程,当前看到的人类身上稳定的个体差异不过是进化历史过程中某个瞬间的变异。这些变异只是自然选择用来产生进化的原始材料,而非进化过程的输出。这些作为原始材料的变异,有些是有害的,有些是中性的,有些是对个体的环境适应有益的。经过漫长的自然选择过程,多数有害的和中性的变异被淘汰,而有益的变异被保留了下来,并不断扩散到整个或大多数人类成员之中,从而进化成普遍性的适应机制。这也正是费舍尔(Ronald Fisher)定理所阐述的,从某种意义上说,具有选择史的特质或机制将倾向于展现很少的变异,或者说没有任何遗传变异(朱新秤,2012,p.214)。后来,研究者(Tooby & Cosmides,1990b)用汽车的设计作为形象的比喻来阐述可遗传的个体差异与具有种属普遍性的适应性心理机制的关系:所有的汽车都有基本功能相同的引擎,这是决定汽车本质属性的构造。而汽车引擎的电线颜色各不相同,它可能是区分汽车品牌和型号的标志,不会影响汽车的本质功能。

基于对达尔文自然选择进化论的基本信仰,早期大多数进化心理学家固执地强调进化心理学应该关注人类普遍性的适应机制,而相对忽视人格的个体差异。但是,与进化心理学密切相关的行为遗传学通常关注物种内的个体差异,而不是只关注共同的心理和行为机制。行为遗传学也认为,人格的个体差异是由先天的遗传因素和后天的环境因素共同影响的(Plomin,

DeFries, & McClearn, 1990)。不过,行为遗传学更强调对人格差异的可遗传因素的调查和分析。近年来的行为遗传学研究表明,人格特征通常具有中等程度的可遗传性,一般在30%到50%之间(Plomin, DeFries, & McClearn, 1990)。更广泛的行为遗传学研究表明,人类可遗传的个体差异既涉及一般认知能力和广泛的人格特质,也涉及特殊认知能力、特殊人格障碍、认知障碍和精神机能障碍(Plomin, DeFries, McClearn, & McGuffin, 2008)。也就是说,行为遗传学正在向我们表明,包括人类在内的物种存在广泛的物种内的个体差异,而且这些个体差异的来源均可以找到来自遗传方面的影响因素。

于是,有进化心理学家(Buss, 2007, pp.447—448)认为,这些具有遗传倾向的个体差异可能与适应以及自然选择具有某种关联,它们具有对特定环境的适应功能,并与生存和繁殖成功的任务有密切的关系。譬如,个体在内外向上的差异与他们性伴侣的数量之间存在相关(Eysenck, 1976);认真负责的工作态度与获得地位之间存在相关(Kyl-Heku & Buss, 1996);冲动与婚外情之间也存在相关,并且容易冲动的人死亡率更高(Buss, 2007)。如果已有的人格心理学研究表明人格的个体差异与人类基本适应性问题的解决具有密切的关系,那么进化心理学不应该对此视而不见,而是应该试图寻求新的证据和建构新的理论框架对此作出分析和解释。

近年来,进化心理学家渐渐认识到,进化选择的力量不仅塑造种属普遍性的机制，而且不断产生和维持人格的个体差异（Buss & Hawley，2011）。其原因至少有以下五点：（1）人格的"大五"因素模型揭示的个体差异具有跨时间、跨情境和跨文化的稳定性和一致性。（2）跨种属的比较研究发现，在人类以及高等级的灵长类动物中，人格差异的结构具有相当程度的连续性。（3）人格特质的测量表明其对客观的可观测行为的强有力的预测效应。（4）行为遗传学研究表明，人格特质具有中等程度的可遗传性，这为进化遗传学研究打开了方便之门。（5）有许多实证研究表明，稳定的个体差异在生存、约会、地位追求、后代繁殖、亲代抚育等方面均表现出适应功能。鉴于以上五点理由，我们很难把个体差异看作进化过程中的随机变异。因此，在进化心理学框架中分析和解释个体差异就成为进化心理学走向成熟和完整所必需的重要环节。

（二）进化人格心理学的理论与研究

不得不承认，进化人格心理学还处于发展的早期阶段，或者说，在进化心理学框架下分析和解释人格的个体差异还有很长的路要走。不过，迄今为止，进化心理学家已经在进化人格心理学的理论和实证方面取得不少研究成果。本书试图系统介绍这些研究成果。本书的进化人格心理学主要分为两个部分，第一部分包括第2、3、4、5章，分别阐述了有关人格及其个体差异进化来源和机制的重要理论；第二部分包括第6、7、8章，分别介绍了几种人格结构的进化观。

本书第2章讨论生活史理论与人格个体差异的关系问题。生活史理论与进化心理学密切相关,它基于种系发生史角度探讨生活史策略的种群差异,然后基于种群内个体发生史角度探讨生活史策略的个体差异。根据生活史策略,个体在成长过程中,基于对早期生活环境线索的敏感性机制,启动不同的生活史策略,表现出发展的可塑性,相应地选择不同生活史策略的个体,会选择不同的发展和成长路径,从而形成和发展出不同的人格特征。第3章讨论从进化生态学角度如何解释人格差异的进化来源。在进化适应性环境(EEA)中,有机体所面对的多样化的、不稳定的生态环境导致自然选择机制并非简单的净化和剔除作用,多样化的、不稳定的生态环境导致生态位的分裂,也导致同一种群内多样化的自然选择的进化路径,从而导致种群内遗传变异的多样性以及遗传变异表达过程中的发展可塑性。第4章讨论行为遗传学与人格进化的关系。如上所述,行为遗传学主要探讨人格特质的遗传来源及其大小程度,这章探讨了与人格进化有关的行为遗传学研究。它们采用行为遗传学的独特研究设计,试图探讨社会关系、社会亲密度、社会合作和协调、亲人丧失等人格和社会心理主题的进化来源,为评估进化心理学的假设提供事实依据。第5章讨论从进化遗传学角度如何解释人格差异的进化来源及其机制。本章首先阐述了解释遗传变异来源的三种机制,即中性选择机制、突变—选择平衡机制和平衡选择机制,然后重点讨论了平衡选择机制的实证证据以及这种机制的争议。

本书第 6 章主要阐述了大五人格因素模型的进化心理学观点，主要介绍了大五因素人格系统的进化观以及大五人格因素的适应权衡观，从而为一般人格个体差异的进化来源提供充分的理论视角。第 7 章主要介绍巴斯的人格个体差异察觉机制的进化观。该理论反其道而行之，认为人格的个体差异是进化而来的，但是这些进化的个体差异又会作为一道适应的风景构成个体的社会适应问题，由此，人类也进化出个体差异的察觉机制来解决这个社会适应性问题。第 8 章讨论了心理障碍的进化观。心理障碍作为人格个体差异的重要领域之一，其根本来源也引起进化心理学家的极大兴趣。本章从心理障碍的进化心理学界定开始，比较系统地探讨了心理障碍的进化来源和进化机制，为进化精神病理学的整合提供进化心理学基础。

参考文献

陈建文.（2009）.人格与社会适应.合肥：安徽教育出版社.
郭永玉.（2016）.人格研究.上海：华东师范大学出版社.
郭永玉.（2005）.人格心理学：人性及其差异的研究.北京：中国社会科学出版社.
黄希庭.（2002）.人格心理学.杭州：浙江教育出版社.
贺金波，罗伟建，徐清风，郭永玉.（2016）.人格差异性的进化心理学解释.心理科学（1），200—206.
李浩然，杨治良.（2009）.认知偏向研究的进化心理学视角.心理科学（2），384—387.

刘继亮，孔克勤.(2000).进化人格心理学的概念和理论.心理科学，23(6), 743—744.

马一波，郭永玉.(2005).进化心理学之人性观.湖南师范大学教育科学学报，4(5), 104—107.

商卫星，熊哲宏.(2007).进化心理学关于心理模块的领域特殊性思想.华东师范大学学报(教育科学版)，25(1), 56—61.

王登峰，崔红.(2003).中国人人格量表(QZPS)的编制过程与初步结果.心理学报，35(1), 127—136.

王登峰，崔红.(2005).解读中国人的人格.北京：社会科学文献出版社.

王登峰，崔红.(2008).中西方人格结构差异的理论与实证分析——以中国人人格量表(QZPS)和西方五因素人格量表(NEOPI-R)为例.心理学报，40(3), 327—338.

王申连，郭本禹.(2011).当代人格研究的新取向：进化心理学.南京晓庄学院学报，27(1), 75—78.

许波.(2005).西方进化心理学概述——当代西方心理学发展的一种新取向.国外社会科学(1), 13—16.

张建新，周明洁.(2006).中国人人格结构探索——人格特质六因素假说.心理科学进展，14(4), 574—585.

张雷.(2007).进化心理学.广州：广东高等教育出版社.

朱新秤.(2010).进化人格心理学：理论、意义与局限.华中师范大学学报(人文社会科学版)，49(1), 131—136.

朱新秤.(2012).进化心理学.北京：开明出版社.

Buss, D.M.熊哲宏，张勇，晏倩译.(2007).进化心理学.上海：华东师范大学出版社.

Buss, D.M.肖崇好译.(2003).人类的本性与个体差异：人类人格的进化. In L.A.Pervin & O.John (Eds.), 黄希庭主译.人格手册：理论与研究(pp.41—74).上海：华东师范大学出版社.

John, O.P., & Srivastava, S.郑涌译.(2003).大五特质分类：历史/测量与理论透视. In L.A.Pervin & O.John. (Eds.), 黄希庭主译.人格手册：理论与研究(pp.136—184).上海：华东师范大学出版社.

Bouchard, T.J., & Loehlin, J.C. (2001). Genes, evolution, and personality. *Behavior Genetics*, 31(3), 243—273.

Boyer, P., & Heckhausen, J. (2000). Introductory notes. *American Behavioral Scientist*, *43*, 717—925.

Buss, D.M. (1984). Evolutionary biology and personality psychology: Toward a conception of human nature and individual differences. *American Psychologist*, *39*, 1135—1147.

Buss, D.M., & Hawley, P.H. (2011). *The evolution of personality and individual differences*. New York: Oxford University Press.

Buss, D.M., Larsen, R.J., Westen, D., & Semmelroth, J. (1992). Sex differences in jealousy: Evolution, physiology, and psychology. *Psychological Science*, *3* (4), 251—255.

Cosmides, L., & Tooby, J. (1981). Cytoplasmic inheritance and intragenic conflict. *Journal of Theoretical Biology*, *89*, 83—129.

Cosmides, L., & Tooby, J. (1987). From evolution to behavior: Evolutionary psychology as the miss-ing link. In J.Dupre (Ed.), *The latest on the best: Essays on evolution and optimality*. Cambridge, MA: MIT Press.

Cosmides, L., & Tooby, J. (1994a). Beyond intuition and instinct blindness: The case for an evolutionarily rigorous cognitive science. *Cognition*, *50*, 41—77.

Cosmides, L., & Tooby, J. (1994b). Origins of domain-specificity: The evolution of functional organization. In L. Hirschfeld & S. Gelman (Eds.), *Mapping the mind: Domain-specificity in cognition and culture*. New York: Cambridge University Press.

Cosmides, L., & Tooby, J. (1996). Are humans good intuitive statisticians after all: Rethinking some conclusions of the literature on judgment under uncertainty. *Cognition*, *58*, 1—73.

Cosmides, L., & Tooby, J. (2000a). Consider the source: The evolution of adaptations for decoupling and metarepresentation. In D. Sperber (Ed.), *Metarepresentations: A multidisciplinary perspective* (pp.53—115). New York: Oxford University Press.

Cummins, D.D. (1999). Cheater detection is modified by social rank: The impact of dominance on the evolution of cognitive functions. *Evolution and Human Behavior*, *20* (4), 229—248.

Chiappe, D., & MacDonald, K. (2005). The evolution of domain-general mechanisms in intelligence and learning. *Journal of General Psychology*, *132* (1), 5.

Darwin, C. (1859). *On the origin of species*. London: Mirray.

Dawkins, R. (1989). *The selfish gene* (new edition). New York: Oxford University Press.

Daly, M., Wilson, M.I., & Weghorst, S.J. (1982). Male sexual jealousy. *Ethology and Sociobiology*, *3* (1), 11—27.

Ekman, P., & Davidson, R.J. (1994). *The nature of emotion: Fundamental questions*. New York: Oxford University Press.

Eysenck, H.J. (1976). *Psychoticism as a dimension of personality: A reply to Kasielke*. London: Hodder & Stoughton.

Fisher, R.A. (1958). *The genetical theory of natural selection*. New York: Dover.

Goldberg, L.R. (1981). Language and individual differences: The search for universals in personality lexicons. In L.Wheeler (Ed.), *Review of personality and social psychology* (pp. 141—165). Beverly Hills, CA: Sage.

Goldberg, L.R. (1992). The development of markers for the big-five structure. *Psychological Assessment*, *4* (1), 26—42.

Hamilton, W.D., & Zuk, M. (1982). Heritable true fitness and bright birds: A role for parasites. *Science*, *218*, 84—387.

Hamilton, W.D. (1964). The genetical evolution of social behavior.I, II. *Journal of Theoretical Biology*, *7*, 1—52.

Hamilton, W.D. (1966). The molding of senescence by natural selection. *Journal of Theoretical Biology*, *12*, 12—45.

John, O. P., Robins, R. W., & Pervin, L. A. (2010). *Handbook of personality: Theory and research*. New York: Guilford Press.

Kennair, L. E. O. (2002). Evolutionary psychology: An emerging inergrating perspective within the science and practice of psychology. *Human Nature Review*, *2*, 17—61.

Kruepke, M., & Barbey, A. (2016). Effect of status on social reasoning (cummins 1998). In T. K. Shackelford & V. A. Weekes-Shackelford (Eds.), *Encyclopedia of Evolutionary Psychological Science*. Springer.

Kyl-Heku, L.M., & Buss, D.M. (1996). Tactics as unit of analyses in personality psychology: an illustration using tactics of hierarchy negotiation. *Personality and Individual Differences*, 21 (4), 497—517.

MacDonald, K.B. (1995). Evolution, the five-factor model, and levels of personality. *Journal of Personality*, 63 (3), 525—567.

MacDonald, K.B. (1998). Evolution, culture, and the five-factor model. *Journal of Cross-Cultural Psychology*, 29 (1), 119—149.

MacDonald, K.B. (2005). *Personality evolution and development*. Csulb Edu.

Nesse, R. M. (1990). Evolutionary explanations of emotions. *Human Nature*, 1 (3), 261—289.

Nettle, D. (2006). The evolution of personality variation in humans and other animals. *American Psychologist*, 61, 622—631.

Norman, W.T. (1963). Toward an adequate taxonomy of personality attributes: Replicated factor structure in peer nomination personality ratings. *Journal of Abnormal and Social Psychology*, 66, 574—583.

Plomin, R., Chipuer, H.M., & Loehlin, J.C. (1990). Behavioral genetics and personality. In L.A.Pervin (Ed.), *Handbook of Personality: Theory and Research*. New York/London: Guilford Press.

Plomin, R., DeFries, J.C., & McClearn, G.E. (1990). *Behavioral genetics: A primer*. New York: W.H.Freeman.

Plomin, R., DeFries, J.C., McClearn, G.E., & McGuffin, P.温暖，王小慧，杨彦平，刘晓陵译（2008）.行为遗传学.上海：华东师范大学出版社.

Tooby, J. (1982). Pathogens, polymorphism, and the evolution of sex. *Journal of Theoretical Biology*, 97, 557—576.

Tooby, J. (1985). The emergence of evolutionary psychology. In D.Pines (Ed.), *Emerging syntheses in science* (pp.124—137). Santa Fe, NM: The Santa Fe Institute.

Tooby, J., & Cosmides, L. (1990b). On the universality of human nature and the uniqueness of the individual: The role of genetics and adaptation. *Journal of Personality*, *58*, 17—67.

Tooby, J., & Cosmides, L. (1992). The psychological foundations of culture. In J.Barkow, L.Cosmides, & J.Tooby (Eds.), *The adapted mind: Evolutionary psychology and the generation of culture* (pp.19—136). New York: Oxford University Press.

Tooby, J., & Cosmides, L. (2001). Does beauty build adapted minds? Toward an evolutionary theory of aesthetics, fiction and the arts. *SubStance*, *94/95* (1), 6—27.

Tooby, J., Cosmides, L., & Barrett, H.C. (2003). The second law of thermodynamics is the first law of psychology: Evolutionary developmental psychology and the theory of tandem, coordinated inheritances. *Psychological Bulletin*, *129* (6), 858—865.

Tooby, J., Cosmides, L., & Barrett, H.C. (2005). Resolving the debate on innate ideas: Learnability constraints and the evolved interpenetration of motivational and conceptual functions. In P.Carruthers, S.Laurence, & S.Stich (Eds.), *The innate mind: Structure and content*. New York: Oxford University Press.

Trivers, R.L. (1972). Parental investment and sexual selection. In B.Campbell (Ed.), *Sexual selection and the descent of man, 1871—1971*. Chicago: Aldine.

Trivers, R.L. (1974). Parent-offspring conflict. *American Zoologist*, *14*, 269—264.

Tversky, A., & Kahneman, D. (1990). *Judgment under Uncertainty: Heuristics and Biases. Readings in uncertain reasoning*. Morgan Kaufmann Publishers Inc.

Wiggins, J.S. (1979). A psychological taxonomy of trait descriptive terms: The interpersonal domain. *Journal of Personality and Social Psychology*, *37*, 395—412.

Williams, G.C. (1966). *Adaptation and natural selection: A critique of some current evolutionary thought*. Princeton, NJ: Princeton University Press.

Wilson, D.S. (1994). Adaptive genetic variation and human evolutionary psychology. *Ethology and Sociobiology*, *15* (4), 219—235.

Yu Quanlei, Zhang Qiuying, Chen Jianwen, Jin Shenghua, Qiao Yuanyuan, & Cai Weiting. (2016). The Effect of Perceived Parent-Child Facial Resemblance on Parents' Trait Anxiety: The Moderating Effect of Parents' Gender. *Frontiers in psychology*, 7, 25—30.

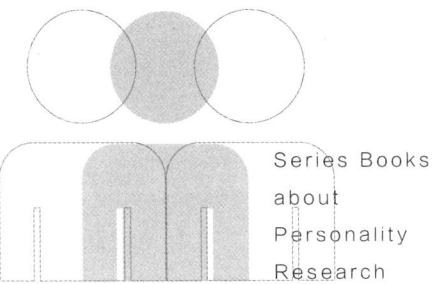

第2章

生活史理论与人格差异

生活史理论（life history theory）是进化生物学的重要理论。生活史理论与进化心理学的关联在于，生活史理论探讨的种系发生史上生活史策略的种群差异，以及个体发生史上生活史策略的个体差异，可以为进化心理学解释人格个体差异和群体差异的进化来源提供重要的理论依据。本章先概述生活史策略的有关理论观点，然后从探讨生活史策略与发展可塑性关系的角度探讨生活史策略对个体差异的影响，接着从发展的角度探讨生活史策略对人格发展的影响，最后探讨生活史策略与人格性别差异的关系。

一、生活史理论概述

在物种的进化过程中，自然选择的力量会促使物种基于其生活史特征形成相应的生活史策略。所谓生活史策略（life history strategy），就是个体会在其生命各个周期之间进行能量分配，使各个生命过程协调最佳，并使个体的繁殖和存活效益或适合度达到最优。生活史理论有三个核心概念：生活史、权衡和适合度。生活史（life history）是指物种的生长、分化、生殖、休眠和迁移等各种过程的整体格局。很显然，不同的物种具有不同的生活史格局。实际上，不同物种的生活史格局的差异也是我们评价物种差异的重要依据。由于生物体在有限的生命周期里拥有的能量是有限的，因此在生命的各个阶段分配能量会出现冲突，从而导致生命各个阶段的生命活动之间存在彼此抵触的利害关系，也就是说，生命体在某一过程获得的好处，要以减少对另一生命过程的投入为代价。所谓权衡（trade-off），就是指自然选择进化了这样一种在生命各个阶段进行能量分配的内在决策机制。适合度（fitness）是指衡量遗传物质在进化过程中传递能力的尺度，主要是指生物体的繁殖和存活能力。适合度是自然选择进化论的基本概念。权衡与进化的概念密切相关，即进化实际上就是基于生存和繁殖的目的，个体在面对环境适应压力时进行权衡的结果。只不过，这里的权衡是生命各个周期的收益—代价之间的权衡。必须明确的是，这里的权衡是自然选择赋予的内在机制，而不是人类理性力量的推动。生活史理论是从种系发生史上解释不同物种的生活史适应策略的种群差异，因此，生活史理论实际上是自然选择论的衍生和发展。

根据生活史理论，最终达到繁殖成功是一项长期而复杂的任务。它要求个体完成一系列阶段性任务，面对各种适应性问题的挑战，包括生存保障、有效成长和成熟、找到合适的配偶、有效交配和有效繁殖、养育小孩、为亲属提供帮助和支持，等等。然而，个体分配到各种任务上的资源、能量和努力（包括精力、时间、金钱、注意以及其他资源）是有限的，个体在执行这些任务时可能经常面临相互冲突、相互矛盾的状况，个体在进行资源、能量和努力的分配时必须有所取舍。根据生活史理论，个体进行权衡取舍的维度主要有三个（Kaplan

& Gangestad, 2015)。

(一) 当前繁殖与未来繁殖的权衡

在特定的时间点，有机体面临这样的权衡决策：是倾向于把资源、能量和努力投入到当前的繁殖任务中，还是倾向于维持当前的生命活动，通过延长生命以保证将来的繁殖活动。加吉尔和博塞特（Gadgil & Bossert, 1970）首先探讨了这个生活史策略维度。他们认为，有机体从环境中获得能量，而有机体的能量捕获能力决定其能力的支出预算。在既定的时间点上，有机体通过三种不同的活动消耗能量：(1) 生长或成长。成长要消耗能量，不过成长可以增加未来资源和能量的捕获能力，因此也会增加未来的繁殖力，不过当前没有繁殖力，直到成长到足够大，能量分配才倾向于繁殖活动。(2) 维持。在这种活动中，有机体维持、保障或修复其身体组织。此时的能量消耗主要在免疫功能活动中。(3) 繁殖，即有机体直接复制基因。很显然，有机体怎样解决在这三种活动中的能量分配问题影响其生活史历程。由于维持活动和生长活动都是通过影响未来的繁殖力来影响有机体的适应性，因此这里的三方面的权衡也可以归结为当前繁殖和未来繁殖两种权衡。生命的长度是有机体能量分配设计中一个不可回避的限制性条件。如果有机体生长和生命力的维持是有效的，有机体可能具有较长的生命周期，那么有机体会倾向于采用未来繁殖的生活史策略。如果有机体在有机体生长和生命力维持上面临太多的风险和不确定性，那么有机体可能会选择早期繁殖的生活史策略。

（二）后代数量与质量的权衡

在当前的繁殖活动中，有限的能量如何在增加后代数量和提升后代质量这两种相对活动中进行分配，这是第二种主要的生活史权衡策略（Lack，1968）。在这里，有机体面临的生态环境的变化也是塑造这种权衡的重要因素。如果有机体面临的是不可控制的高风险的生态环境，个体繁殖的后代出现高发病率和高死亡率的残酷事实，那么有机体的亲代养育投资（质量策略）将变得不可预测，从而被设定为一种高成本策略。这样，有机体倾向于选择增加繁殖后代数量的生活史策略。在人类进化史的早期，人类与其他大多数物种一样面临高风险的、不可控制的、不可预测的生育环境，因此人类数量优先的繁殖策略也是大量存在的。

（三）交配与养育的权衡

有性繁殖可能使上述的数量—质量权衡变得更加复杂。这种复杂性进一步表现在繁殖过程中的交配—养育的权衡上。虽然后代子女从他们的父母身上继承相等的遗传要素，但是父母双方对后代子女的养育有不同的贡献。在哺乳类动物中，雌性贡献了对后代子女投资的绝大部分（95%以上），而在有些动物中，雄性提供了相等的，或者更多的亲代投资，譬如某些晚熟的鸟类、雄性孵化的鱼类和一些昆虫类。

养育投资旨在提升后代的质量，交配投资旨在提高后代的数量，所以，交配—养育权衡是数量—质量权衡在有性繁殖中的典型表现。交配—养育权衡的性别差异在很大程度上也是进化过程中性选择策略的结果。在性选择策略的指引下，男性需要跟同性竞争获取合适的与异性交配的机会，同时要展示自己的性吸引力来满足异性的择偶需求和偏好，从而获得交配机会，因此男性自然更倾向于投资交配策略，而较少投资养育行为。而对女性来说，由于其生育和抚养后代的宿命式的功能，女性会更倾向于更多的养育投资。不过，在有些环境中，女性也会倾向于选择那些愿意作出更多养育投资的男性，从而促使男性回应女性的择偶偏好，倾向于更多的养育投资。同时，男性会倾向于选择那些具有性吸引力的女性，从而促使女性更多关注交配投资。如此说来，性选择策略的复杂性也在于男性和女性都会影响对方的性繁殖策略。

当然也有其他相对次要的权衡取舍维度，譬如，追求多名配偶与只对一名配偶忠诚，只投资自己的孩子与对其他亲属也进行投资。广义上讲，在物种之间适合度设计的主要功能是针对不同物种的进化适应环境，尽可能使分配方案达到最优。因此，不同的物种在生活史策略这些维度的连续统一体上所处的位置是不同的，从而表现不同的适应性特征。总体说来可以分为 r 策略和 K 策略。r 策略处于连续体的一个极端，表现为在早成熟、早繁殖、多后代数量等特征上分配更多的努力，如兔子、老鼠等。K 策略处于连续体的另一个极端，表现为在延长生命、身体保持、晚繁殖、注重养育后代等方面进行更多投资，譬如大象、鲸等。另外，不同物种生活史特征的适应性设计的差异还反映在其他很多方面，譬如身体大小和大脑的尺寸、平均寿命、刚出生婴儿的依赖性，等等。

近年来，有些进化心理学家认为（Belsky & Pluess, 2009），生活史理论作为进化论框架也可以被用来解释人类成员的个体差异。总体而言，人类更倾向于K策略。因此，与其他大多数物种相比，人类倾向于慢生长、广泛的后天学习、较少繁殖后代、重视亲代投资。但是，由于人类面临的进化适应环境的复杂性和多样性，人类成员在K策略维度连续体上存在着相当大的自由度，从而表现出相当大的个体差异。也就是说，不同的人类成员由于拥有的遗传基因组合不同，面临的进化适应环境的机遇或挑战不同，他们的最佳适应性生活史策略也会不同。特定适应环境塑造了个体特定的生存和繁殖策略，从而表现出适应性行为策略的个体差异，最终也表现为人格的个体差异。这就是生活史策略被用来解释进化的个体差异的理论框架。

二、生活史策略与发展可塑性

生活史策略是指个体在自己的生活史历程中对自己有限的生命能量和资源的分配，这种能量和资源的分配基于适应效益的权衡，以达到最佳的适应状态。不过，生活史理论认为，有机体内并没有这样的"决策者"（decision-maker）负责能量和资源分配的权衡决策。更可能的情况是，进化选择的力量塑造了这样一种特殊的心理和生理机制，这种进化的机制对各种变化的环境因素非常敏感，于是它根据环境线索（譬如父母的亲代投资情况、环境的危险性等）来调节能量和资源的分配，从而达到最优的适应水平（Kaplan & Gangestad，2004）。这种进化的调节机制不是一种有意图的选择操作（consciously executed choices），而是在基因上编码的、环境条件性作用的启动装置（genetically coded, environmentally-conditioned switches），或者是一种种属普遍性的、对环境易感的调节机制（environmentally-senstive regulatory mechanisms）。

已经有研究表明（Kaplan & Gangestad，2004），内分泌系统是被进化选择的力量设计来执行能量和资源的分配决策的。内分泌系统是一种整合性的调节机制，它通过释放特殊的化学物质（通常是激素）在人体内各个部分之间进行信息传递，从而实现对有机体的控制和调节。譬如，进入青春期以后，荷尔蒙激素的分泌可以促进两性长达十余年的发展性变化。在女性身上，这种内分泌机制调节能量的分配向繁殖功能倾斜，从而导致脂肪的储存，也导致月经的到来以及其他第二性征的出现，身体生长到达高峰以后渐渐停下来。而在男性身上，内分泌系统雄性激素的分泌也调节能量的分配倾向于繁殖功能，导致第二性征的出现，而身体生长渐渐停下来。同时，雄性激素的分泌也会促进肌肉生长和身体素质的提升,从而有助于实现性交配功能。进入青春期以后,进化的心理机制也有类似的调节作用,促使男性和女性把能量和资源的分配向繁殖功能倾斜(Ellison,2001)。

如上所述,这种能量分配权衡的生活史策略选择与相应的环境线索密切相关。也就是说,个体在其生活史历程中,尤其在生命的早期阶段,他们采取什么样的生活史策略,选择什么样的成长路径,是与外在环境线索密切相关的。这种现象可以用发展可塑性(developmental plasticity)这个概念来描述。所谓发展可塑性,就是个体的成长过程不是完全受制于个体的遗传素质,个体的成长路径是灵活可变的,个体的成长会根据外在的物理环境线索(包括气候、资源稀缺性、捕食的压力)和社会环境线索(包括性别内的竞争、父母的亲代投资情况、人口密度)的影响来调整自己的发展路径。因此,生活史理论强调,生命历程中个体的成长、发展和繁殖阶段及其特点可能依据适应性权衡而采取的能力分配策略的变化而表现出相当程度的发展可塑性。概括起来,生活史理论关于发展可塑性的观点体现在以下三个方面:(1)有机体的灵活性观点,即许多有机体(包括人类)都进化了一种对外在力量保持弹性反应的内在灵活性,包括对关键的社会环境线索和物理环境线索作出结构性反应;(2)与一些外在因素(包括很差的养育质量、不可预知的恶劣环境、资源稀缺)的早期接触可以调整个体的行为系统，从而导致持久的个体差异（特质）；（3）生活史理论与频率依赖选择模型关于个体差异的形成有比较一致的观点，它们都认为，多样性的行为表型可以共存于一个群体中，这些行为表型的个体差异可以被看作内在不同的适应性策略，环境线索承载了有关适应性问题的重要信息。

基于以上生活史理论的观点，有研究者（Simpson, Griskevicius, & Kim, 2012）认为，有三种重要的环境因素可以作为发展可塑性的启动机制，影响个体的成长路径，从而塑造各自不同的人格特征。

（一）亲代投资

贝尔斯基等人（Belsky et al., 1991）提出假设，两种发展路径最终将导致成年阶段两种不同的繁殖策略（也就是不同的人格面貌）。一种策略的特点是，倾向于发展短期的、机会主义的人际关系，特别是在交配关系和亲子关系上，他们更早涉足性生活活动，恋爱关系是短期的、不稳定的，对孩子的亲代投资也是较少的。这种繁殖策略倾向于增加后代的数量。另一种策略的特点是，倾向于发展长期的、倾注较多投入的关系，他们较晚涉足性生活活动，恋爱关系更加持久和稳定，对后代的亲代投资更大。这种繁殖策略倾向于提升后代的质量。这个模型认为，不同的个体之所以表现出不同的繁殖策略和发展路径，是因为不同的早期养育环境和成长经历对青春期的发展造成了不同的影响。这种影响的直接后果就是，与质量型繁殖策略的个体相比，数量型繁殖策略的个体的青春期会出现得更早。大量的研究支持了贝尔斯基的这个模型，女孩青春期到来时间的有关研究支持了这个模型（Ellis，2004）。

基于贝尔斯基的观点和特里弗斯（Robert Trivers）的亲代投资理论，埃利斯（Ellis，2004）认为，父亲角色在女孩繁殖策略的发展中承担着非常重要的作用。父亲的缺席或者继父的出现可能是父亲方面的亲代投资的一个重要信息线索，显示了一个较低的、不可预测的、变化的父亲投资水平。对女孩的成长来说，父亲和母亲的角色是不可替换的，因此，父亲的缺席或者继父的出现作为一种特殊的亲代投资信息可能导致女孩青春期提早到来，从而导致其不同的繁殖策略和发展路径。

后来，埃利斯等人（Ellis et al.，2009）又提出了两种不良的早期成长环境：一种是长期不良的或者恶劣的成长环境；一种是不可预测的成长环境（在良性和恶性之间不断转换）。在长期不良的环境中，儿童接受来自父母的排斥的、惩罚的和忽视的行为，这可能导致他们产生回避型的依恋类型以及成年后不受约束的交配策略，他们的恋爱关系也是感情疏远的、缺乏人情味的。此外，如果儿童长期接触不可预测的环境条件，他们接受来自父母的一些零散的、不可预期的关注，这可能导致焦虑型的依恋类型以及成年后不受约束的交配策略，他们的恋爱关系可能是感情冲动的、纠缠不清的。

总之，儿童感受到的来自父母的亲代投资状况可能导致他们产生不同的发展路径和繁殖策略。儿童在生命早期接受的来自父母的亲代投资的数量和性质也可以预测其将来如何面对来自社会环境的要求、挑战和机会，同时最终塑造其相关的繁殖策略以及特殊的人格特质。

(二) 死亡率

根据生活史理论，奇泽姆（Chisholm，1999a）认为，生活史的权衡特征也受到本地人口死亡率这种极端的环境因素的影响。本地人口死亡率（local mortality rates）也是一个调节不同发展路径和繁殖策略的关键环境线索。当本地人口死亡率较高的时候，较优的繁殖策略是尽可能地性交配，以使后代数量达到最大化。而当本地人口死亡率较低时，较优的繁殖策略是推迟性交配时间，作好长期繁殖的准备，生育后代数量较少但是都能得到较好的长期照顾。因此，在一个资源充足的、安全的环境里，人们预期的寿命更长，可能使每一个后代的存活率达到最大程度，那么这种延迟的、高投入的繁殖策略应该也能增加子孙后代的整体数量。

在进化历史进程中，高死亡率作为恶劣环境的一个突出指标，会导致父母对孩子更少的投入和照顾。而父母对孩子的漠不关心又是孩子感受到的不良环境因素的重要线索，这会促使孩子发展出相应的行为和特征（譬如，更强的攻击性和更少的合作倾向）以适应这种严峻苛刻的环境。低死亡率则预示一种更优良的环境，当然也可能导致孩子得到父母更多的、更好的关心和照顾。这些细心的父母向孩子传递这样的信息：环境是安全的，你们也会安全成长。于是，这种环境因素又会塑造儿童相应的行为和人格特征（譬如，更弱的攻击性和更多的合作倾向）以提升在这种良好环境中的适应效益。

奇泽姆（Chisholm，1999a）提出另一个与儿童早期生活经验和成年期繁殖策略密切相关的人格发展的调节因素，即时间偏好（time preference）。时间偏好与延迟满足倾向（delay-of-gratification tendencies）相关，它是指个体的愿望是及时满足还是延迟满足。那些在高死亡率的、危险的、不确定的环境中长大的个体认识到，延迟满足可能意味着没有希望，也没有繁殖的机会，因此他们通常偏好直接的、及时的报酬支付。这种时间偏好会导致相应的行为特征和人格特征（譬如，冲动的、更低自控力的、缺乏耐心的）。

（三）他人人格特征的发生频率

塑造个体人格特质发展的第三种环境特征是群体中其他人的人格特征分布状况，特别是潜在竞争者的人格特征分布状况。如果一个人生存在孤立的环境中（譬如独自生活在一个荒岛上），从进化的视角来看，他拥有的人格特征无所谓"好"或者"坏"。但是，当个体生存在某个群体中，他拥有的人格特征就会与其他人的人格特征的分布状况有着某种关联。他的人格特征可能会随着群体中其他人的人格特征分布状况的变化而提升或者降低其适应价值。譬如，如果群体中70％的人都具有风险回避型的行为特征，那么某个具有高开放性人格特征的个体可能拥有更大的适应性。这种高开放性的特征可以使个体更有可能找到解决问题的方法，以解决有关生存、繁殖和亲代投资的问题，从而使其相比于风险回避型的伙伴具有更大的适应优势。但是，如果群体中80%的人都具有风险寻求型的行为倾向，那么这种高开放性的人格特质将失去其适应优势。因此，根据频率依赖选择机制（参阅本书第3章的有关阐述），一种人格特质的适应价值取决于群体中类似人格特征的分布比率。

总之，基于生活史策略的适应权衡模型，个体会根据环境线索决定自己的生活史发展路径，表现为人格特征的发展可塑性。除了以上阐述的亲代投资、死亡率和他人人格特征分布等环境线索以外，当然还有其他一些重要的环境线索可能也会对个体的发展路径发挥重要作用，譬如资源的稀缺性、居住环境的变动性等。将来的研究无疑需要进一步通过实证研究发现这些启动发展可塑性机制的更多环境线索。

三、生活史策略与人格发展

进化心理学揭示了人类的心理机制是如何在解决人类进化过程中面临的适应性问题而发展起来的。发展心理学认为，这些心理机制又是个体在其一生发展的各个阶段渐次展现出来的。进化发展心理学（Buss，2007，pp.441—442）认为，在个体生命的不同阶段，个体面临着截然不同的适应性问题，当个体在发展的不同阶段面临的适应性问题线索与人类祖先在其发展过程中面临的线索相符时，人类进化的心理机制就会在现代个体身上发展起来。但是，每个个体在其生命早期所处的环境是有很大不同的，经历的成长事件也是千差万别的。尽管人类已经进化了共同的心理机制，但是早期不同的生活环境和成长经历可能会引导个体形成不同的适应性策略。换句话说，人类进化的共同心理机制作为一种指令系统生来就具有两种或者多种不同的潜在策略，在这种人类普遍性的指令菜单中，个体选择哪一种策略则主要取决于他拥有的早期环境和早期经历。

生活史理论基于生命能量有限原则，探讨物种成员在其生命各个周期之间如何进行能量分配，使各个生命过程协调最佳，并使物种的繁殖和存活效益或适合度达到最大。因此，生活史理论可能为解释人类成员在不同生命阶段适应性策略的形成、发展提供重要的理论框架，同时为人格个体差异的发展提供有用的分析框架（见图2.1）。

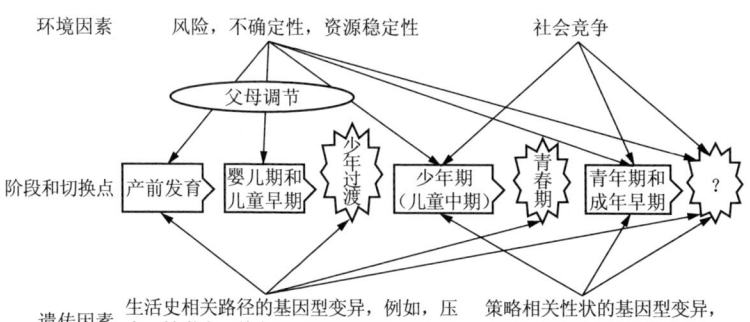

图2.1　人类生活史策略的发展阶段和切换点（Belsky，2007）

(一) 父母线索与早期人格发展

生活史理论认为，个体会基于面临的具体的适应环境进行生存和繁殖成本—代价的权衡，从而作出最优化的适应性策略选择。这表明，个体自身包含一种启动机制，它允许个体根据发展过程中遇到的环境线索调整其生活史策略。换句话说，生活史策略允许适应性策略的发展可塑性。当然，个体发展可塑性并不是无限的或者任意的，个体会首先评估其面临的适应环境，然后根据不同生态条件趋于最优化长期适应的进化规则，在遗传限制标准范围内调整其策略选择。

在生命的早期阶段，父母对待无疑是幼儿经历的最重要的环境线索。贝尔斯基等人（Belsky et al., 1991）提出，由不和谐婚姻以及较大压力的生态条件引起的拒绝或冷漠的父母养育行为会传递给幼儿以下信息：（1）资源短缺和不可预测性；（2）社会信任与合作水平低；（3）夫妻关系不稳定和低承诺。奇泽姆（Chisholm，1996）认为，基于父母对待这种重要的环境线索，幼儿形成相应的依恋模式。这些依恋模式是一套进化的心理机制，表现出幼儿对早期家庭环境的适应功能，也是幼儿促使父母执行相应的分配策略（父母在当前繁殖活动和将来繁殖活动之间的权衡）的适应模式。安全型依恋表示儿童在早期经验中不断受到生存和发育的威胁，父母不能或者不愿意在儿童身上给予儿童所期望的投资，于是安全型依恋也是儿童促使父母进行高投资的适应器。回避型依恋的儿童通常对父母比较冷漠,他们的父母喜欢追求短期的择偶策略,而不是对他们给予足够的投资,于是回避型依恋是儿童对父母不愿意投资的一种适应器。焦虑/矛盾型依恋的儿童通常表现得紧张、害怕和没有安全感,他们的父母往往表现出对幼儿的非常不明确的、不稳定的投资行为,焦虑/矛盾型依恋可能是儿童对父母不能给予确定投资的一种适应器。总之,这些依恋模式是幼儿早期面临父母线索进行生活史策略权衡的结果,而这些业已形成的依恋模式作为适应器也发挥着适应的功能。

不过,也有研究(Belsky & Pluess,2009)表明,尽管父母行为作为早期幼儿发展的重要环境信息线索在儿童依恋风格的形成中发挥着至关重要的作用,从而为儿童的适应不良承担相应的责任,但是儿童本身对家庭环境信息的敏感程度也会影响他们依恋风格的发展。其实,也有进化的依据表明(Belsky,2007),有些儿童是所谓的"固定策略家"(fixed strategists),他们基本上执行一种特定的生活史策略,较少受到成长经验的影响。另一些儿童则是所谓的"可塑策略家"(plastic strategists),他们执行一种有条件要求的生活史策略,受到成长经验的强烈影响。与此有关的研究证据也表明(Belsky,2005),具有易感性和消极情绪气质的婴幼儿往往比其他的婴幼儿更容易受到父母的影响,也有证据表明,那些携带特定多巴胺D4受体等位基因的孩子更容易受到父母的影响,同样携带与低单胺氧化酶A(MAOA)活性有关的等位基因的孩子也是这样

(Caspi et al., 2002)。也有研究者（Boyce & Ellis, 2005）指出，虽然基因可以解释对父母线索反应可塑性的变化，但是儿童的环境敏感性（也被称为对环境的生物敏感性）本身也受到早期压力经验的影响（至少是部分影响）。在这些研究者提出的模型中，这种受到早期生活经验影响的易感性（被称为一种更加可塑的表型）具有双重易感效应。在支持性的、有利的环境中，它会增强对社会的和发展的益处的敏感性；而在有压力的、不利的环境中，它会促进对危险和威胁的警惕性（Boyce & Ellis, 2005）。

（二）少年转型

早期幼儿阶段生活史策略的选择无疑对个体成长以及将来的人生发展路径起着关键的作用。不过，在个体人生的发展过程中，每个阶段都有其独特的适应性任务，也可能在每个发展阶段遭遇独特的环境输入信息，因此早期幼儿阶段生活史策略的持久影响也取决于以后人生阶段的发展，这意味着个体的生活史策略是保持开放的，也会经历不断调整和修改。这一调整过程是一个折中的信息评估过程，一方面需要基于对早期生活史策略的承诺，另一方面是对当前发展阶段的生态条件和社会条件改变的精确评估。在这个过程中，当个体发展被导向某个优先的发展路径时，一个发展的切换点需要被确认。在发展切换点上，遗传因素和新的环境来源信息将被整合，这个整合的结果将形成新的生活史策略的选择。

有研究者（Del Giudice，2009a）认为，首个关键切换点就是儿童早期到中期的过渡，这被称为少年转型（juvenile transition），也是贝尔斯基（Belsky，2000）所说的建立新的生活史策略的敏感期。随着少年转型期的到来（在现代工业社会中，大约发生在6~8岁），儿童大大增加了社会活动的参与度，开始竞争优势等级地位和追求成为有吸引力的人物。这个时期的特点是竞争和社交性游戏显著增加，朦胧的异性吸引开始出现，性别差异化行为达到了一个高峰（Geary，1998）。

少年转型对生活史策略形成的作用有三个方面：第一，它协调一系列与生活史相关的表型特征的表达，譬如依恋、压力调节、优势寻求和合作。第二，它协调性别差异化方面的表型表达，譬如，与女孩相比，交配定向的生活史策略预计将促使男孩增加高风险的、具有身体攻击倾向的优势寻求行为。第三，人类的少年转型期（童年中期）提供了交配和繁殖实际发生之前的评估过程。这样的评估过程对于评估儿童所选策略的成功可能性是至关重要的。如果选择的策略不成功，或者与儿童的社会环境不匹配，那么评估过程将促使儿童进行策略修改（Del Giudice，2009a）。也有类似的证据显示，青少年早期经历的竞争压力程度会影响成年交配策略的选择（Davis & Were，2007）。总之，社会竞争的强度以及同伴环境中的信任、合作和攻击的水平应该是影响青少年适应性策略发展的重要因素。杰克逊和埃利斯（Jackson & Ellis，2009）也提出，特别是对男性来说,在青春期之初获得的社会地位(部分取决于个体的表现)应该是影响生活史策略发展的关键因素。

有研究者(Del Giudice, Angeleri, & Manera, 2009)认为,少年转型是由"肾上腺青春期"(adrenal puberty)或"肾上腺初征"(adrenarche)这样的内分泌机制调节的。通过整合基因和环境信息,肾上腺初征起着重要的调节作用,从而塑造显性的性别差异和个体差异。从这个角度来看,生活史策略主要通过压力和内分泌性腺激素途径的动态交互作用来协调,而各种神经生物系统(例如血清素激活系统)参与其行为表达和调节。少年转型的这种工作模式的假定也有很多比较一致的证据。相关实证研究(Del Giudice, Angeleri, & Manera, 2009)表明,少年转型与攻击水平发展的不连续性有关,也与焦虑和攻击倾向等心理障碍类型的发生有关。埃利斯和埃塞克斯(Ellis & Essex, 2007)的一项纵向研究发现,早期家庭环境压力可以预测男性和女性的肾上腺初征,这与前面提到的将肾上腺初征作为生活史切换点的作用是一致的。

(三) 青春期转型

下一个生活史策略的关键切换点是青春期(puberty)。在这个成长期,个体开始进入交配和繁殖时期。也就是说,此时个体适应性任务面临根本性改变,也出现了全新的适应性问题。当然生活史策略的权衡和选择也会发生根本性改变。无论是在婴幼儿阶段赢得父母的关注,还是在少年阶段开始争取优势等级地位都是为了完成个体生存和成长带来的适应性任务，进入青春期以后，个体把自身拥有的有限的资源和能量转向执行繁殖功能而带来的适应性问题。青春期特有的生活史策略开始表现出来。

贝尔斯基及其同事（Belsky et al., 1991）提出，儿童早期遭遇的压力可能导致早熟，从而成为当前青春期繁殖导向策略的重要影响因素。这种情况集中表现在儿童早期父亲存在/缺席这样一种家庭状况上。根据贝尔斯基等人的观点，如果在生命早期（开始的5～7年）个体（主要是指女孩）生活在没有父亲的家庭里，那么她可能形成父母资源不可靠和家庭关系难以持久的观念，于是这样的孩子会较早进入青春期，表现为性早熟。她倾向于采用的繁殖策略表现为：较早涉入性行为，频繁更换恋爱对象。这种表现类似于生活史理论的r策略，其特点是期望产生大量的后代，却对每个后代投资较少。相应地，这样的个体也会拥有外向、冲动、冒险的人格特质，较少保持长期稳定的友谊关系。相反，如果个体在生命早期拥有可靠的家庭结构和稳定的父母照顾，尤其是拥有充足的父亲照顾资源，那么这些孩子进入青春期以后会有完全不同的表现，他们倾向于采用长期的择偶策略，表现为性成熟较晚，初次性行为较晚，追求安全的、长期的配偶关系，生育的子女较少，但对子女的投资很大。相对来说，他们也会拥有与前面的孩子不同的人格特质和人际关系。

后来的实证研究（Belsky，2007；Tither & Ellis，2008）也表明，有压力的和紧张的家庭关系确实加速了青春期的到来，并且倾向于使个体出现较早的性接触行为。此时，父亲确实发挥着特别重要的作用（即使不是唯一的作用）（Ellis，2004）。父亲缺席本身可能不是最重要的因素，父亲在心理社会功能上的角色和亲代投资似乎发挥着相当大的调节作用。不过，可以肯定的是，在同一个家庭里，青春期孩子的生活史策略是存在个体差异的，也有"固定策略家"和"可塑策略家"之分。

青春期另一个重要的适应性问题就是当个体进入生殖期以后依恋功能的改变。毫无疑问，儿童期的依恋功能首先是为了促进生存和成长。通过依恋关系，儿童确保从父母那里得到投资和保护。进入青春期以后，个体形成的成人依恋关系就承担着不同的进化功能了。这种成人依恋关系（也称浪漫依恋关系或者成人恋爱关系）转向促进生殖任务的执行和完成。青年男女之间通过建立成人依恋关系，保证和调节彼此作为生殖伙伴的长期关系（Kirkpatrick，1998；Jackson & Kirkpatrick，2007）。另外，儿童依恋在其生活史策略的发展过程中起着非常关键的作用，而对成人来说，成人依恋只是其表现出来的生活史策略的一部分。

（四）成年阶段

在儿童和青少年时期，个体的生存和繁殖这两大根本性的适应任务依次出现，由此引发的适应性问题渐渐展现出来，个体的生活史策略权衡也会经历几个关键的切换。相应地，不同生活史策略的展现也充分表现出人类的个体差异。生活史过程似乎已经全部展现完毕，个体意义上的进化功能也似乎已经完成。在其他物种身上也许是这样的，不过在人类身上，个体有一个相对漫长的成人时期，生活史过程还远远没有结束。人类的生活史权衡远远超出青春期的期限。在个体漫长的生命过程中，也会逐渐出现其他的重要切换点和重要转型期。譬如，对女性来说，更年期就是一个重要的生活史策略权衡的转折点，即更年期意味着女性直接繁殖能力的终结，这可能导致其性繁殖策略逐渐退出人生舞台，从而更加专注于亲代投资；对男性来说，也有一种普遍的趋势，当男性接近中年时，会增加亲代投资，表现出对后代子女的更多关心和照顾（Winking et al.，2007）。当然，还有其他的因素会促进成人生活史策略的调整和转换，譬如工作、疾病。不过，具有特殊意义的生活事件是孩子的诞生。它不仅表明繁殖成功，而且会明显地改变男女双方的激素功能。繁殖成功与内分泌系统改变的交互作用，最终会导致个体生活史策略的调整和改变（Storey et al.，2000）。另外，社会主导地位（特别是对于男性）和社会支持（特别是对于女性）的巨大变化也可能成为个体重新调整自己的生活史策略以应对外在环境的偶发性因素。

四、生活史策略与性别差异

进化人格心理学认为,由于男性和女性在有关繁殖的基本任务中,面临不同的适应性问题,因此人类很多适应性行为策略存在着显著的性别差异。实际上,在生活史策略上人类也存在着显著的性别差异。这表现在,在生活史历程中,可行的策略选择及其相关的适应成本和收益都存在显著的性别差异。前面我们讨论过,调节适应性策略变异的进化的身心机制可能会根据环境的输入信息来决定个体的发展路径。其实,这种进化的身心机制也会根据性别因素引导出不同的适应性策略,即在相同的环境线索中也会出现适应性策略选择的性别差异。一般来说,当环境线索预示较高的外在风险时(例如拒绝养育),个体的生活史策略将会转向执行当前的繁殖功能(即早熟、早期性行为),增加性交配行为,减少父母投资,即执行所谓的r策略。然而,对男性来说,即使他们处于适度的风险水平也可能采取快速的性交配策略,女性则倾向于使后代获得更高的投资水平。只有处在高风险水平的女性才有可能采取男性喜欢的快速的交配策略和低养育策略(Del Giudice, 2009a)。与这个观点一致的是,成年人的浪漫依恋风格往往表现出可预测的性别差异。有关的调查表明,男性报告出更高水平的回避型依恋,女性则报告出更高水平的焦虑型依恋(Del Giudice, 2009b; Del Giudice & Belsky, 2010)。跨文化的调查也发现依恋模式的性别差异。不过,也有跨区域的调查表明,随着环境风险的增大，男性和女性都会表现出较高水平的回避型依恋，从而降低群体内依恋模式的性别差异。

回避型依恋的显著特征是低养育策略，倾向于短期关系，而不是长期结合的亲密关系（Belsky，1997b；Kirkpatrick，1998）。回避型的成人表现为更滥交的和性放纵的行为，在夫妻关系中承诺较少，避免亲密关系，更有可能发生性强迫行为（Allen & Baucom，2004；Bogaert & Sadava，2002；Brassard et al.，2007；Gentzler & Kerns，2004）。他们报告对长期关系的兴趣较低（Jackson & Kirkpatrick，2007），并且倾向于受到当前配偶之外的其他人的吸引。这在很大程度上是描述男性的生活史特征。

相比之下，焦虑的成年人表现出更高的依赖性，有更强烈的动机去寻找排他性的亲密关系。不过，男性的焦虑依恋与较低的交配成功率有一定程度的相关，而在女性中，焦虑依恋可以预测较早的性行为、冲动性的伴侣选择和不贞的行为。有研究者（Del Giudice，2009a）提出，女性焦虑依恋被进化出来作为一种关爱诱导策略（care-eliciting strategy），旨在从配偶和亲属处获取持续的投资和帮助。而在男性中，适度风险水平的依恋焦虑可能起到男性回避行为的"反策略"效应，即依恋焦虑可能降低男性的回避行为。此外，回避型依恋风格和焦虑型依恋风格都可能使女性倾向于产生多方的、冲动的性交配行为，这与女性拥有"兼性一妻多夫制"（facultative polyandry）

条件策略的进化假说一致（Hrdy，2000）。

依恋风格的性别差异不只存在于成年人身上。值得注意的是，它们似乎在少年过渡期（七岁左右）就已经出现（Del Giudice，2008，2009b）。童年中期依恋风格性别差异的出现是早期依恋与成人依恋风格之间的关键联结。青少年依恋模式的性别差异是生活史策略性别分化的一部分。儿童的回避型依恋与假装成熟、公开的身体攻击、自尊心膨胀以及外化的行为症状有关。这些特征的部分适应功能在于，通过高风险的、社会优势导向的男性化策略期望在同龄群体中获得地位和声望。相比之下，焦虑型依恋可以为女性所用，作为自己与亲属系统保持密切联系的手段（Del Giudice，2009a；Goetz, Perilloux, & Buss，2009）；同时焦虑型依恋也可以被女性用来投机性地凸显自己的不成熟和依赖性，以此向男性展示自己作为柔弱女性的吸引力（Marquez & Rucas，2008）。另外，焦虑型依恋可能预测女性同伴竞争背景下相关的、间接的攻击行为（Campbell，2009；Del Giudice，2009b），但是大多数依恋攻击性研究关注外在的、直接的身体攻击，因此这种有趣的观点仍有待探讨。最后，青少年的不安全依恋预示着调情和性接触的早期出现，甚至在青春期前的儿童中也会出现（Sroufe et al.，1993），这进一步凸显了依恋和性系统的功能联结。

另外，两种压力反应的神经生物学模型也可以很好地描述生活史策略和依恋模式的性别差异。泰勒等人（Taylor et al.，

2000）的研究表明，哺乳类动物压力系统的工作模式表现出明显的性别差异：男性的压力反应模式是典型的"战斗或逃跑"反应（fight-or-flight response），而女性倾向于表现出"照顾和帮助"反应（tend-and-befriend response），其特征是保护后代和增加有亲和力的行为。"战斗或逃跑"反应与"照顾和帮助"反应的区别明确地反映了回避型依恋（男性典型的）和焦虑型依恋（女性典型的）之间的性别差异，后者的特征是依赖性和亲密寻求的增加。

有研究者（Korte et al.，2005）将与生活史有关的压力反应的神经生物学模型的性别差异进一步描述为"鹰—鸽"模型（hawk-dove model）。侵略性的"鹰"策略的特点是战斗或逃跑行为，其神经生物学特征是高雄性激素水平、低皮质醇分泌、高交感神经系统/低副交感神经系统的激活。相比之下，"鸽"策略的特征是温和合作的行为和相反的神经生物学特征。这两种策略也被认为与5-羟色胺、多巴胺和抗利尿激素功能的不同特征有关。研究者（Del Giudice & Belsky，2010）认为，"鹰"型策略模式可以描述回避型个体的压力反应模式（主要是男性），即在个体发育过程中，压力和性激素之间的相互作用可能会产生一条发育路径，其中，通过多重反馈，早期不安全依恋与雄性激素分泌相互作用，导致高雄性激素水平的特征，降低应激反应性（例如较低的皮质醇分泌），导致高侵略和冲动的行为特征。

五、总结

生活史理论作为进化生物学的重要理论首先关注不同物种种系发展史上的生活策略特征，通过观察不同物种生活史策略的差异来分析不同物种生命特征和行为性状的差异。基于此，生活史理论认为，不同物种生活策略的差异主要表现为时间、资源和能量分配在三个维度上的权衡所表现出来的差异：(1) 当前繁殖与未来繁殖之间的权衡；(2) 后代数量和质量的权衡；(3) 交配与养育的权衡。综合三个主要维度的权衡以及其他维度的权衡，生活史策略大致可以分为 K 策略和 r 策略两种类型。根据这种分类，也可以大致对不同物种的生命特征和行为性状作出区分。

生活史理论也可以解释人类群体内适应性策略和行为特征的个体差异和群体差异（主要是指性别差异）。人类生命史特征的一种重要方面是人类有一个较长的、需要花费很大代价的个体生命成长期，相应地也有一个较长的生命周期。于是，基于发展可塑性，生活史理论从发展的角度描述人类成员的生活史策略差异，从而揭示人格发展的个体差异。同时，生活史理论通过分析个体发展过程中遭遇的环境因素如何通过启动遗传因素的表型表达，引发不同的生活史策略和个体的发展可塑性，来解释环境与遗传的交互作用是如何塑造个体的适应性策略和人格特征的。当然，生活史理论也关注个体发展过程中的关键切换点与个体生活史策略选择以及发展可塑性的关系，从而解释个体发展过程中的连续性与不连续性之间的矛盾。最后还必须强调一点,生活史策略、资源分配的权衡、发展可塑性、关键切换点等概念都具有丰富的进化学意义,即它们都是在自然选择过程中形成的特点和机制,并非人类有意识的理性选择。

参考文献

Allen, E.S., & Baucom, D.H. (2004). Adult attachment and patterns of extra dyadic involvement. *Family Process*, 43, 467—488.

Belsky, J., Steinberg, L., & Draper, P. (1991). Childhood experience, interpersonal development and reproductive strategy: An evolutionary theory of socialization. *Child Development*, 62, 647—670.

Belsky, J. (1997a). Attachment, mating, and parenting: An evolutionary interpretation. *Human Nature*, 8, 361—381.

Belsky, J. (1997b). Theory testing, effect-size evaluation and differential susceptibility to rearing influence: The case of mothering and attachment. *Child Development*, 64, 598—600.

Belsky, J. (1999). Modern evolutionary theory and patterns of attachment. In J.Cassidy & P.Shaver (Eds.), *Handbook of attachment: Theory and research* (pp.151—173). New York: Guilford.

Belsky, J. (2000). Conditional and alternative reproductive strategies: Individual differences in susceptibility to rearing experience. In.J.Rodgers, D.Rowe, & W.Miller (Eds.), *Genetic influences on human fertility and sexuality: Theoretical and empirical contributions from the biological and behavioral sciences* (pp.127—146). Boston: Kluwer.

Belsky, J. (2005). Differential susceptibility to rearing influence: An evolutionary hypothesis and some evidence. In B. Ellis & D. Bjorklund

(Eds.), *Origins of the social mind: Evolutionary psychology and child development* (pp.139—163). NY: Guildford.

Belsky, J. (2007). Childhood experiences and reproductive strategies. In R. Dunbar & L.Barrett (Eds.), *Oxford handbook of evolutionary psychology* (pp.237—254). Oxford, UK: Oxford University Press.

Belsky, J., Bakermans-Kranenburg, M. J., & van IJzendoorn, M. H. (2007). For better and for worse: Differential susceptibility to environmental influences. *Current Directions in Psychological Science*, *16*, 300—304.

Belsky, J., & Pluess, M. (2009). The nature of plasticity in human development. *Perspectives in Psychological Science*, *4*, 345—351.

Boyce, W.T., & Ellis, B.J. (2005). Biological sensitivity to context: I.an, evolutionary-developmental theory of the origins and functions of, stress reactivity. *Development and Psychopathology*, *17* (2), 271—301.

Bogaert, A.F., & Sadava, S. (2002). Adult attachment and sexual behavior. *Personal Relationships*, *9*, 191—204.

Brassard, A., Shaver, P.R., & Lussier, Y. (2007). Attachment, sexual experience, and sexual pleasure in romantic relationships: A dyadic approach. *Personal Relationships*, *14*, 475—49.

Buss,D.M.熊哲宏,张勇,晏倩译. (2007). *进化心理学*.上海:华东师范大学出版社.

Caspi, A., McClay, J., Moffitt, T.E., Mill, J., Martin, J., Craig, I.W., et al. (2002). Role of genotype in the cycle of violence in maltreated children. *Science*, *297*, 851—854.

Chisholm, J.S. (1993). Death, hope, and sex: Life-history theory and the development of reproductive strategies. *Current Anthropology*, *34*, 1—24.

Chisholm, J. S. (1996). The evolutionary ecology of attachment organization. *Human Nature*, 7, 1—38.

Chisholm, J.S. (1999). *Death, hope and sex: Steps to an evolutionary ecology of mind and morality*. Cambridge: Cambridge University Press.

Chisholm, J. S. (1999a). Attachment and time preference: Relations between early stress and sexual behavior in a sample of American university women. *Human Nature*, *10*, 51—83.

Campbell, A. (2009). "Fatal attraction" syndrome: not a good way to keep your man. *Behavioral and Brain Sciences*, *32*, 24—25.

Davis, J., & Werre, D. (2007). Agonistic stress in early adolescence and its effects on reproductive effort in young adulthood. *Evolution and Human Behavior*, *28*, 228—233.

Del Giudice, M. (2009a). Sex, attachment, and the development of reproductive strategies. *Behavioral and Brain Sciences*, 1—67.

Del Giudice, M. (2009b). Human reproductive strategies: An emerging synthesis? *Behavioral and Brain Sciences*, 45—67.

Del Giudice, M. (2008). Sex-biased distribution of avoidant/ambivalent attachment in middle childhood. *British Journal of Developmental Psychology*, *26*, 369—379.

Del Giudice, M., Angeleri, R., & Manera, V. (2009). The juvenile transition: A developmental switch point in human life history. *Developmental Review*, *29*, 1—31.

Del Giudice, M., & Belsky, J. (2010). Sex differences in attachment emerge in middle childhood: An evolutionary hypothesis. *Child Development Perspectives*, *4*, 97—105.

Del Giudice, M., & Belsky, J. (2010). The Development of Life History Strategies: Toward a Multi-Stage Theory. In D.M.Buss & P.H.Hawley (Eds.), *The evolution of personality and indivudual defferences* (pp.154—176). New York: Oxford University Press.

Draper, P., & Harpending, H. (1982). Father absence and reproductive strategy: An evolutionary perspective. *Anthropological Research*, *38*, 255—273.

Ellis, B.J., & Garber, J. (2000). Psychosocial antecedents of variation in girls' pubertal Life History and Evolutionary Psychology 39 timing: Maternal depression, stepfather presence, and marital and family stress. *Child Development*, *71*, 485—501.

Ellis, B.J., McFayden-Ketchum, S., Dodge, K.A., Pettit, G.S., & Bates,

G.E. (1999). Quality of early family relationships and individual differences in the timing of pubertal maturation in girls: Tests of an evolutionary model. *Journal of personality and social psychology*, 77 (2), 387—401.

Ellis, B.J. (2004). Timing of pubertal maturation in girls: An integrated life history approach. *Psychological Bulletin*, *130*, 920—958.

Ellis, B.J., & Essex, M.J. (2007). Family environments, adrenarche and sexual maturation: A longitudinal test of a life history model. *Child Development*, *78*, 1799—1817.

Ellis, B.J., Essex, M.J., & Boyce, W.T. (2005). Biological sensitivity to context: II. Empirical explorations of an evolutionary-developmental theory. *Development and Psychopathology*, *17*, 303—328.

Ellis, B.J., Jackson, J.J., & Boyce, W.T. (2006). The stress response system: universality and adaptive individual differences. *Developmental Review*, *26*, 175—212.

Ellis, B.J., Figueredo, A.J., Brumbach, B.H., & Schlomer, G.L. (2009). The impact of harsh versus unpredictable environments on the evolution and development of life history strategies. *Human Nature*, *20*, 204—268.

Ellison, P.T. (2001). *Reproductive ecology and human evolution*. Hawthorne, NY: Aldine de Gruyter.

Gangestad, S.W., & Simpson, J.A. (2000). The evolution of human mating: The role of trade-offs and strategic pluralism. *Behavioral and Brain Sciences*, *23*, 675—687.

Gadgil, M., & Bossert, W.H. (1970). Life historical consequences of natural selection. *American Naturalist*, *104*, 1—24.

Geary, D.C. (1998). *Male, female. The evolution of human sex differences*. Washington, DC: American Psychological Association.

Geary, D.C. (2002). Sexual selection and human life history. *Advances in Child Development and Behavior*, *30*, 41—101.

Geary, D. C. (2005). Evolution of paternal investment. In D. M. Buss (Ed.), *The handbook of evolutionary psychology* (pp. 483—505).

Hoboken, NJ: John Wiley & Sons.

Gentzler, A.L., & Kerns, K.A. (2004). Associations between insecure attachment and sexual experiences. *Personal relationships*, *11*, 249—265.

Goetz, C.D., Perilloux, C., & Buss, D.M. (2009). Attachment strategies across sex, time, and relationship type. *Behavioral and Brain Sciences*, *32*, 28—29.

Hrdy, S.B. (2000). The optimal number of fathers: evolution, demography, and history in the shaping of female mate preferences. *Annals of the New York Academy of Sciences*, *907*, 75—96.

Kaplan, H.S., & Gangestad, S.W. (2004). Life history theory and evolutionary psychology. In D.M.Buss (Ed.), *The handbook of evolutionary psychology* (pp.68—95). New Jersey: Wiley.

Lack, D. (1968). *Ecological adaptations for breeding in birds*. London: Methuen.

Jackson, J.J., & Ellis, B.J. (2009). Synthesizing life history theory with sexual selection: Toward a comprehensive model of alternative reproductive strategies. *Behavioral and Brain Sciences*, *32*, 31—32.

Jackson, J.J., & Kirkpatrick, L.A. (2007). The structure and measurement of human mating strategies: Towards a multidimensional model of sociosexuality. *Evolution and Human Behavior*, *28*, 382—391.

Kaplan, H.S. (1996). Evolutionary and wealth flows theories of fertility: Empirical tests and new models. *Yearbook of Physical Anthropology*, *39*, 91—135.

Kaplan, H.S. (1997). The evolution of the human life course. In K. Wachter & C. Finch (Eds.), *Between Zeus and Salmon: The biodemography of aging* (pp.175—211). Washington, D.C.: National Academy of Sciences.

Kaplan, H.S., Hill, K., Lancaster, J.B., & Hurtado, A.M. (2000). A theory of human life history evolution: Diet, intelligence, and longevity. *Evolutionary Anthropology*, *9*, 156—185.

Kaplan, H.S., & Gangestad, S.W. (2015). Life History Theory and Evolutionary Psychology. *The Handbook of Evolutionary Psychology*. New

Jersey: John Wiley & Sons, Inc.

Korte, S.M., Koolhaas, J.M., Wingfield, J.C., & McEwen, B.S. (2005). The Darwinian concept of stress: Benefits of allostasis and costs of allostatic load and the trade-offs in health and disease. *Neuroscience and Biobehavioral Reviews*, 29, 3—38.

Kirkpatrick, L.A. (1998). Evolution, pair bonding, and reproductive strategies: a reconceptualization of adult attachment. In J.A.Simpson & W.S. Rholes (Eds.), *Attachment theory and close relationships* (pp.353—393). New York: Guilford.

Marquez, C.J., & Rucas, S.L. (2008). Sexual selection for neoteny: Are submissive women more attractive? Poster presented at the European Human Behaviour and Evolution Conference. *Montpellier*, April 2—4.

Roff, D.A. (1992). *The Evolution of Life Histories*. London: Chapman and Hall.

Sroufe, L.A., Bennett, C., Englund, M., Urban, J., & Shulman, S. (1993). The significance of gender boundaries in preadolescence: Contemporary correlates and antecedents of boundary violation and maintenance. *Child Development*, 64, 455—466.

Simpson, J.A., Griskevicius, V., & Kim, J.S. (2012). Evolution, Life History Theory, and Personality. *Handbook of Interpersonal Psychology: Theory, Research, Assessment, and Therapeutic Interventions*. New Jersey: John Wiley & Sons, Inc.

Storey, A.E., Walsh, C.J., Quinton, R., & Wynne-Edwards, K.E. (2000). Hormonal correlates of paternal responsiveness in new and expectant fathers. *Evolution and Human Behavior*, 21, 79—95.

Taylor, S.E., Klein, L.C., Lewis, B.P., Gruenenwald, T.L., Gurung, R.A., & Updegraff, J.A. (2000). Biobehavioral responses to stress in females: Tend-and-befriend, not fight-or-flight. *Psychological Review*, 107, 411—429.

Tither, J.M., & Ellis, B.J. (2008). Impact of fathers on daughters' age at menarche: A genetically- and environmentally-controlled sibling study. *Developmental Psychology*, 44, 1409—1420.

Trivers, R.L. (1972). Parental investment and sexual selection. In B.Campbell (Ed.), *Sexual selection and the descent of man* (pp. 1871—1971). Chicago: Aldine.

Trivers, R.L. (1974). Parent-offspring conflict. *American Zoologist, 14*, 269—264

Winking, J., Kaplan, H., Gurven, M., & Rucas, S. (2007). Why do men marry and why do they stray? *Proceedings of the Royal Society B, 274*, 1643—1649.

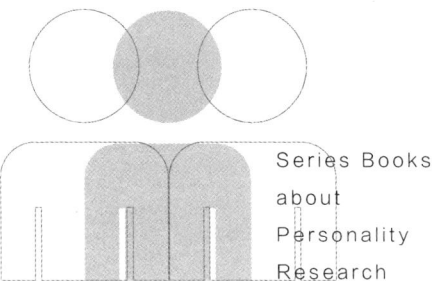

第3章

进化生态学与人格差异

在人类的进化过程中，为什么不能通过自然选择和性选择的定向选择过程来消除个体差异，从而最终形成一些具有种属普遍性的最佳适应机制呢？相反，进化过程保留了某些遗传变异，并表现出行为表型（人格）的个体差异。一种可能的解释是，在人类进化历史过程中，人类群体并非面临单一的进化适应环境（the environment of evolutionary adaptedness，简称EEA），人类的进化过程也并非面临单一的进化选择压力。多重的、不稳定的进化适应环境和进化选择压力可能是导致人格个体差异的进化来源。这种观点在很大程度上契合了进化生态学对物种差异来源的解释。本章试图讨论进化生态学是如何解释人格个体差异的进化来源的。总体来看，进化生态学基本上利用生态位多样性的观点来解释人格的个体差异，同时进化生态学强调进化适应环境中多种进化选择的压力对人格个体差异的影响。因此，本章首先概述进化生态学理论和生态位理论，然后详细分析导致多种进化选择压力的各种因素，包括社会选择、频率依赖选择、遗传多样性、发展可塑性和行为灵活性等。

一、进化生态学理论概述

生态学是研究生物有机体与周围环境（包括生物环境和非生物环境）相互关系的科学。这种相互关系是指有机体与环境之间的交互作用，既包括环境对有机体的作用，也包括有机体对环境的反作用。不过，在这里我们更倾向于关注环境对有机体的作用，即有机体如何基于环境的要求和条件来保证其生存和繁殖，或者说有机体是如何适应生存环境的。进化生态学（evolutionary ecology）引入进化论的观点来看待有机体对环境的适应（王智翔，1989）。也就是说，进化生态学关注的是生物有机体如何通过进化的选择机制来适应所处的环境。换句话说，进化生态学不仅研究环境对有机体施加的选择压力，而且探讨有机体对这些选择压力的进化响应（弗雷德，1989）。

有机体对环境选择压力的响应，实际上就是有机体对环境的适应。从进化的角度来说，有机体对环境的适应是基于自然选择、遗传和变异的机制，通过进化出适应环境的机制和特征来保证有机体在环境中的竞争优势，从而达到对环境的适应。对人类而言，人类不仅通过进化的生理机制适应环境，而且通过进化的心理机制适应环境。当然，基于自然选择基本原理的进化生态学也倾向于解释有机体在面对生态环境的选择压力时，是如何进化出具有种属普遍性的生理机制和心理机制以适应环境的。如果用它来解释人类心理机制的进化，似乎与进化心理学的观点比较一致。

不过，进化生态学如何解释人格差异的进化和发展呢？进化生态学的分支理论——生态位理论可以对这个问题作出有效的回应。生态位理论是探讨有关生物有机体生态位法则的理论（Hutchinson，1957，1959，1978）。所谓生态位（ecological niche），是指在生态系统中，一个种群在时间、空间上占据的位置及其与相关种群之间的功能关系和作用,它表示生态系统中每种生物生存必需的生境最小阈值。高斯(Gause,1934)在其著名的草履虫实验的基础上,提出了生态位的竞争排斥的法则。他认为,物种在生物群落中各有其生存位置和作用,各物种相互竞争,每一物种只有占据基本生态的某一部分,才能生存和发展,因此,在大自然界,没有哪两个物种的生态位是完全相同的。如果两个物种亲缘关系相近,具有相同的生活习性,就会发生生态位的部分重叠,从而出现残酷的竞争。一山不容二虎,受同一有限资源环境的限制,相互竞争将导致具有优势的物种占据该生态位,较弱的物种将退出该生态位。如果强者进入弱者的生态位,就会出现"龙陷浅滩受虾戏,虎落平川遭犬欺"的情况;如果弱者进入强者的生态位,则会出现"大鱼吃小鱼,小鱼吃虾米"的情况。由此看来,强者只能在自己的生态位上显示自己是强者,而弱者寻求到自己的生态位也完全可以求得生存和发展。高斯发现的这种"生态位法则",被人们称为"高斯法则"(Gause principle,亦称"格乌司法则")(李鑫,2008)。生态位法则表明,在大自然中,各种生物都有其生态位,亲缘关系接近的、具有相似生物习性的物种不会在同一生存空间长期竞争同一生态位,而是会出现生态位分裂,使各物种都找到自己的生存空间。生态位法则为物种多样性的进化发展提供了一个坚实的理论解释。同样,生态位法则也可以为解释人格的个体差异进化提供一个有效的解释框架

(Figueredo et al.，2010）。

生态位法则是怎样解释个体差异进化的呢？每个物种都有其生态位，哈钦森（G.E.Hutchinson）将其定义为基础生态位（fundamental niche），即一个物种在无其他竞争物种存在时占有的生态位。在基础生态位中，物种群体实际居住的空间被界定为物种的现实生态位（realized niche）（Huey & Pianka，1974）。由于存在物种之间的竞争，两个物种可能生存在同一个空间里而出现生态位重叠现象，因此某个物种的现实生态位比基础生态位小。基于生态位法则，物种之间的竞争并非总会导致某些物种灭绝，或者说一个物种取代另一个物种，而是可能出现生态位分裂。也就是说，在某个巨型生态空间内部的不同区域，基于相对竞争优势，竞争的物种之间可能出现生态位的划分。生态位划分导致特征替代（character displacement），即在它们先前共享的巨型生态空间里出现生物的和行为的特征的逐渐分化，进而出现与每个类型的现实生态位相对应的适应性特征。当然，起初这是物种间竞争的现象。其实物种内也存在类似竞争现象。物种内生态位分裂，即在物种内将巨型生态空间分解为更多的现实生态位则可能导致物种内的特征替代。这种物种内特征的分化也是适应其多样化生态位的结果。这些适应性策略不是物种为了和平共处而故意实施的，相反，它们是不同竞争类型之间在最激烈的竞争区域中个体遭受的强迫性适应的结果，也是在生态重叠区域的外围末端个体经历的相对

适应度增加的结果 (Figueredo, Jacobs, Burger, Gladden, & Olderbak, 2010)。

有研究者 (Figueredo, Sefcek, Vásquez et al., 2005) 认为,可以这样进一步解释生态位分裂的现象:在既定的生态条件下,对一个既定的物种来说,可能存在一个进化的最优反应设计 (optimal response disposition, ORD),从而导致遗传变异不是中性选择的,即基于最优进化设计的遗传变异具有最大的适应效益,而其他遗传变异可能具有较小的适应效益。那么,在这种最优状态下,对这种具有单态属性的种属普遍性最优进化设计来说,它的环境选择压力会形成抵抗大量个体差异的向心力,而不是产生一个中性选择机制设计的适应平台(即各种变异都有相同适应性的区域)。于是,在这些生态位分布的中心地带,具有最优反应设计遗传变异的个体的聚集会产生群体内激烈的社会竞争,而在生态位分布的尾端(边缘地带),会出现较少的社会竞争。减少的社会竞争作为一种离心力,会产生分裂性的选择,某些个体不会竞争中心地带的生态位,而满足于边缘地带的生态位,因为这至少可以部分缓解最优反应设计带来的、巨大的定向选择压力。同时,在生态位分布尾端,个体之间竞争压力的减轻也会弥补偏离种属典型性的最优设计带来的代价,从而增加适应的收益。

许多鸟类在谋求最优领土范围的竞争过程中,其竞争力量就产生了类似的平衡,譬如,不同蜂鸟大小不等的领土范围就是群体竞争的结果。在这里，在临近的蜂鸟领土竞争中，领土防御的代价和收益之间的平衡产生了大致相等的花粉收益。也就是说，对任何个体来说，扩张领土的益处会被领土防御的代价抵消，这样的结果会导致生态空间的理想和自由分布。因此，竞争个体的生态范围不是受三维空间的限制，而是在表征物种基础生态位的超大空间中，受到多维分区的限制，或者说受到个体现实生态位的限制。

二、人类的生态位多样性

上述生态位理论阐述了大自然生态位多样性形成的观点，也阐述了生态位多样性与物种多样性的关系，即生态位的分裂导致生态位的多样性，然后生态位的多样性导致物种多样性。相应地，在同一物种内部，也存在着生态位分裂的现象，从而导致物种内生态位的多样性。物种内生态位的多样性导致物种内个体之间表型特征的差异。而物种内个体之间表型特征的差异不仅表现在生物性状方面，而且表现在行为特征方面，尤其是在一些群居动物中，当然也包括人类。

从进化的角度看，物种内生态位多样性与个体行为特征多样性的匹配源于不同的生态位环境产生的不同的进化选择压力对个体行为变异的选择作用。这种分化的生态位产生的分化的选择压力作为进化适应的条件，产生多样化的最优适应价值的生态位空间。换句话说，在不同的生态位空间中会有不同的选择压力，从而导致不同的行为特征具有最优的适应价值，同时导致物种内多维生态空间中的个体行为特征的多样化。

对人类来说，生态位的多样性和复杂性还在于，人类不仅面临自然生态环境，而且面临社会生态环境。社会生态环境作为进化适应的条件因素，影响到人类的生存和繁殖。人类面临的社会生态位的多样性和复杂性可能是构成人类行为特征多样性和复杂性的另一个至关重要的来源因素。

具体说来，正如菲格雷多及其同事（Figueredo，Vásquez，Brumbach et al.，2005）所认为的那样，在人类社会中，社会性的交流互动丰富和加剧了个体之间的竞争。人类成员之间的竞争表现为更加复杂、更加频繁的社会竞争。社会竞争也遵循生态位法则，于是，社会竞争会导致社会生态位的分裂和多样化，也促使竞争的个体进入不同的现实社会生态位。填满这些不同的生态空间也部分减轻了同类之间竞争的压力，于是，这些分裂的社会生态位产生分化的选择压力，从而导致物种内的特征替代，最终产生个体差异。这些个体差异作为不同的适应性策略发挥着具有比较优势的适应功能。因此，这些个体差异比其他特征更能适应特定的社会生态位，在不同本土化的生态条件下，更多的行为策略专门化导致不同最优适应价值的人格特征。

人类社会生态位的出现及其多样性是与人类社会的产生和发展密切相关的。下面基于人类社会的变迁和发展，概述一下

第3章 进化生态学与人格差异

人类社会生态位分裂和多样化的发展过程。

从非洲大陆现代智人的扩张开始,持续到现代工业社会时期,人类的领土扩张行为增加了人类生态位的选择压力。向外的人口迁徙本身增加了许多可利用的人类居住环境。大量人口迁徙一直持续,直到更新世时期(Pleistocene)。随后的石器时代的生产革新使这种领土扩张成为可能。人类继续扩张,当我们的祖先遍布地球时,他们自然就体验到了影响生态位空间的多样化的选择压力。

尽管在全新世时期(Holocene)(大致等同于石器时代),人类的领土扩张受到限制,但是由于社会生态位因素的影响,人类的进化选择压力进一步分化,行为方式也进一步多样化和复杂化。有研究者(Alexander,1989)认为,在全新世时期,人类获得了生态优势。这种生态优势导致人类的人口数量在整个全新世时期都在增长,同时,这种生态优势也将选择压力的主要来源从非生物和物种间转变为物种内和社会中(Flinn,Geary,& Ward,2005)。生态优势的主要来源是农业。农业提升了食物生产效率,从而导致人类生态位空间的空前扩张。人口快速增长,维持人口规模的可使用的土地也增多了。同时,农业效率的提高导致了劳动分工、人口密度的增加和社会复杂性的增加。相应地,影响生态位空间的物种内选择压力的来源也增加了。

农业革命最终演变到工业革命。工业革命进一步提升了人类食物生产的效率，人类职业进一步多样化，社会分工越来越细化，大多数发达国家的人们不直接参与食品生产，他们不打猎，不采集，不养殖，而是从事更专业化的工作。人类职业的多样化加速了人类生态位空间的增长和多样化。

总之，考察人类的生态位多样性，一方面需要把人类放到群居性生物这个种群中，从物种的宏观进化论水平和系统发生学水平去适当地考察群居性生物的多维生态位空间的分化问题，另一方面需要考虑到人类社会的特殊性，即人类社会日益增加的复杂性是与人类的微观进化论水平和历史发生学水平有着密切关系的。另外，在现实生态环境的等级系统中，个体行为的发展使个体与社会产生广泛的交互作用，这要求人类成员在个体发生学水平上有更大的行为多样性。社会生态位本质上是不稳定的，群体中其他个体作为可供选择的适应目标也不是固定的，相反，对特定的人类成员来说，构成其生活生态位的其他个体总是处在一个不断转换的动态平衡中，因此，进化适应的环境在代际之间总是可变的。以上这些构成人类生态位多样性的因素（物种的系统发生学水平因素、人类社会的历史发展水平因素，以及个体发生学水平因素）都是导致人类行为表型以及人格特征多样性的基础。

三、人类的社会选择

前面讲到，人类个体差异的来源受到社会生态位的影响，而社会生态位主要通过社会选择机制来塑造人类的个体差异。所谓社会选择（social selection），就是一种有利于个体得到社会伙伴以及维持社会关系的进化选择机制，这种进化机制通过特定的社会选择过程，在进化过程中改变基因频率，从而形成人群中某种优势性的表型特征。有研究者认为（Figueredo et al，2012），在人类社会的进化过程中，社会选择是与自然选择、性选择并列的一种进化机制，这种进化机制有助于形成人类独有的心理机制和人格差异。根据社会选择的进化适应功能，社会选择又可以被分为定向的社会选择和分化的社会选择。

（一）定向的社会选择

作为一种进化机制，人类的社会选择机制与大自然的自然选择机制和性选择机制一样，也是基于解决共同的适应性问题（生存和繁殖问题）而发挥遗传变异的"剔除"和"净化"功能，从而进化出少数最优设计或种属普遍性的最优适应机制。社会选择遵循定向选择的原理，表现出定向的社会选择形式。所谓定向的社会选择（directional social selection），就是这样一种进化选择机制，它通过进化的基因频率改变，在人类身上形成聚敛性的优势表型特征，从而有利于解决人类成员面临的共同的社会适应性问题。人类社会的复杂性在于，人类成员的社会竞争和社会合作是以一种全新的社会交流方式出现的。人类成员的社会交流达到了空前繁荣和发达的程度，而且表现出不同于其他任何物种的、全新的交流方式。人类繁荣而发达的社会交流过程有助于形成和发展出一种获得广泛认同的社会适应的价值标准（譬如在当今互联网时代，对女性美标准的广泛认同），这种获得广泛认同的社会适应价值标准可以构成人类成员社会生存和发展的共同的选择压力，从而塑造人类社会共同行为模式的偏好（譬如对女性美标准的广泛社会认同导致多数女性追求美的共同行为模式）。

近年来，有研究者（Figueredo, Vásquez, Brumbach, & Schneider, 2004）认为，定向的社会选择确实能够促进人类某种人格特质的进化，这种人格特质与社会合作以及社会交流密切相关。这种人格特质被称为人格的一般因素（the general factor of personality, GFP）。多种相关的人格测量（Figueredo, Vásquez, Brumbach, & Schneider, 2004）表明，这种高阶人格结构由几种低阶人格因素构成，即 GFP 由高经验开放性、高谨慎性、高外向性、高宜人性和低神经质等维度整合构成。而且这种 GFP 是社会选择和性选择的结果。譬如，有调查（Figueredo, Vásquez, Brumbach, & Schneider, 2004）表明，在一项标准的人格测量中，当被试被要求评价他们的理想恋爱伙伴时，大多数被试都会把理想恋爱伙伴的这种高阶人格特质水平评估得比自己高，这表明，人们对积极人际关系有积极定向偏好，至少在理想的恋爱关系中是这样的。基于定向社会选择机制，这种关于理想恋爱关系和理想恋爱伙伴的定向偏好，作为一种社会生态的选择压力,对总体上积极的人格特质的产生具有重要的促进作用。

另外,GFP 也与一些合作的、亲社会的特征相关,这些特征包括利他主义、社交能力、主观幸福感、生活满意度、情绪智力(Figueredo et al., 2012)。这些特征具有不言自明的社会称许倾向,以致有人质疑这种一般人格因素是人为的共同评价偏差。但是,目前的行为遗传学研究采用多方评价调查方式,结果仍然表明,这种高阶人格因素具有丰富的遗传特征,而且与整体的身体健康和心理健康,以及 K 生活史策略具有遗传上的关联。

经典的性选择理论预言,在人类进化过程中,对某种人格特质的广泛偏好必然会与某种人格特质本身具有遗传学上的关联。因此,即使人格的一般因素作为一种共同评价偏差展开其进化的历史过程,它也会很快地成为性选择和社会选择的目标,并最终形成一种重要的人格结构。

(二)分化的社会选择

人类的社会选择机制不仅表现出定向的社会选择形式,从而促进人类共同的心理机制和行为模式的进化发展,同时基于社会生态法则,人类的社会选择机制也表现出分化的社会选择形式。人类巨大的生态优势在于人类创造了有利于自身生存和发展的巨大生态空间。在这个巨大的社会生态空间里,人类成员的社会合作和交流达到空前繁荣和发达的程度,但是这并没有减少他们的社会竞争态势。相反，人类空前繁荣和发达的社会合作和社会交流加剧了人类的社会竞争。在社会生态空间的中心地带，激烈的社会竞争导致最优社会适应标准的进化发展。同时，社会竞争也导致社会生态位的分裂，社会生态位的分裂又导致社会选择压力的分化。在这些分化的社会生态位空间里，人们不需要面对主流的社会选择压力，也不需要适应所谓的最优的社会适应标准，只要找到适应当前社会生态位的社会适应标准并形成相应的行为模式就可以了。

　　分化的选择压力有助于个体行为特质的多样化。可以设想，人格的个体差异之所以得到进化，可能就是为了适应这些分化的社会选择压力。人类群体内部的竞争是人类成员之间社会交流的一种功能形式。因此，更多合作性的社会交流导致更多的社会竞争。在一个独居的物种中，一种单一的适应特质就是最优的，因为在那里，任何偏差都会导致更短的寿命和更低的繁殖成功率，因此中性的自然选择不会导致个体差异。而在群居的物种中（譬如人类），如果更多的社会合作和社会交流出现，那么可能会产生一种单一的适应特质，正如前面提及的人格的一般因素（Figueredo et al.，2012）。

　　但是，在人类社会中，日益增多的社会竞争拓展了人类的生态空间。多样性的人类生态空间使得一种单一的、稳定的种属普遍性的或者全世界通用的最优特质变得不太可能，取而代之可能出现一套多样化的本土上最优的适应特质。也就是说，分化的社会选择压力导致了多样化的人格特质的进化,在不同的社会生态环境中,每个特质恰好都能找到最优匹配的生态位。人类的生态优势减轻了人类曾经面对的物种间的选择压力,这种选择压力倾向于导致种属普遍性适应特质的进化。不过,这种生态优势会导致更多的人类内部的选择压力,而这种选择压力又会导致生态位分化,从而导致人类人格个体差异的不断出现(Figueredo et al.,2012)。

四、频率依赖选择

定向选择理论(directed selection theory)认为,基于适应价值的目标定向,自然选择过程会出现这样一种定向选择的过程,即基于变异多样性的前提,自然选择尝试了所有的遗传变异形式以后,那些具有适应价值的变异渐渐取代那些没有适应价值的变异,从而使自然选择表现出指向适应价值的定向选择机制(Fisher,1930)。定向选择过程对有机体与进化适应环境相互关系的界定是比较简单的,即有机体的特征能迎合环境的要求,从而使环境为有机体的生存和繁殖提供有利条件。于是,进化适应环境对有机体的筛选过程也是单向的,即那些恰好拥有满足环境要求的特征的有机体将有机会生存下来,并获得更多繁殖机会,而那些不具备环境适应特征的有机体将可能面临淘汰危险。定向选择过程的结果也是单态性的,即产生具有种属普遍性的心理机制。因此,普遍的心理机制具有稳固的遗传基础，伴随普遍的心理机制表现出的个体差异则没有遗传的基础（Tooby & Cosmides，1992）。

不过，在解释人格和心理机制的进化原理时，频率依赖选择理论和定向选择理论是相反的，至少是相互补充的。频率依赖选择理论（frequency-dependent selection theory）认为，某种基因型的适应价值（携带这种基因型的个体繁殖后代的数量）在很大程度上依赖其在群体当中所占比例的大小。换句话说，同一个群体内部某种策略的适应性会随着使用它的个体数量的增加而降低。这种情况最明显的例子就是性别比例。如果一种性别的人数（譬如男性）比另一种（譬如女性）多，那么这种性别的适应价值就会降低，由此将面临比另一种性别更为残酷的、更具有挑战性的适应环境，其获得成功繁殖的机会就会变少。而另一种性别将会出现相反的情况。这种依赖频率的适应性共变模式最终使两种性别的人数维持在大致相当的水平。也有研究者使用频率依赖选择理论来解释心理变态者何以在进化的人类中存在。心理变态者通常使用的是一种剥夺他人互惠机制的社会策略，即在假装与他人合作之后，他们往往会背叛合作者。根据这一理论，当欺骗者增多时，合作者的平均代价就会增加，有关的机制就会得到进化以觉察欺骗，并使那些欺骗者付出相应的代价。不过，只要心理变态者的人数不是太多，欺骗的重复发生率不是太高，心理变态者就会在一个主要由合作者组成的人群中得以维持（Mealey，1995）。

在这里，定向选择理论与频率依赖选择理论对人格进化的解释是不一致的。定向选择理论（Fisher，1958）认为，对于遗传变异的定向选择结果是种属普遍性心理机制，遗传的个体差异最终被消除。而频率依赖选择理论认为，由于某种遗传变异的适应价值可能因为其在整个种群中的比例而发生反方向变化，因此对多种遗传变异的选择过程，最终并不会导致单态性的种属普遍性特征，进化选择的结果会导致两种或者两种以上遗传变异的同时存在，从而在种群内表现出个体差异。那么，频率依赖选择理论为什么对进化机制有如此不一致的解释呢？这可能需要引入生态位观点才能对频率依赖选择理论作出进一步的清晰阐释。

根据生态位理论，种群内的竞争本质上就是生态位空间的竞争。生态位竞争并非总会导致适应价值高的遗传变异取代另一些适应价值比较低的遗传变异。在某些情况下，生态位竞争更多是导致生态位的进一步分裂，即出现同一种群内生态位的多样化，而多样化的生态位可以允许多样化的遗传变异及其相应表型的存在。特定的生态位匹配特定的遗传变异，从而产生多样化的表型特征。也就是说，特定的遗传变异在特定的生态位空间找到了相对应的适应价值。不过在种群内，面向整个种群的超大生态位空间的生态位多样化，并没有导致分裂后的生态位的完全割裂，分裂的生态位还是处在这个超大的生态位空间范围之内。分裂的生态位之间还有某种相互作用和相互依存的关系。在种群内,处于某种生态位的个体数量的增加会促进生态位空间的拓展,导致对其他生态位空间的挤压,并引发生态位竞争,这可能导致该生态位的张力发生变化,从而促使生态位本身的适应价值发生变化,使其产生生态位自我扩张的约束力,限制生态位内部个体数量的增长。相反,当某些生态位内个体数量减少时,其生态位空间又会扩大其在整个种群内生态位空间中的张力,阻止这种生态位内部个体数量减少的趋势。于是,种群内生态位的多样化以及生态位的相互依存关系导致了频率依赖的选择机制。

基于生态位法则来解释频率依赖选择过程对种群内个体差异的进化机制,从根本上还是要回到基因遗传和环境关系的层面来进一步分析。生态位法则的本质在于揭示外在生态环境的变化如何进行对遗传变异的选择过程。总体上,人格的形成和发展是由基因遗传因素和生态环境因素共同影响的。因此,人格的个体差异一部分是遗传决定的,而另一部分是生态环境因素塑造的。相对而言,在共享的环境中,遗传因素对个体差异的影响会凸显出来,遗传影响的作用要大于共享环境的作用;而在非共享环境中,环境因素会变得更突出,环境因素对个体差异的作用会大于遗传的效应(Turkheimer,1998,2000)。行为遗传学对这个问题进行了系统研究。

有研究者(Buss,1991)认为,遗传和环境作用的加性效应通过遗传特质影响个体生态位环境的两种机制表现出来:一种是积极（active）机制，另一种是消极（passive）机制。而遗传特质的积极的生态位选择机制又可以分为三种具体的机制：选择（selection）、诱发（evocation）和操控（manipulation）。选择是指不同特质的个体会主动选择不同的环境。诱发是指特定的特质会唤起环境中的特定反应。操控是指个体使用特定的策略去主动控制、影响和改变他所处的环境。消极机制则改变遗传特质的机制，譬如遗传漂变（genetic drift），就是通过在人群中产生不同的等位基因频率来影响生态选择的机制。在这里，备选的行为表型的频率依赖选择过程是以遗传和环境交互作用为前提的。为了占据不同的社会生态位，不同遗传素质的个体必须通过不同的机制（选择、诱发或者操控）来确定自己的生态位。最明显的机制当然是特质—环境吻合的选择机制，不过，主动的诱发和操控允许个体改变环境，从而形成自己的生态位（Day, Laland, & Odling-Smee, 2003；Laland, Odling-Smee, & Feldman, 1999；Laland & Brown, 2006）。

五、遗传多样性

从进化生态学角度解释人格个体差异的来源，遗传多样性无疑是必须加以考察的重要环节。这不仅因为遗传多样性与前述的生态环境多样性密切相关，而且遗传多样性是解释物种进化机制的重要关节点。所谓遗传多样性，广义上是指地球上所有生物携带的遗传信息的总和。通常指种群内的遗传多样性，即整个种群内或者某个群体内不同个体的遗传变异的总和。在生态学中，遗传多样性是生物多样性的重要基础。一方面，任何一个物种都具有其独特的基因库和遗传组织形式，物种的多样性显示了遗传基因的多样性。另一方面，物种内又出现各种不同的种内群体，从而在物种内也表现出遗传基因的多样性。不同的物种以及物种内不同的群体是构成生物群落进而组成生态系统的基本单元。生态系统多样性离不开生物的多样性，当然也就离不开遗传多样性。因此，遗传多样性是生态系统多样性和生物多样性的基础（沈浩，刘登义，2001）。人类群体占据生物多样性的生态系统的中心位置，人类群体的遗传多样性也是生物多样性和生态系统多样性的重要组成部分。如果遗传多样性表现在遗传进化的心理适应器上，那就是人格特质的群体差异和个体差异。

遗传多样性作为进化机制的关键点，首先遗传变异多样性是进化的前提。基于定向选择的进化机制，由于不同遗传变异个体的适应价值存在差异，适应价值大的个体变异可能得到遗传，而适应价值小的个体变异会遭遇淘汰的命运，因此物种内会出现遗传变异缩小的趋势，最终导致某些种属普遍性的适应机制或者适应器。不过，实际情况并非如此简单。许多遗传变异在不同条件下也得到进化，基于选择过程的进化结果，仍然呈现出遗传变异多样性的情况，其缘由还是要诉诸生态环境的多样性和复杂性。基于选择过程的进化机制是以个体对环境的适应为重要前提的，而外在环境是不稳定的、多样性的，也是难以控制和预测的。为了适应这种复杂的环境，一个物种包含的基因类型越多，表现形状特征越丰富，这个物种的适应能力就越强。因此，在很大程度上可以说，环境的多变性和复杂性是导致遗传多样性的原因。

（一）遗传多样性的对冲策略

对冲策略（bet-hedging strategy）是金融学的概念，也称两头下注策略。它是指同时在股指期货市场和股票市场上进行数量相当、方向相反的交易，通过两个市场的盈亏相抵，来锁定既得利润（或成本），规避股票市场的系统性风险（严高剑，2013）。在这里，借鉴这个金融学概念来描述遗传多样性对于人格差异进化的作用机制。所谓遗传多样性的对冲策略，是指基于环境的不可控性和不可预测性，进化的机制在遗传基因基础上为有机体应对这种复杂的环境而进行的复杂设计，这种复杂设计可以为个体在现实的成长过程中表现出多样化的行为特质或行为表型提供遗传基础（Figueredo, Hammond, & McKiernan, 2006）。

遗传多样性对冲策略的典型方法就是有性繁殖领域里的性组合（sexual recombination）现象（Hamilton, Axelrod, & Tanese, 1990）。毫无疑问，相对于无性繁殖，有性繁殖的代价是巨大的。根据生活史理论，在有机体的个人生活史中，个体进行个人能量和资源分配的权衡大多数是在有性繁殖领域。

经过吸引异性伙伴、应对同性竞争、交配和孕育、抚育后代等过程，最后才能培养出可能把自己的基因遗传下去的后代子女。其中，无论哪一个环节遭遇挫折，都可能导致繁殖任务无法完成。有性繁殖作为遗传多样性的对冲策略的本质特征在于它通过性繁殖来进行基因重组。在性繁殖过程中，男性和女性有不同的基因特征，在他们经过性组合产生的子女中，二者的基因材料只能各占一半，由此又构成一种新的基因组合。也就是说，子女的表型特征既来自父亲又来自母亲，但是又与父亲和母亲不一样，是一个全新的个体，也是一种全新的表型。这种重新组合的基因型及其全新的表型具有遗传多样性特征。世界上找不到两个完全相同的孩子，即使是双胞胎也有基因组合的差异。有性繁殖导致的遗传多样性有利于物种对不稳定的、复杂的环境的适应。有研究表明（Figueredo, Sefcek, Black, Garcia, & Jacobs, 2012），这种性组合通过产生移动的目标而有利于抵制病菌的攻击。也有研究发现（Hamilton, Axelrod, & Tanese, 1990），通过性繁殖重组的基因素质在整体上增强了对环境波动性的抵抗力，包括对流行病的抵抗力。还有研究表明（Kondrashov, 1988; Smith, 1978），性组合有助于消除有害的基因突变，而在无性繁殖中，这种有害突变有逐渐上升的趋势。

（二）遗传多样性与交配策略

根据生活史理论（Charnov, 1993; Ellis, Figueredo, Brumbach, & Schlomer, 2009; Roff, 1992, 2002; Stearns, 1992），

不同的环境特征决定不同的适应性繁殖策略。如果环境是不稳定的、难以预测的，那么群体中有机体的发病率和死亡率不是基因导向的发展过程所能控制的。于是，有机体倾向于选择 r 策略（快策略），其特征表现是，把物质和能量资源集中分配给交配行为，以使后代繁殖数量达到最大化。相比而言，如果环境是稳定的、可预测的，有机体能把发病率和死亡率的内在来源降低到最低程度，他们就会采用 K 策略（慢策略），其特征表现是，把物质和能量资源主要分配给自身的身体成长和后代的亲代投资上，以增强其竞争优势。

两种生活史策略（r 策略与 K 策略）分别对应两种交配策略，即同型交配策略与异型交配策略。所谓同型交配策略（assortative mating strategy），就是在竞争性的性交配市场中，个体倾向于选择与自身相匹配的性吸引特质水平（譬如身体特征、智力特征）的异性个体作为交配对象，也就是说，个体会考虑性交配对象的质量。个体通常会在稳定的、安全的、可预测的环境中选择同型交配策略，这对应 K 生活史策略。相反，所谓异型交配策略（disassortative mating strategy），就是个体在选择交配对象时，不考虑自身与选择对象在性吸引特质上的匹配性，一味地看重性交配的数量而不太考虑性交配对象的质量。通常个体会在不稳定的、不安全的、不可预测的环境中选择异型交配策略，这对应 r 生活史策略（Penke, Todd, Lenton, & Fasolo, 2008）。

不言而喻，采用异型交配策略的个体关注交配行为，其效果是通过增加性伙伴的多样性和数量，随之而来通过增加后代子女的多样性和数量，提高基因重组的频率。这种情况提供了能够与不断变化的环境作斗争的、更多的遗传变异和表型变异，从而有利于提高这种不可预测环境中的，至少一部分后代子女的存活能力。相比而言，采用同型交配策略的个体关注交配对象的性特征质量。因为稳定的、可预测的环境拒绝选择高频率的性重组，因此同型交配策略可能导致有机体对本土环境的良好适应，也可能产生协同适应的基因组和基因决定的一致性特质。这种对冲性交配策略理论也得到了实证研究的支持，有跨文化研究表明（Figueredo，Brumbach，Jones，Sefcek，Vásquez，& Jacobs，2007），r策略使用者比K策略使用者更少偏好同型交配策略，在不同文化、不同性别和不同社会关系中都是如此。

总之，环境的变化性和异质性的差异导致有机体采取不同的生活史策略，从而导致不同的交配策略。在不稳定的、不确定的、不可控制的环境下有机体倾向于采用r生活史策略，相应地也倾向于采用异型交配策略，从而有利于产生遗传多样性。稳定的、确定的和可控的环境则恰恰相反。

六、发展可塑性

比较而言，遗传多样性是从种系发生学角度探讨人格个体差异的来源，而发展可塑性是从个体发生学角度探讨个体差异的来源。遗传多样性是发展可塑性的前提。发展可塑性（developmental plasticity）描述的是发育过程中有机体永久的生理性改变。这种改变可能来自外部环境因素或者内部生理因素的影响，可以发生在从孕育期到生命后期的任何时候。发展可塑性是单向的、不可逆的，并且通过遗传因素和环境因素交互作用（G×E）而发生。发展可塑性与行为灵活性（behavioral flexibility）不同，后者描述有机体暂时的、可逆的行为改变。从行为灵活性来看，有机体在整个生命周期内都保留着行为改变的能力（West-Eberhard，2003）。

虽然发展可塑性基于遗传多样性，但是发展可塑性观点也是对遗传决定论的修正和补充。遗传决定论认为（Keller，2000），基因型（genotype）决定有机体的表型（phenotype）。有机体的 DNA 序列（DNA sequences）可以被理解为决定有机体发展的指令系统，它直接规定个体的生物性状和行为特征。这种指令系统也规定基因表达过程，从而完全决定有机体的表型，即有机体的基因表达过程也完全由基因控制。而发展可塑性观点试图修正这种基因决定论。它认为，基因表达过程不完全受制于内在的基因型，也受到环境因素的影响。因此，基因型不是一套固定的发展程序（a fixed developmental programme），而是一种潜在发展路径或反应标准的指令系统（repertoire）（West-Eberhard，2003）。发展可塑性观点至少有如下三点：(1) 有机体针对不同的条件刺激作出不同的适应性反应，导致不同的基因表达，从而导致有机体个体水平上独特的发展路径。(2) 由于基因型的可塑性表达依赖环境刺激因素，因此从进化的角度来说，自然选择导致的遗传多样性也是与环境因素密切相关的。(3) 环境影响导致的个体基因型表达最终形成的表型特征是不可逆的，可以被遗传给下一代，从而成为进化的适应功能。

人类的青春期发育是描述发展可塑性的好案例。青春期是一个可以导致永久生物性改变的时期。青春期的年龄是可变的，它取决于发育性开关的阈限值。在内部因素（例如身体肥胖）和外部因素（例如压力）的影响下，神经调节系统通过控制一种特殊的神经递质系统来调节个体的青春期发育。青春期的出现依赖于包含资源可获得性和环境可变性的生态条件，这在某种程度上意味着，青春期发育启动的阈限值或者说青春期发育的敏感性是被进化出来调节个体的身体素质和繁殖能力发展的（Ellis，2004）。譬如，父亲的缺席可能会加速女孩青春期的到来，尽管现在不能确定这是环境因素的作用还是一种行为遗传学效应（Ellis，McFadyen-Ketchum，Dodge，Pettit，& Bates，1999）。

角色专门化是描述人类发展可塑性的另一个案例，家庭内的生态位选择就是其中的典型。萨洛韦（Sulloway，1996）认为，在家庭中的出生顺序可能是许多人格特征的决定因素。后来的一些实证研究表明，出生顺序与对家庭、朋友和性忠诚的态度有关。由此可以符合逻辑地推论，家庭出生顺序不同，个体获得的专门化角色不同，于是从父母那里得到的关注和投资也不同。也就是说，在共同的家庭生态环境中，兄弟姐妹各自的生态位不同，从而导致其基因表达的生态位影响机制不同。家庭内生态位的动态变化可以被看作整个社会的一个缩影。在社会中，通过社会角色的专门化而产生社会生态位的分化，个体通过占据特定生态位来减少竞争带来的压力，从而获得足够的资源。因此，社会生态位分化及其对发展可塑性的功能也与家庭生态位一样，不同的社会生态位启动不同的基因表达机制，塑造稳定的行为表型，导致稳定的人格特征。

在系统发生学意义上，独特的生态位条件使人类成员有可能进化出潜在的个人特质，从而表现出遗传多样性，为满足其生存和繁殖功能的需要创造条件。而在个人发生学意义上，如果在个人成长过程中，个体面临不可预测的环境变化，那么个体可能会在环境选择的压力下，基于已有的遗传特征，生成相应的行为表型。这种独特的行为表型可以使个体识别当前特殊的环境线索并对其作出相应的反应。总之，当个体不可避免地遭遇成长的环境变化时，会进化出遗传多样性和发展可塑性的综合体，形成自己独特的个人特征，占据相应的生态位，从而达到适应状态。

七、行为灵活性

行为灵活性与发展可塑性的相同之处在于,二者都在阐述个体为了适应环境的变化而发生的行为上的改变。不过二者也有本质上的不同。发展可塑性的适应机制在于它适应环境的变化而发生永久性的、不可逆的改变。发展可塑性的适应机制包含以下四个前提条件:(1)环境的代际变异性(intergenerational variability);(2)环境的代内稳定性(intragenerational stability);(3)环境的空间同质性;(4)相对较短的生命周期。如果没有代际环境的变异性,那么有机体进化出的遗传多样性通过其基因表达过程就可以发展出固定的行为模式,而不需要发展可塑性了。进化生态学的观点是,在整个进化过程中,进化适应环境的变化会导致发展可塑性的选择机制(Figueredo, Hammond, & McKiernan, 2006)。不过,发展可塑性的永久性改变特征的适应价值预先假定环境的代内稳定性。在个体发生学上,如果没有环境的代内稳定性,一个单一的、稳定的适应性策略就不能在整个生命周期具有适应价值。或者说,行为的永久性改变需要空间同质性的前提条件,个体在相邻的异质性空间环境之间频繁迁移无法保证单一的、稳定的策略的适应价值。也可以说,没有足够的代内环境稳定性,相对较短的生命周期(如许多昆虫和采用 r 生活史策略的物种)也能保证发展可塑性适应机制的产生。

相对而言,具有暂时的、可逆的行为改变属性的行为灵活性的适应机制的前提条件包括：(1) 环境的代际变异性；(2) 环境的代内变异性；(3) 环境的空间异质性；(4) 相对较长的生命周期。与发展可塑性一样，行为灵活性的适应价值也预设了环境代际变异性的前提条件。不一样的是，行为灵活性还预设了环境的代内变异性的条件，因为没有这个条件，进化选择将倾向于导致持久改变的发展可塑性机制。与此类似的是，环境异质性有利于行为灵活性机制的功能发挥，因为个体在不同空间环境中频繁迁徙，只有灵活性的行为策略才能发挥相应的适应功能。最后，在人类和其他使用K生活史策略的物种中，相对较长的生命周期有利于行为灵活性机制的功能发挥。因为寿命更长的生物体才可能有更多的机会经历环境变化，或者在一生中经历许多环境变迁（Figueredo et al., 2011）。

八、总结

本章系统阐述了人格个体差异的进化生态学理论及其相关观点，主要包括生态位多样性、人类的社会选择、频率依赖选择、遗传多样性、发展可塑性、行为灵活性等方面的内容。应该说，任何一个单独的理论观点都不足以解释进化选择压力导致的人格个体差异。我们认为，人类内部社会环境固有的生态条件倾向于使各种影响因素和选择压力结合起来塑造人格的个体差异。对人类社会来说，社会选择可能是唯一包括多数聚合的和分化的选择压力的、更上层的进化选择机制类型（Nesse,

2007)。我们有理由预测，人格进化的生态学研究取向可能成为人格心理学的主流方向。人格的生态学取向把人格变量看作个体对生态环境进行社会选择的适应结果，这为解决行为来源的个人—情境争议提供了有效的方案。

参考文献

弗雷德·普洛格，丹尼尔·G·贝茨，石应平.（1989）.进化生态学.民族译丛(4)，22—27.

李鑫.（2008）.生态位理论研究进展.重庆工商大学学报（自然科学版），25（3），307—309.

沈浩，刘登义.（2001）.遗传多样性概述.生物学杂志，18（3），5—7.

王智翔.（1989）.进化生态学的产生与发展.生态学杂志(6)，52—55.

严高剑.（2013）.对冲基金与对冲策略起源、原理与A股市场实证分析.商业时代(12)，81—83.

Larsen, R.J., & Buss, D.M.郭永玉等译.（2011）.人格心理学——人性的科学探索.北京：人民邮电出版社.

Alexander, R.D. (1989). Evolution of the human psyche. In P.Mellars & C. Stringer (Eds.), *The human revolution: Behavioural, biological perspectives on the origins of modern humans* (pp.455—513). Princeton, NJ: Princeton University Press.

Buss, D.M. (1991). Evolutionary personality psychology. *Annual Review of Psychology, 42*, 459—491.

Buss, D.M. (1997). Evolutionary foundations of personality. In R.Hogan (Ed.), *Handbook of personality psychology* (pp.317—344). London: Academic Press.

Charnov, E.L. (1993). *Life history invariants: some explorations of symmetry in evolutionary ecology*. New York, NY: Oxford University.

Day, R.L., Laland, K.N., & Odling-Smee, F.J. (2003). Rethinking adaptation: The niche-construction perspective. *Perspectives in Biological Medicine*, *46*, 80—95.

Ellis, B.J. (2004). Timing of pubertal maturation in girls: An integrated life history approach. *Psychological Bulletin*, *130* (6), 920—958.

Ellis, B.J., Figueredo, A.J., Brumbach, B.H., & Schlomer, G.L. (2009). Mechanisms of environmental risk: The impact of harsh versus unpredictable environments on the evolution and development of life history strategies. *Human Nature*, *20*, 204—268.

Ellis, B.J., McFadyen-Ketchum, S., Dodge, K.A., Pettit, G.S., & Bates, J.E. (1999).Quality of early relationships and individual differences in the timing of pubertal maturation in girls: A longitudinal test of an evolutionary model. *Journal of Personality and Social Psychology*, 77 (2), 387—401.

Figueredo, A.J. (1995). The evolution of individual differences. Paper. Jane Goodall Institute Chimpan Zoo Annual Conference, Tucson, Arizona.

Figueredo, A.J., Brumbach, B.H., Jones, D.N., Sefcek, J.A., Vásquez, G., & Jacobs, W.J. (2007). Ecological constraints on mating tactics. In G.Geher & G.Miller (Eds.), *Mating intelligence: Sex, relationships and the mind's reproductive system* (pp.335—361). Mahwah, NJ: Lawrence Erlbaum.

Figueredo, A.J., Hammond, K.R., & McKiernan, E.C. (2006). A Brunswikian evolutionary developmental theory of preparedness and plasticity. *Intelligence*, *34* (2), 211—227.

Figueredo, A.J., Jacobs, W.J., Burger, S.B., Gladden, P.R., & Olderbak, S.G. (2010). The biology of personality. In G.Terzis & R.Arp (Eds.), *Information and Living Systems: Essays in Philosophy of Biology*. Cambridge, MA: MIT Press.

Figueredo, A. J., Montero-Rojas, E., Frías-Armenta, M., & Corral-Verdugo, V. (2009). Individual differences and social contexts: The absence of family deterrence of spousal abuse in San José, Costa Rica. *Journal of Social, Evolutionary, & Cultural Psychology*, *3* (1), 29—48.

Figueredo, A.J., & Rushton, J.P. (2009). Evidence for shared genetic dominance between the general factor of personality, mental and physical health, and life history traits. *Twin Research and Human Genetics*, 12 (6), 555—563.

Figueredo, A.J., Sefcek, J.A., & Jones, D.N. (2006). The ideal romantic partner personality. *Personality and Individual Differences*, 41, 431—441.

Figueredo, A.J., Sefcek, J.A., Vásquez, G., Brumbach, B.H., King, J.E., & Jacobs, W.J. (2005). Evolutionary personality psychology. In D.M. Buss (Ed.), *The handbook of Evolutionary Psychology* (pp.851—877). Hoboken, NJ: Wiley.

Figueredo, A.J., Tal, I.R., McNeill, P., & Guillén, A. (2004). Farmers, herders, and fishers: The ecology of revenge. *Evolution and Human Behavior*, 25 (5), 336—353.

Figueredo, A.J., Vásquez, G., Brumbach, B.H., & Schneider, S.M.R. (2004). The heritability of life history strategy: The K-factor, covitality, and personality. *Social Biology*, 51, 121—143.

Figueredo, A.J., Vásquez, G., Brumbach, B.H., & Schneider, S.M.R. (2007). The K-factor, covitality, and personality: A psychometric test of life history theory. *Human Nature*, 18 (1), 47—73.

Figueredo, A. J., Vásquez, G., Brumbach, B. H., et al. (2006). Consilience and life history theory: From genes to brain to reproductive strategy. *Developmental Review*, 26, 243—275.

Figueredo, A.J., Vásquez, G., Brumbach, B.H., Sefcek, J.A., Kirsner, B.R., & Jacobs, W.J. (2005). The K-Factor: Individual differences in life history strategy. *Personality and Individual Differences*, 39 (8), 1349—1360.

Figueredo, A.J., & Wolf, P.S.A. (2009). Assortative pairing and life history strategy: A cross-cultural study. *Human Nature*, 20, 317—330.

Figueredo, A. J., Wolf, P. S. A., Gladden, P. R., Olderbak, S., Andrzejczak, D.J., & Jacobs, W.J. (2011). Ecological Approaches to Personality. In D.M.Buss & P.H.Hawley (Eds.), *The evolution of personality and indivudual defferences* (pp. 210—239). New York: Oxford University Press.

Fisher, R.A. (1958). *The genetical theory of natural selection*.Oxford: Oxford University Press.

Flinn, M.V., Geary, D.C., & Ward, C.V. (2005). Ecological dominance, social competition, and coalitionary arms races: Why humans evolved extraordinary intelligence. *Evolution and Human Behavior*, *26*, 10—46.

Geary, D.C. (2005). *The origin of mind: Evolution of brain, cognition, and general intelligence*.Washington: American Psychological Association

Gause, G.F. (1934). Experimental analysis of vito volterra's mathematical theory of the struggle for existence. *Science*, *79* (2036), 16.

Hamilton, W.D. (1964). The genetic evolution of social behavior. *Journal of Theoretical Biology*, 7, 17—18.

Hamilton, W.D., Axelrod, R., & Tanese, R. (1990). Sexual reproduction as an adaptation to resist parasites (a review). *Proceedings of the Nation Acadamy of Science*, 87, 3566—3573.

Huey, R.B., & Pianka, E.R. (1974). Ecological character displacement in a lizard. *American Zoologist*, *14* (4), 1127—1136.

Hutchinson, G. E. (1957). Concluding remarks. *Cold Spring Harbor Symposia on Quantitative Biology*, *22*, 415—427.

Hutchinson, G.E. (1959). Homage to Santa Rosalia, or why are there so many kinds of animals? *American Naturalist*, *93*, 145—159.

Hutchinson, G.E. (1978). *An introduction to population ecology*.New Haven, CT: Yale University Press.

Keller, E.F. (2000). *The century of the gene*.Cambridge, Massachusetts: Harvard University Press.

Kondrashov, A.S. (1988). Deleterious mutations and the evolution of sexual reproduction. *Nature*, *336*, 435—440.

Laland, K.N., & Brown, G.R. (2006). Niche construction, human behavior, and the adaptive lag hypothesis. *Evolutionary Anthropology*, *15*, 95—104.

Laland, K.N., Odling-Smee, J., & Feldman, M.W. (1999). Evolutionary consequences of niche construction and their implications for ecology. *Proceedings of the National Academy of Sciences USA*, *96*, 10242—10247.

Mealey, L. (1995). The sociobiology of sociopathy: An integrated evolutionary model. *Behavioral and Brain Sciences*, *18*, 523—599.

Nesse, R.M. (2007). Runaway social selection for displays of partner value and altruism. *Biological Theory*, *2* (2), 143—155.

Pianka, E.R. (1961). *Theoretical ecology: Principles and applications (Second edition)*. Oxford: Blackwell Science.

Penke, L., Denissen, J.J.A., & Miller, G.F. (2007). The evolutionary genetics of personality. *European Journal of Personality*, *21* (5), 549—587.

Penke, L., Todd, P.M., Lenton, A.P., & Fasolo, B. (2008). How self-assessments can guide human mating decisions. In G.Geher & G.F.Miller (Eds.), *Mating intelligence: Sex, relationships, and the mind's reproductive system* (pp.37—75). New York: Erlbaum.

Roff, D. (1992). *The evolution of life histories: Theory and analysis*. New York: Chapman and Hall.

Roff, D. (2002). *Life history evolution*. Sunderland, MA: Sinauer Associates, Inc.

Smith, M.J. (1978). *The evolution of sex*. Cambridge: Cambridge University Press.

Stearns, S.C. (1992). *The evolution of life histories*. Oxford, England: Oxford University Press.

Sulloway, F.J. (1996). *Born to rebel; Birth order, family dynamics, and creative lives*. New York: Random House.

Todd, P.M., Penke, L., Fasolo, B., & Lenton, A.P. (2007). Different cognitive processes underlie human mate choices and mate preferences. *Proceedings of the National Academy of Sciences of the United States of America*, *104* (38), 15011—15016.

Tooby, J., & Cosmides, L. (1992). Psychological foundation of culture. In J.Barkow, L.Cosmides, & J.Tooby (Eds.), *The adapted mind* (pp.19—136). NewYork: Oxford University Press.

Turkheimer, E. (1998). Heritability and biological explanation. *Psychological Review*, *105*, 782—791.

Turkheimer, E. (2000). Three laws of behavior genetics and what they mean. *Current Directions in Psychological Science*, *9*, 160—164.

Waddington, C.H. (1953). Genetic assimilation of an acquired character. *Evolution*, *7*, 118—126.

Weiss, A., Bates, T.C., & Luciano, M. (2008). Happiness is a personal (ity) thing: The genetics of personality and well-being in a representative sample. *Psychological Science*, *19*, 205—210.

West-Eberhard, M.J. (1979). Sexual selection, social competition, and evolution. *Proceedings of the American Philosophical Society*, *123*, 222—234.

West-Eberhard, M.J. (2003). *Developmental plasticity and evolution*. New York: Oxford University.

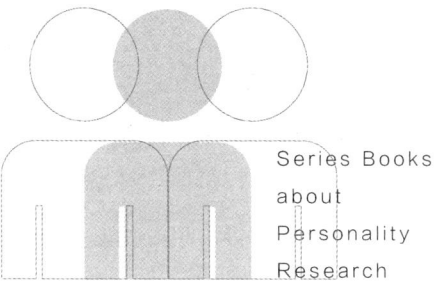

Series Books
about
Personality
Research

第4章

行为遗传学与人格差异

人格的个体差异一直是行为遗传学家关注的焦点，而进化心理学较少关注人格的个体差异。一直以来，这两种研究取向基本上是独立存在的，但近年来二者相互借鉴和相互渗透，这种情况有所改变。进化心理学研究开始借鉴行为遗传学独特的研究设计方法，而行为遗传学也开始基于进化心理学的一些基本假设开展一些特殊领域的研究。本章首先分析两个学科的性质及其关系，然后介绍行为遗传学独特的研究方法，最后重点阐述行为遗传学对与进化有关的人格问题的研究。

一、行为遗传学与进化心理学的融合

行为遗传学（behavioral genetics，BG）是在探究人格个体差异的决定因素上将生物学和行为学联系起来的一门学科。为了实现这一目标，研究者采用了一系列的遗传信息研究方法（例如，双胞胎研究和收养研究）。这些方法将人格特质和行为特征变异的影响因素划分为遗传、非共享环境和共享环境三个方面的来源。同时，基因与环境的相互作用（在不同环境中基因型的多种表达方式）以及基因与环境的相互关系（某些环境和特定基因的联系）也引起了研究者的兴趣和关注（Dick et al.，2006）。

行为遗传学研究试图采用一系列研究设计考察遗传与环境因素分别对个体差异影响的程度（尤其是遗传因素的效应）。这些研究设计包括同卵双胞胎（MZ）和异卵双胞胎（DZ）

（包括共同抚养的同卵、异卵双胞胎，分开抚养的同卵、异卵双胞胎）、全同胞、半同胞、收养的兄弟姐妹和其他亲属关系等。基于这样的研究设计思路，如果基因影响某种人格特质的变化，那么不同被试基因共享的比例越大，他们的特质和行为变异的相关性就越高。例如，如果基因影响一般智力或者外倾性，那么在这两种特质上，同卵双胞胎（100%相同的基因）预计会比异卵双胞胎（平均50%相同的基因）更相似。现有的大多数研究也都证实了这样的假设。

行为遗传学曾经由于其基因决定论的倾向，以及可能导致种族等级差异的争论而备受质疑。后来，行为遗传学在双胞胎研究和收养研究等方面取得大量的实证研究成果而渐渐被主流心理学接受（Plomin et al., 2008）。随着遗传分析技术的不断提高，行为遗传学正逐渐成为心理学的重要分支。迄今为止，行为遗传学研究获得的基本研究结论至少有以下四点：（1）单个基因对人格特质变异的影响很小；（2）基因的作用是概率性的，而不是确定性的；（3）基因决定的特征比其他环境影响的特征更难以改变；（4）环境变化可能影响基因的表达，尤其是某些与特定行为特征有密切联系的单基因，其现象型表达是可以改变的。

进化心理学是以达尔文的进化论作为理论基础，并受到社会生物学启发和影响的新兴学科。这个学科一经产生就引起广泛关注，这与其对心理学的撼动和改造有关。进化心理学认为，正如人类作为一个物种，其现有的许多生物特性和形状都是进化而来，人类许多心理机制和行为特征也是进化而来的。因此，进化心理学试图对一直以来心理学比较忽视的有关心理特性和心理机制的来源（也可以说人性的来源）这样的根本问题作出进化论的合理解释。进化心理学认为，人类拥有某些共同的心理机制（譬如各种针对特殊环境信息输入的决策机制）是因为这些机制在人类的进化过程中帮助人类祖先有效应对了外在环境的挑战，解决了当时人类面临的适应性问题，于是才通过自然选择的机制渐渐进化而来。因此，进化心理学的研究任务就是在试图梳理已有的心理学关于人类心理机制研究的基础上，揭示哪些心理机制是进化而来的，它们分别具有什么样的适应价值，它们帮助我们的祖先应对哪些生死攸关的挑战(Hamilton, 1964; Dawkins, 1976; Trivers, 1971, 1974)。

进化心理学认为，既然人类的心理机制作为人性的重要组成部分是进化而来的，那么基于定向选择的进化原则，这些进化的心理机制就具有种属普遍性的特征。一直以来，进化心理学重点关注具有种属普遍性的心理机制的分析和研究，相对而言比较忽视同样作为心理学重要领域的个体差异的分析和研究(Buss, 2004)。譬如，关于利他行为的进化心理学分析，汉弥尔顿提出的"内含适应性"理论试图揭示这种人类普遍的行为现象怎样具有进化适应的价值。关于利他行为的个体差异却很少得到进化心理学家的进一步分析和解释。不过近年来，这种情况有很大的改观。一些进化心理学家（Buss，2004）认为，进化心理学也应该关注人格的个体差异。正如生物多样性不仅表现为物种间的巨大差异，而且表现为物种内的较大差异，这些生物多样性特征也是与生物进化密切相关的，那么体现人类多样性和复杂性的个体差异可能也是与人类进化密切相关的。巴斯（Buss，2004）认为，人类共同的心理机制以及与此相关的个体差异都是进化而来的，都有其适应价值。个体差异的进化机制和进化来源也应该引起进化心理学家的关注。

进化心理学对人格个体差异的关注使进化心理学与行为遗传学架起了一座相互融合的桥梁（Buss & Greiling，1999）。其实，进化心理学与行为遗传学有许多重叠的研究目标和研究热点，尽管方法和观点存在差异。二者的基本融合可以体现在以下两个方面：（1）行为遗传学可以提供丰富的研究方法和技术来验证进化心理学的一些基本假设，特别是那些关于亲属关系的假设；（2）进化心理学可以为行为遗传学提供进化论的理论视角，从而解释和评估实证研究的结果。米利（Mealey，2001）认为，亲属关系领域行为特征变异的研究是最能体现两个学科交叉点的研究领域。一方面，亲属关系是基于遗传相关性来界定的，因此可以基于传统的行为遗传学的独特研究设计来探讨其行为特征的差异与亲疏程度（基因相关程度）的相关；另一方面，进化心理学的内含适应性理论也是基于遗传相关性来解释亲属关系领域的社会互动行为特征（譬如利他行为和亲代投资行为)。于是在这个领域里,行为遗传学的独特设计和实证研究可以验证进化心理学中内含适应性理论的有关假设。

二、 行为遗传学的研究方法

遗传与环境对个体和群体心理、行为的影响是心理学领域的一个基本问题,许多心理学分支学科都试图回答这个问题。行为遗传学试图基于其独特的研究方法和研究设计来探讨这个基本的心理学问题。动物的行为遗传学研究可以通过对环境进行实验操纵来进行,从而收集明确的因果关系信息以探讨遗传与环境因素对动物个体变异的影响。而人类的行为遗传学研究只能局限于观察自然发生的遗传和环境变异状况,从而作出遗传和环境因素与个体差异相关关系的分析。当然,行为遗传学的主要研究方法是双胞胎研究设计和收养研究设计。

(一) 双胞胎的生物学基础

当一个受精卵在第一天到第十四天之间分裂,同卵双胞胎就产生了。因此,同卵双胞胎应该共同分享他们所有的基因,但也并不完全如此。复制数目变异(CNVs)(结构变化影响DNA片段数目)已被证明能解释一些同卵双胞胎在身体条件上的差异,如帕金森病(Bruder et al., 2008)。CNVs也可能存在于性状表现相同的同卵双胞胎中,因此必须谨慎对待CNVs对同卵双胞胎差异的影响。同卵双胞胎之间的差异也可能由其他因素引起。个体遗传上的后生事件（epigenetic events）（与基因表达相关的过程）或许可以解释同卵双胞胎在某些特征上存在差异的现象（Fraga et al.，2005）。然而，大多数同卵双胞胎在外表和行为上是高度匹配的。几乎在所有的测量性状上，同卵双胞胎比异卵双胞胎以及其他亲属都要更加相似。自然产生的同卵双胞胎约占世界出生人口的0.35%～0.42%（Machin & Keith，1999）。然而，最近三年的调查发现，双胞胎的产生概率是1.42%（Shipley, Graham, Krecko, & Tucker，2003）。各种人工生殖技术（ART）的大量应用可以解释这一增长。

当女性同时释放两个卵子，并且两者都成功受精时，就产生了异卵双胞胎。异卵双胞胎平均有50%相同的遗传基因。自然产生的异卵双胞胎的概率在不同国家和民族中有很大差异。在日本，异卵双胞胎产生的概率约占出生人口的2.3%，在尼日利亚西部的约鲁巴人部落却占出生人口的44.5%（Machin & Keith，1999）。在美国和其他西方国家，人工生殖技术的使用对提升异卵双胞胎概率的影响比对同卵双胞胎更大。人工生殖技术通过药物治疗或多个胚胎同时传输来模拟卵巢，由此提升了异卵双胞胎的概率。在人工生殖技术出现之前，异卵双胞胎约占双胞胎的三分之二，但现在异卵双胞胎的比率更高了。西方国家整体的双胞胎的比率从1980年占出生人口的1/53，增加到2002年的1/32（Martin, Kochanek,

Strobino, Guyer, & MacDorman, 2005)。据估计,有三分之一的增长(主要是异卵双胞胎)是由于母亲怀孕年龄的大龄化,而三分之二的增长与人工生殖技术有关(Martin & Park, 1999)。通过对比发现,双胞胎的比率从 1990 年起增长了 42%(从 22.6 对双胞胎/1 000 胎开始增长),从 1980 年起,增长了 70%(从 18.9 对双胞胎/1 000 胎开始增长)(Martin, Hamilton, Sutton, Ventura, Menacker, Kirmeyer, & Munson, 2006)。

(二) 经典双胞胎设计

19 世纪末期高尔顿(Francis Galton)提出了经典双胞胎设计,尽管在当时,孪生的生物学基础还未确定。高尔顿论证说,外表相似的双胞胎共同拥有所有的遗传基因,而外表不相似的双胞胎共享遗传基因的比例较小。后续的双胞胎研究在一些感兴趣的特征上,对同卵双胞胎和异卵双胞胎进行了相似性对比。结果显示同卵双胞胎比异卵双胞胎更相似,这表明了基因的作用。然而这些结果的一个必然要求是实现等环境假设(the equal environments assumption, EEA),即可以证实由环境引起的相似性对在同一家庭中长大的两类双胞胎来说是大致相同的,或者证明那些与遗传特征相关的环境对这两种类型的双胞胎来说其影响是相同的。研究表明,测量的大多数特征都支持等环境假设(Plomin et al., 2008)。近年来的研究表明,在评估等环境假设时,需要检查测量稳定性问题以及潜在的相等环境特征的分布问题（Mitchell, Mazzeo, Bulik, Aggen, Kendler, & Neale, 2007）。

（三）双胞胎设计的变式

目前已经有大约十个经典双胞胎设计的变式（Segal, 1990, 2000），这里主要介绍与行为遗传学和进化心理学的共同研究取向最相关的三个变式：成对双胞胎、分开抚养的双胞胎和双胞胎家庭模型。

1. 成对双胞胎

成对双胞胎设计通过比较成对的同卵双胞胎和成对的异卵双胞胎社会互动的过程与结果进行研究，这些社会互动过程通过成对双胞胎共同操作游戏、执行任务，以及解决有关合作或者竞争的问题等方法来完成。这种分析提供了这样一个认识：亲属的遗传相关性是如何影响社会关系的。

2. 分开抚养的双胞胎

出生后就被分开抚养，这种罕见的双胞胎类型是行为遗传学研究的重要被试。出生后被分开，在互不相关的环境中成长的同卵双胞胎可以为基因的影响作用提供一个纯净的估计。出生后被分开的异卵双胞胎则作为一个重要的对照组。从进化的角度来看，分开抚养双胞胎的研究设计可以检验有关亲属关系、生活史策略和行为结果之间关联的假设。

3. 双胞胎家庭模型

这是指同卵双胞胎两两结婚生子形成的不同寻常的家庭。

这样的家庭对行为遗传学家、进化心理学家来说是非常珍贵的被试或者案例。这样的同卵双胞胎变成了他们侄子侄女基因遗传上的"父母",反过来,他们的侄子侄女变成了他们基因遗传上的"孩子"。这两个家庭的孩子在基因上有一半是相同的,因为这两个母亲(或两个父亲)在基因上是相同的。相反,当异卵双胞胎两两结婚生子时,通常的亲子关系、叔(姑)侄关系、舅(姨)甥关系、堂兄弟姐妹关系、表兄弟姐妹关系是保持不变的。行为遗传学家使用这种双胞胎设计来研究遗传对出生体重、空间技能、精神病理学和行为问题的影响。到目前为止只有两项研究使用了这个设计来验证进化心理学的假设。

(四) 收养研究

收养研究设计主要对两种被试进行比较,即生活在同一环境中的无亲属关系的个体和生活在不同环境中的有亲属关系的个体。收养研究设计的优势在于,它解决了经典双胞胎研究无法做到的关于如何分解环境效应与基因效应的问题。大多数研究表明,无论是在共同环境下抚养还是在不同环境下抚养,收养父母与孩子之间、收养的孩子之间在智力和人格上的相似性远低于具有生物学亲缘关系的个体,无论这些有亲缘关系的个体是被分开抚养还是共同抚养,结果都是如此(Plomin et al., 2008)。这种研究设计可以明确地研究遗传因素对个体行为的影响。

还有一种特殊的收养研究设计,即虚拟双胞胎(virtual

twins，VTs)。虚拟双胞胎是指从出生开始就生活在一起的没有血缘关系的同龄孩子。也就是说，他们复演了双胞胎的养育环境，但是没有遗传上的关系。相比于普通收养同胞，虚拟双胞胎的研究结果与真实双胞胎的研究结果形成更为鲜明的对比。这是因为许多收养同胞进入收养家庭的时间和年龄都是不一样的，而虚拟双胞胎控制了这些因素。到目前为止，已有的研究结果表明与同卵双胞胎、异卵双胞胎相比，虚拟双胞胎在身体大小（Segal，Feng，McGuire，Allison，& Miller，2008)、一般智力、特殊心理能力，以及决策行为上都具有适度的相似性。

采用双胞胎研究设计和收养研究设计进行实证研究，验证基于进化心理学的研究假设，这是从行为遗传学角度探讨个体差异的进化来源的重要领域。在下文中，不同的研究者分别从社会关系、亲人丧失，以及与繁殖相关的行为等方面展开了研究。

三、行为遗传学对有关进化人格问题的研究
（一）双胞胎关系

毫无疑问，同卵双胞胎的遗传相关性要大于异卵双胞胎。因此，基于进化心理学的内含适应性理论的假设，同卵双胞胎比异卵双胞胎具有更亲密的亲缘关系，由此可以预测同卵双胞胎之间比异卵双胞胎更易合作和彼此接纳。大多数行为遗传学

调查表明，同卵双胞胎的社会合作性确实比异卵双胞胎更相近一些（Segal，2000），即使在采取不同的研究方法、研究设计、被试样本的研究中，这种差异也一直存在。

一些问卷调查研究结果表明，不管是什么性别，不管年龄多大，同卵双胞胎的社会亲密度与和谐度均比异卵双胞胎高。首先，丹比和索普（Danby & Thorpe，2006）关于年轻双胞胎的研究得出了这样的结论。其次，有关双胞胎的研究表明（Reiss，Neiderhauser，Hetherington，& Plomin，2000），与异卵双胞胎及其他兄弟姐妹相比，青少年同卵双胞胎之间表现出更多的"积极"行为和更少的"消极"行为。随后，有研究者（Foy，Vernon，& Jang，2001）观察同卵双胞胎之间和异卵双胞胎之间的亲昵言行，发现同卵双胞胎更可能称彼此为他们最好的朋友。还有研究表明（Tancredy & Fraley，2006），双胞胎比非双胞胎更容易将兄弟（姐妹）当作自己的附属品，同卵双胞胎比异卵双胞胎对自己孪生兄弟（姐妹）的依赖性更大。另外，基于遗传相关性的观点，与同父异母或同母异父的兄弟姐妹相比，全同胞的兄弟姐妹之间会有更多的相互关注和利他行为。有关调查表明，同母异父的社会投资比同父异母的相互投资程度更大，这暗示共同居住也是影响社会关系的因素（Pollet，2007）。

一些研究调查了双胞胎社会关系的更多具体特征。奈尔（Neyer，2002）研究发现，同卵双胞胎关系的质量取决于相互联系的频率,然而这个因素对异卵双胞胎来说影响很小甚至不存在影响。研究还表明,同卵双胞胎比异卵双胞胎亲密空间更大。这里所说的亲密空间不是指物理空间,而是指为了满足孪生兄弟(姐妹)的需要而付出的努力。在随后的一项网络调查研究中,奈尔和兰(Neyer & Lang,2003)发现,合作伙伴的遗传相关性可以预测相互的主观亲密程度与相互的社会支持力度。这一调查结果也符合已有研究假设——情感亲密和责任在遗传相关性和利他行为意愿之间起中介作用(Korchmaros & Kenny,2006)。

毫无疑问,关于同卵双胞胎亲密关系与异卵双胞胎亲密关系彼此差异的行为遗传学研究对理解遗传和行为之间的关系是非常重要的。但是,依然存在一些问题,即这些研究仅仅关注与遗传相关的差异机制。社会亲密度是交往者双方合作和利他行为出现的先决条件,但是具体是什么引发这样的亲密情感也受到了进化心理学家的重视。接下来的一些研究阐述了基于进化的视角对双胞胎相互作用进行的深入观察,它们包括以下三种研究设计:(1)自然状态和半自然状态的设置;(2)实验的游戏情境;(3)不同家庭安排。

(二) 合作、竞争和利他

合作、竞争和利他行为的双胞胎研究使得进化假设的检验涉及遗传和社会关系领域。从进化的角度看,合作(cooperation)是指行动者的行为对行动者和接受者双方都有利;竞争

(competition)是指通过合作伙伴实现个人目标（非共享性）的行为，胜利者从中获益，失败者付出代价；利他（altruism）是指行动者作出一定的自我牺牲以使他人获益的行为（Kurland & Gaulin，2005）。下面综述这些相关的研究。

关于合作、竞争和利他行为的行为遗传学研究可以被称为社会遗传学（social genetics，SG）。社会遗传学涉及在共同参与活动中，那些有相互关系的基因型是如何影响社会交互作用过程和结果的（Scott，1977；Hahn，1990）。基因影响社会行为的各个方面，而这些社会行为又会影响传递给后代的基因复制的机会（Fuller，1983），这凸显了社会遗传学与亲缘选择观点之间的联系。双胞胎设计非常适合验证同卵双胞胎比异卵双胞胎具有更好的组内合作这一实验假设。

德国研究者（Von Bracken，1934）开展的研究，是一个关于同卵双胞胎和异卵双胞胎合作与竞争的奇妙研究，也是最早的双胞胎研究之一。他应用双胞胎被试观察遗传对同卵双胞胎和异卵双胞胎在社会交互作用中的影响。观察双胞胎在以下两种情况下完成计算和编码任务的表现：单独完成、紧挨着自己的孪生兄弟（姐妹）完成。同卵双胞胎在紧挨着彼此的情况下得出的计算结果比单独计算的结果更相似，因为他们试图通过努力来使他们的结果更相似。对异卵双胞胎来说，则出现了两种情况：认为他们能力非常匹配的异卵双胞胎会激励自身表现得比另一方更好；认为他们能力不匹配的异卵双胞胎并不会非常努力，因为他们知道自身相对于孪生兄弟（姐妹）会有怎样的表现。西格尔（Segal，1984，1997）采用摄像技术和半自然状态的设计研究了年幼双胞胎的拼图任务行为。正如假设的那样，与异卵双胞胎相比，同卵双胞胎的合作行为（例如，对活动付出的努力、拼图的等距位置）更多。让判断者参照以下行为标准对拍摄片段进行独立判断：相互关系、合作、适应、角色分工、参与和贡献。正如预期的那样，除了角色分工，在其余五项的判断上，同卵双胞胎的得分均比异卵双胞胎高（Segal，2002）。

西格尔（Segal，1984）开展了一个类似的双胞胎研究，即差别生产任务（DPT）研究。该研究指导双胞胎用红笔追踪一排小人物。这个活动同样设置了两种情境：在第一种情境中，给予被试简单的指导语，即完成任务越多，得分越多；在第二种情境中，还给予被试一个新的指导语，即赚得的分数将被捐赠给他们的孪生兄弟（姐妹）。研究结果表明，无论是同卵双胞胎还是异卵双胞胎，在第一种情境中的表现均比在第二种情境中的表现好；同时，在第二种情境中，同卵双胞胎表现得比异卵双胞胎更努力。这些研究结果表明，与异卵双胞胎相比，同卵双胞胎彼此之间的利他水平更高。也就是说，相比于异卵双胞胎，同卵双胞胎之间可能表现出更多的合作关系和更少的竞争关系。洛和埃利奥特（Loh & Elliot，1998）采用新加坡被试做了一个类似的研究，在两种不同的游戏情境中比较年幼双胞胎的合作和竞争行为，一种情境保证最终报酬相等，另一种则不是。据观察，在最终报酬是否相等尚不确定的游戏中，同卵双胞胎的合作表现比异卵双胞胎更好；然而，在确定最终报酬相等的情况下，同卵双胞胎的竞争行为比异卵双胞胎多。研究者提出，同等报酬情况可能给同卵双胞胎提供了一个"优势测试"的机会，而这样的测试只对彼此的关系有一个小小的挑战。

(三) 博弈论取向

在行为遗传学家和进化心理学家看来，把博弈论和遗传学结合起来探讨合作、协调和利他主义等主题是很有意思的研究。不过，有关博弈实验的行为遗传学研究比较少。其中一项类似的研究是西格尔（Nancy L. Segal）关于同卵双胞胎和异卵双胞胎被试的囚徒困境游戏。被试被告知，他们可以运用个人取向策略，可以在目标追求中强调个人利益（Deutsch, 1973）。正如预期的那样，在任务中同卵双胞胎比异卵双胞胎表现出更好的合作性。在整个实验过程中，同卵双胞胎被试组的相互合作增加了，而异卵双胞胎被试组的相互合作减少了。当然，研究者也观察到，同卵双胞胎作出了更多竞争性的选择而不是合作性的。这个结果与他们的合作倾向并不矛盾，相比而言，同卵双胞胎还是保持了对利己主义的极大克制。通过智力测试和对双胞胎及其父母的访谈，研究者发现智力水平、社会亲密度、分享倾向均与相互合作相关联。

最后通牒游戏（the ultimatum game）是另一种实验任务，它曾经被广泛运用于评估搭档的分钱意愿和另一搭档接受所给金额的意愿。有研究者（Wallace, Cesarni, Lichtenstein, & Johannesson, 2007）指出，在游戏中同卵双胞胎比异卵双胞胎作出了更多相类似的拒绝反应，这证明了遗传效应。这种行为的遗传可能性为42%。在另一项有关双胞胎完成信任游戏任务的研究中，瑞典和美国的独立研究组提供了可比较的结果（Cesarini, Dawes, Fowler, Johannesson, Lichenstein, & Wallace, 2008）。瑞典被试和美国被试信任（信任他人）的遗传可能性分别为10%和20%，可信（被他人信任）的遗传可能性分别为18%和17%。

协调（coordination）是在一些关键的方面不同于合作的一种互动行为。具体来说，协调意味着合作伙伴为实现共同目标所作的共同努力。有一项关于默契协调的研究同样基于进化视角的考虑。所谓默契协调（tacit coordination，TC），指的是"双方有着共同的利益，却面临着不能协调利益的问题，于是只有在不能沟通的情况下协调他们的行动以有利于他们的共同利益"（Schelling，1960，p.54）。西格尔、麦圭尔、米勒和哈夫莱纳（Segal, McGuire, Miller, & Havlena, 2008）进行了双胞胎—收养设计的研究，以确定默契协调是否与社会伙伴的遗传相关性有关联。样本包括7岁到13岁的同卵双胞胎（N=53），异卵双胞胎（N=85）和虚拟双胞胎（N=42）。每个孩子在独立条件和协调条件下完成二十个问题（例如，命名衣服，命名一本书）。在独立条件下，他们被要求简单地回答问题；在协调条件下，他们被指示尽量使自己和孪生兄弟（姐妹）或同胞兄弟姐妹作出相同的解决方案。对三个同胞组在这两种情况下完成任务的协调情况进行比较，正如预期的那样，相比于异卵双胞胎和虚拟双胞胎，同卵双胞胎的一致性更高。

少数现有的双胞胎研究使用博弈实验证明遗传对社会交换行为的影响。塞萨里尼等人（Cesarini et al., 2008）指出合作策略中遗传差异的证据在一定程度上验证了合作的进化模型。关于同卵双胞胎和异卵双胞胎在协调上存在差异的研究结果，也引起了研究者探讨其行为机制的兴趣。西格尔等人（Segal, McGuire, Miller, & Havlena, 2008）提出，互动双方对协调行为和协调解决方案的认知可能正是一种亲缘识别的潜在机制，这种机制促进了内部合作。这是因为相对于身体特征和行为特征上的相似性，协调策略的相似性可能更清晰一些。结合协调与合作任务的双胞胎研究可以有效回答这一问题。

（四）社会亲密度

双胞胎家庭研究设计利用自然状态的双胞胎家庭，这些双胞胎都已经结婚并且生育了孩子。双胞胎家庭研究设计被用来进行出生体重、非语言技巧、精神分裂症、儿童发展、品行障碍和月经初潮年龄等问题的研究。有些研究者通过双胞胎家庭数据库进行行为遗传学和基因组学的研究（Boomsma et al.,

2008)。迄今为止，已经有两个研究项目使用这种数据库来验证基于进化假设的研究主题。第一项是比较姑姑或叔叔对同卵双胞胎的侄子侄女和异卵双胞胎的侄子侄女的亲密度的研究。第二项是关于继父抚养的双胞胎初潮年龄的研究（将在后面进行综述）。下面重点介绍第一项研究。

该项目研究者（Segal，Seghers，Marelich，Mechanic，& Castillo，2007）开展了一项网上调查，对叔叔和姑姑（舅舅和姨妈）与同卵双胞胎侄子侄女（外甥外甥女）和异卵双胞胎侄子侄女（外甥外甥女）的亲密度进行评估。研究被试由 248 对成年同卵双胞胎和 75 对成年异卵双胞胎构成，其中既包括双胞胎双方均参与，也包括双胞胎一方参与的被试。亲密度问卷（CQ）共 15 个项目，同卵双胞胎的总分显著高于异卵双胞胎，结果证明遗传相关性与社会关系具有关联。此外，女性双胞胎的总分显著高于男性双胞胎。原因可能是父子关系具有不确定性（Gaulin，McBurney，& Brakeman-Wartell，1997）。对亲密度问卷进行因素分析得出三个因素：相对亲密性，亲密性感知，相似性感知。本研究也表明接合性（zygosity）（遗传学概念，指一个基因座上的两个等位基因由同一祖先的一个等位基因通过 DNA 复制而产生的现象）显著影响亲密性感知和相似性感知，而双胞胎的性别显著影响上面三个因素。还可以从另一个角度进行这项研究，即调查同卵双胞胎和异卵双胞胎的孩子与他们的叔叔和姑姑（舅舅和姨妈）的亲密等级。可以预测，同卵双胞胎的孩子会比异卵双胞胎的孩子更亲近他们的叔叔和姑姑（舅舅和姨妈），有关的逸事证据显示这种预测可能是正确的。关于遗传相关性与社会亲密度的关联，对出生后就分开抚养而成年后团聚的同卵双胞胎和异卵双胞胎的调查也证明了这一预测。对早期分离的双胞胎研究的传记学资料进行汇总，结果表明，76对双胞胎中有40对在会面后表现出亲密，14对没有表现出亲密，22对难以判断（Segal, Hershberger, & Arad, 2003）。

此外，明尼苏达双胞胎研究（Segal et al., 2003）首次对分开抚养的双胞胎的社会亲密度进行正式分析。该研究被试包括44对分开抚养的同卵双胞胎（MZA）和33对分开抚养的异卵双胞胎（DZA），以及7个包括双胞胎和三胞胎的样本。被试的年龄从16岁到70岁（Mean = 45.28 years, SD = 13.68）。分开时年龄从0个月到54.08个月不等（Mean = 8.03 months, SD = 12.64）。被试都接受了全面的双胞胎关系调查，项目包括收养和团聚的经历。对最初和现在的亲密度和熟悉度等级进行了评估。第二套分析包括双胞胎与非亲缘兄弟姐妹的等级比较。

正如预期的那样，分开抚养的同卵双胞胎比分开抚养的异卵双胞胎明显更亲密，对彼此也更熟悉。双胞胎对于他们的孪生兄弟（姐妹）也体验到了超越熟悉的亲密感，当前的等级评分比最初高（回忆重逢的感觉）。基于重聚双胞胎数据提供的信息，对双胞胎和他们的收养兄弟姐妹进行亲密度和熟悉度等级的分析，结果显示，双胞胎在亲密度和熟悉度上的感受都比收养的兄弟姐妹强烈。与收养兄弟姐妹一起成长的双胞胎，其亲密度的等级与熟悉度相等。对双胞胎—收养同胞的分析结果强有力地显示出，双胞胎要花一生的时间来了解他们的收养同胞，而只需花相对较少的时间来了解他们的双胞胎兄弟姐妹。分析双胞胎人格、兴趣、价值观与社会亲密度之间的关联也产生了一些有意义的发现，即对于社会亲密度，双胞胎对他们相似性的感知是比自评特质的相似性更好的"晴雨表"。

这些研究结果支持社会亲密度的进化观点，因为变化的评估分数可以作为被试遗传相关性的函数。道金斯（Dawkins, 1976）认为，人们并不会有意识地思考是谁在指导着他们的合作行为，相反，他认为，个体受基因的影响而行动。也就是说，接触的频率能够解释第一个研究中双胞胎组之间的差异；双胞胎之间的距离（以英里计）与对侄子侄女的亲密度不相关。一些研究发现，同卵双胞胎之间的接触（同卵双胞胎之间的接触比异卵双胞胎多）与人格的相似性呈正相关（Rose, Koskenvuo, Kaprio, Sarna, & Langanvainio, 1988）。然而，这也可能是因为那些感觉上相近（或者长得更像）的双胞胎比那些感觉上不相近（或者长得不像）的双胞胎更容易相互接触。

女性双胞胎对其双胞胎姐妹孩子的亲密度比男性双胞胎对

其双胞胎兄弟孩子的亲密度要高,这与基于亲子不确定性理念的预测是一致的。人类的出生过程向母亲确保了她所生的孩子在生物学意义上属于她,对父亲来说则不行。排卵是隐藏的,受精是体内的,女性怀孕是持续性的,这些都意味着一个男性永远不能完全确定他的伴侣所生的孩子是他亲生的。在这样的背景下,相比于男性双胞胎与其双胞胎兄弟孩子的关系,女性双胞胎更加确信她和她双胞胎姐妹孩子的关系。

同时,相处时间并不是社会亲密感所必需的。双胞胎之间比收养兄弟姐妹之间有更高的亲密度,这点支持了本结论。事实上,分开抚养的同卵双胞胎比分开抚养的异卵双胞胎有更高的亲密度和熟悉度,这一结果也在一定程度上不同于传统的解释,即社会亲密感主要取决于社会接触。

(五) 亲人丧失

对同卵双胞胎和异卵双胞胎丧亲反应的比较研究,提供了有关遗传相关性与社会性关联这类问题的另一种研究方法(Segal,2000)。基于进化的推理,同卵双胞胎或异卵双胞胎失去自己的孪生兄弟(姐妹)可以预测完整的、真实的双胞胎关系质量。特别是对同卵双胞胎来说,在自己的生育年龄阶段失去孪生兄弟(姐妹),意味着自己孩子的潜在丧失;而失去自己异卵孪生兄弟(姐妹)代表着(无异于)侄子侄女(外甥外甥女)的潜在丧失。一些研究表明(即使是没有基于进化视角的研究;Sanders,1980),悲伤反应随着与死者的遗传相关性程度的变化而变化。巴拉什（Barash，1979）应用这一结果进一步解释，在失去孩子后父母的丧亲之痛的绝望中，我们听到了"沮丧基因的哀号"（p.99）。

有人可能会认为，相比于孩子较少的父母，拥有较多孩子的父母在失去一个孩子的时候情感反应会缓和一些。一个与之相反的假设是，家庭规模与失去孩子后的悲伤水平不相关。这些问题捕捉到预期适应与实际适应的差异。丧亲反应反映了预期适应的损失，但这是否会受到实际适应的影响并不是很明确。少数研究已经解决了这个问题，但其结果并不支持有多个孩子会减轻抑郁症状或失落感这一观点。

许多研究者将丧亲后的悲伤界定为一种适应性反应。例如，这种丧亲后的不利条件可能产生与他人交流的需要，或者帮助指导未来的行为以获得富有成效的结果（Littlefield & Rushton，1986；Hofer，1984；Nesse，1994）。然而，阿彻（Archer，1988，1999）质疑仅仅因为悲伤与情绪和身体压力有关，就将它视为一种适应性反应这种观点。他认为，将悲伤看作一种特有的增强适应的副产品会更加恰当。在某些情况下，与压力行为有关的分离可能是适应性的。内瑟和威廉斯（Nesse & Williams，1994）研究表明，悲伤的能力可能正是为了限制丧亲悲伤的扩大化才进化而成的。

这些不同的观点产生了几种预测。在某种程度上，悲伤是适应性的，适度的悲伤相关行为可能会激励失去亲人的个体与老朋友重新联系，接受新的规划，或者为死者建立一个基金。然而，极度悲伤可能会使个体在身体上和情绪上都非常虚弱以至于无法继续从事任何生产活动。少数经历近亲丧失几乎没有感受到悲伤的个体也不太可能从事新的活动或任务。因为没有反应是不正常的，这表明个体可能缺乏建立亲密社会关系的能力。

有研究表明，遗传相关性与悲伤水平呈正相关，但是不同类别的亲密关系之间存在差异。利特菲尔德和拉什顿（Littlefield & Rushton，1986）开展了基于进化预测的丧亲反应研究。研究结果表明，在父母的悲伤中，女性高于男性，对于健康孩子的悲伤比患病孩子高，母系亲属之间的悲伤程度高于父系亲属。其他研究也发现了类似的悲伤模式（Segal，Wilson，Bouchard，& Gitlin，1995）。1983年在明尼苏达大学发起的富乐顿孪生丧亲研究，后来在加利福尼亚州立大学继续进行（Segal，2000，2007）。在这项研究中，超过650名失去亲人的双胞胎完成了一项关于两个目标的丧亲调查。第一个目标是比较同卵双胞胎和异卵双胞胎丧亲行为的差异。第二个目标是研究双胞胎对失去孪生兄弟（姐妹）与其他亲属和非亲属反应的差异。基于进化心理学形成的假设如下：（1）同卵双胞胎丧亲的悲痛程度比异卵双胞胎更高；（2）丧失孪生兄弟（姐妹）后的悲伤程度将超过丧失非孪生兄弟（姐妹）和其他熟人的悲伤程度。

双胞胎丧亲调查包含很多项目：丧亲时的悲伤、参与研究时的悲伤、死亡原因、可获得的支持系统。这项研究的结果可归纳如下：与研究假设一致的结果是，同卵双胞胎（N=394）的悲伤程度显著高于异卵双胞胎（N=202）；相比于其他亲属或非亲属的丧失，孪生兄弟（姐妹）的丧失被评为更具毁灭性。其中例外的是，死者配偶的评级与孪生兄弟（姐妹）的评级相等。这在进化框架中也是有意义的，即配偶代表了一个人遗传信息传递的载体（Segal & Harris, 2008）。

在一项相关研究中，西格尔和里姆（Segal & Ream, 1998）研究了悲伤强度等级的变化（丧亲之后的两个月内以及参加研究的时间）。与研究假设一致，随着时间的推移，同卵双胞胎悲伤程度的降低幅度低于异卵双胞胎。与其他亲属相比，双胞胎（同卵和异卵）悲伤程度的降低幅度均比较低。然而，参考他们已故的双胞胎，没有检测到女性与男性悲伤程度降低幅度的差异。其中可能的原因是，少数男性志愿者可能刚刚失去亲人，减小了测量中的性别差异。

另外，与上述研究结果一致，在大多数悲伤程度评定量表中同卵双胞胎的得分高于异卵双胞胎（Segal, Wilson, Bouchard, & Gitlin, 1995）。有研究者（Segal, Sussman, Marelich, Mearns, & Blozis, 2002）通过判别函数分析和剖面分析比较了健在的同卵双胞胎和异卵双胞胎回顾的悲伤程度评定量表得分和当前的评定得分。只有回顾组的数据支持以上研究结果。这个结果有些奇特，因为前人研究结果表明，与异卵双胞胎相比，同卵双胞胎悲伤程度随着时间推移变化会更小（Segal & Ream, 1998）。这种结果的出现或许是由于在这两种分析中使用了不同的评估量表。

西格尔和布鲁兹（Segal & Blozis, 2002）在丧亲发生后立即评估个体当前以及之前的应对特质和健康特质。研究对象包括 200 对同卵双胞胎和 45 对异卵双胞胎。路径分析结果显示，遗传相关程度对当前悲伤有显著影响，这揭示了丧亲之痛的遗传相关因素。双胞胎关系的亲密程度与悲伤强度有关，同时影响其身体症状和应对效能。该项研究结果符合内含适应性的进化假设。

以上研究结果验证了进化预期的假设，即遗传相关性和丧亲之痛的严重程度之间存在关联，这也与其他解释框架相容。例如，社会预期也是相比于关系较远的亲属（如祖父母和堂兄弟）丧失，人们对于比较亲密的亲属丧失（如父母和孩子）的悲伤会更强烈。然而，基于社会视角不能解释为什么丧亲之痛会随着与死者关系的亲疏而系统变化，以及为什么这样的模式显得很普遍。相比而言，进化心理学对这些问题进行了更深层次的分析，即个体丧亲之痛的适应功能意义会随着亲疏程度的变化而有所不同。

（六）初潮年龄及其他生殖特征

月经初潮是年轻女性生活中的重要发展事件。一系列的双胞胎和家庭研究证实了月经初潮的遗传影响。同卵双胞胎的组内相关系数在 0.65～0.97 之间，异卵双胞胎的组内相关系数在 0.18～0.50 之间，这表明了遗传因素的影响。有研究者（Segal & Stohs，2007）进行了年轻女性月经初潮的调查研究，他们同时考察了分开抚养、共同抚养的同卵双胞胎和异卵双胞胎被试。研究结果表明，无论是何种抚养状态，同卵双胞胎的遗传影响均高于异卵双胞胎。同时，这项研究也证明了共享环境的影响。

根据养育环境的情况，一些进化心理学家认为，初潮年龄部分反映了女孩的生活史策略。据推测，在父亲缺席的家庭环境中，女孩的青春期会加速到来。更具体地说，在这种不稳定的环境中女性的月经初潮期提前是一种适应性的表现，其意义在于通过离开家和抚养孩子她们可以获得成功感（Belsky, Steinberg, & Draper，1991；Ellis，2004）。然而，并不是所有的研究调查都证实了这一进化假说。罗（Rowe，2002）挑战了这个观点，提出遗传对初次交往年龄的影响，有研究证实了这一观点（Guo & Tong，2006；Mustanski, Viken, Kaprio, Winter, & Rose，2007）。西格尔等人（Segal & Stohs，2007）进行了一个分开抚养的双胞胎初潮年龄与家庭教养因素的相关性研究。他们发现，那些认为自己被父母理解的双胞胎比认为自己不被父母理解的双胞胎经历了更早的月经初潮，很显然这一结果并没有验证贝尔斯基的假设。然而，他们的研究结果与将有利条件与月经初潮提前相联系的研究结果是一致的（Ellis，2004）。需要注意的是，他们的样本主要由被收养者构成，相比于非收养父母，收养父母都是自主决定自己的收养行为，而且年纪较大，社会经济条件较好，这些被收养的孩子承担着父母的期望。西格尔等人（Segal & Stohs，2007）提出，收养双胞胎的父母可能通过更多有效资源的供应加速了女儿青春期的到来。而童年期适应性和满意度的测量（例如，相比于同龄人的幸福和焦虑）与月经初潮年龄并没有显著相关。

行为遗传学家对影响初次异性交往年龄的因素（age at first intercourse，AFI）非常感兴趣。对共同抚养和分开抚养的双胞胎的研究已经证明了遗传对初次异性交往年龄的影响。男性初次异性交往年龄的遗传力在 0.00～0.72 之间，女性在 0.15～0.49 之间，这一调查显示，在更年轻的被试中具有更高的遗传力。有研究者（Segal & Stohs，2009）从进化的视角开展了一项有关初次异性交往年龄的研究，他们考察了在分开抚养的双胞胎中，进化的生命史特征和初次异性交往年龄的关系。研究结果表明，相比于其他的个体，在所处的家庭中越不满足、感觉越不快乐的个体初次异性交往的时间越早。这些数据表明，在发展过程中比较不满足的人会更多地关注他们的生殖能力。与初潮年龄相比，初次异性交往年龄与亲子关系质量无关。

关于行为遗传学方法如何被用来评估以进化为基础的假

设,这些研究是很好的例证。值得注意的是,这两个关于月经初潮年龄的研究均无法验证将初潮年龄与养育家庭环境的选择特征联系起来的假设(Conway & Schaller, 2002)。

四、总结

行为遗传学通过双胞胎研究设计和收养研究设计比较明确地考察了遗传因素和环境因素对个体行为特征的影响,并且比较清晰地从数量上区分二者对行为特征变量影响的大小程度。这是行为遗传学关于个体差异的独特研究方法,也是行为遗传学的经典研究成果。在这里,更重要的是通过本章介绍的有关社会关系、社会亲密度、社会合作和协调、亲人丧失等方面的行为遗传学研究,我们可以看出行为遗传学与进化心理行为之间的联结是可行的,并且是富有成效的。这些研究都试图收集行为遗传学证据以验证与内含适应性有关的进化假设,即个体与他人共享基因的比例越大,个体对他人的关注和投入就越多,利他行为与合作行为也越多。双胞胎研究设计和收养研究设计为在自然状态和半自然状态下,考察共享基因程度的变化对相关的利他行为、亲代投资行为和合作行为的影响创造了不可多得的良好观测条件。基于本章的行为遗传学研究,至少可以总结出以下三点结论。

(1) 行为遗传学提供了一套强有力的研究设计以评估进化心理学假设,譬如内含适应性假设。

（2）对于各种可测量的生物学的和心理学的个人特征，包括进化心理学感兴趣的人格特征，在行为遗传学的个体差异变异上，都可以获得良好的数据记录。也就是说，行为遗传学是研究各种特征（包括人格特征）个体差异来源最好的方法之一。

（3）行为遗传学为进化心理学探讨人类行为的个体差异及其来源提供强有力的理论依据和研究方法。

参考文献

Archer, J. (1988). The sociobiology of bereavement: A reply to Littlefield and Rushton. *Journal of Personality and Social Psychology*, *55*, 272—278.

Archer, J. (1999). *The nature of grief: The evolution and psychology of reactions to loss*.NY: Routledge.

Axelrod, R., & Hamilton, W.D. (1981). The evolution of cooperation. *Science*, *211*, 1390—1396.

Bailey, J. M. (1997). Are genetically based individual differences compatible with species-wide adaptations? In N.L.Segal, G.E.Weisfeld, & C.C.Weisfeld (Eds.), *Uniting psychology and biology: Integrative perspectives on human development* (pp.81—100). Washington, D.C.: APA Press.

Barash, D.P. (1979). *The whisperings within*.New York: Harper & Row.

Belsky, J., Steinberg, J., & Draper, P. (1991). Childhood experience, interpersonal development, and reproductive strategies: An evolutionary theory of socialization. *Child Development*, *62*, 647—670.

Boomsma, D.I., Willemsen, G., Vink, J.M., Bartels, M., Groot, P., Hottenga, J.J.et al. (2008). Design and implementation of a twinfamily database for behavior genetics and genomics studies. *Twin Research and Human Genetics*, *11*, 342—348.

Bouchard, T.J., Lykken, D.T., McGue, M., Segal, N.L., & Tellegen, A. (1990). Sources of human psychological differences: The Minnesota Study of Twins Reared Apart. *Science*, *250*, 223—228.

Bruder, C.E.G., et al. (2008). Phenotypically concordant and discordant monozygotic twins display different DNA copy-number-variation profiles. *American Journal of Human Genetics*, *82* (3), 763—771.

Burnstein, E. (2005). Altrusm and genetic relatedness. In D.M. Buss (Ed.), *The handbook of evolutionary psychology* (pp.528—551). NY: John Wiley & Sons.

Buss, D.M. (1987). Evolutionary hypotheses and behavioral genetic methods: Hopes for a union of two disparate disciplines. *Behavioral and Brain Sciences*, *10*, 20.

Buss, D.M. (1990). Toward a biologically informed psychology of personality. *Journal of Personality*, *58*, 1—16.

Buss, D.M. (2004). *Evolutionary psychology: The new science of the mind*.3rd ed.Boston, MA: Allyn and Bacon.

Buss, D.M., & Greiling, H. (1999). Adaptive individual differences. *Journal of Personality*, *67*, 209—243.

Caporael, L. (2001). Evolutionary psychology: Toward a unifying theory and a hybrid science. *Annual Review of Psychology*, *52*, 607—628.

Cesarini, D., Dawes, C.T., Fowler, J.H., Johannesson, M., Lichenstein, P., & Wallace, B. (2008). Heritability of cooperative behavior in the trust game. *Proceedings of the National Academy of Sciences*, *105*, 3721—3726.

Conway, L.G.C.III, & Schaller, M. (2002). On the verifiability of evolutionary psychological theories: An analysis of the psychology of scientific persuasion. *Journal of Personality and Social Psychology*, *6*, 152—166.

Crawford, C.B., & Anderson, J.L. (1989). Sociobiology: An environmentalist discipline? *American Psychologist*, *44*, 1449—1459.

Crawford, C., Smith, M., & Krebs, D. (1987). *Sociobiology and psychology: Issues, ideas and applications*.Hillsdale. NJ: Lawrence Erlbaum Associates.

Danby, S., & Thorpe, K. (2006). Compatibility and conflict: Negotiation of relationships by dizygotic same-sex twin girls. *Twin Research and Human Genetics*, 9, 103—112.

Dawkins, R. (1976). *The selfish gene*. New York: Oxford University Press.

Deutsch, M. (1973). *The resolution of conflict: Constructive and destructive processes*.New Haven: Yale University Press.

Dick, D.M., Agrawal, A., Schuckit, M.A., Bierut, L., Hinrichs, A., Fox, L., et al. (2006). Marital status, alcohol dependence, and GABRA2: Evidence for gene-environment correlation and interaction. *Journal of Studies on Alcohol*, 67, 185—194.

D'Onofrio, B.M., Turkheimer, E., Emery, R.E., Slutske, W.S., Heath, A.C., Madden, P.A., & Martin, N.G. (2005). A genetically informed study of marital instability and its association with offspring psychopathology. *Journal of Abnormal Psychology*, 14, 570—586.

D'Onofrio, B.M., Turkheimer, E., Emery, R.E., Slutske, W.S., Heath, A.C., Madden, P.A., & Martin, N.G. (2006). A genetically informed study of the processes underlying the association between parental marital instability and offspring adjustment. *Developmental Psychology*, 42, 486—499.

Dunne, M.P., Martin, N.G., Statham, D.J., Slutske, W.S., Dinwiddie, S.H., Bucholz, K.K., et al. (1997a). Genetic and environmental contributions to variance in age at first sexual intercourse. *Psychological Science*, 8, 211—216.

Ellis, B.L. (2004). Timing of pubertal maturation in girls: An integrated life history approach. *Psychological Bulletin*, 130, 920—954.

Foy, A.K., Vernon, P.A., & Jang, K. (2001). Examining the dimensions of intimacy in twin and peer relationships. *Twin Research*, 4, 443—452.

Fraga, M.F., Ballestar, E., Paz, M.F., Ropero, S., Setien, F., Ballestar,

M.L., et al. (2005). Epigenetic differences arise during the lifetime of monozygotic twins. *Proceedings of the National Academy of Sciences*, *102*, 10604—10609.

Freedman, D. G. (1968). An evolutionary framework for behavioral research. In S.G.Vandenberg (Ed.), *Progress in human behavior genetics* (pp.1—6). Baltimore: Johns Hopkins University Press.

Freedman, D.G. (1979). *Human sociobiology: A holistic approach*. New York: Free Press.

Fuller, J.L. (1983). Sociobiology and behavior genetics. In J.L.Fuller & E.C. Simmel (Eds.), *Behavior genetics: Principles and applications* (pp.435—477). Hillsdale: Lawrence Erlbaum Associates.

Galton, F. (1876). The history of twins as a criterion of the relative powers of nature and nurture. *Royal Anthropological Institute of Great Britain and Ireland*, *6*, 391—406.

Gaulin, S.J.C., McBurney, D.H., & Brakeman-Wartell, S.L. (1997). Matrilateral biases in the investment of aunts and uncles. *Human Nature*, *8*, 139—151.

Gottesman, I. I., & Bertelsen, A. (1989). Confirming unexpressed genotypes for schizophrenia. *Archives of General Psychiatry*, *46*, 867—872.

Guo, G., & Tong, Y. (2006). Age at first sexual intercourse, genes, and social context: Evidence from twins and the dopamine D4 receptor gene. *Demography*, *42*, 747—769.

Haber, J.R., Jacob, T., & Heath, A.C. (2005). Paternal alcoholism and offspring conduct disorder: Evidence for the "common genes" hypothesis. *Twin Research and Human Genetics*, *8*, 120—131.

Hahn, M.E. (1990). Approaches to the study of genetic influence on developing social behaviors. In M.E.Hahn, J.K.Hewitt, N.D.Henderson, & R.H.Benno (Eds.), *Developmental behavior genetics: Neural, biometrical and evolutionary approaches* (pp.60—80). New York: Oxford University Press.

Haig, D. (1992). Genomic imprinting and the theory of parent-offspring conflict. *Seminars in Developmental Biology*, *3*, 153—160.

Hamilton, W.D. (1964). The genetical evolution of human behaviour. *Journal of Theoretical Biology*, *7*, 1—52.

Harlaar, N., Butcher, L.M., Meaburn, E., Sham, P., Craig, I.W., & Plomin, R. (2005). A behavioural genomic analysis of DNA markers associated with general cognitive ability in 7-year-olds. *Journal of Child Psychology and Psychiatry*, *46*, 1097—1107.

Hill, S.E., & Buss, D.M. (2008).The mere presence of opposite-sex others on judgments of sexual and romantic desirability: Opposite effects for men and women. *Personality and Social Psychology Bulletin*, *34*, 635—647.

Hofer, M.A. (1984). Relationships as regulators: A psychobiologic perspective on bereavement. *Psychosomatic Medicine*, *46*, 183—197.

Jared, P., & Bering, J.M. (2008). Concerns about reputation via gossip promotes generous allocations in an economic game. *Evolution and Human Behavior*, *29*, 172—178.

Johnson, J., Gangestad, S.W., Segal, N.L., & Bouchard, Jr., T.J. (2008). Heritability of fluctuating asymmetry in a human twin sample: The effect of trait aggregation. *American Journal of Human Biology*, *20*, 651—658.

Korchmaros, J.D., & Kenny, D.A. (2001). Emotional closeness as a mediator of the effect of genetic relatedness on altruism. *Psychological Science*, *12*, 262—265.

Korchmaros, J.D., & Kenny, D.A. (2006). An evolutionary and close-relationship mode of helping. *Journal of Social and Personal Relationships*, *23*, 21—43.

Krebs, S. (2008). Morality: An evolutionary account. *Perspectives on Psychological Science*, *3*, 149—168.

Kurland, J.A., & Gaulin, S.J.C. (2005). Cooperation and conflict among kin. In D.M.Buss (Ed.), *The handbook of evolutionary psychology*.New York: John Wiley & Sons, Inc.

Lieberman, D., Tooby, J., & Cosmides, L. (2007). The architecture of human kin recognition. *Nature*, *445*, 727—731.

Littlefield, C.H., & Rushton, J.P. (1986). When a child dies: The sociobiology of bereavement. *Journal of Personality and Social Psychology*, *51*, 797—802.

Loh, C.Y., & Elliot, J.M. (1998). Cooperation and competition as a function of zygosity in 7- to 9-year-old twins. *Evolution and Human Behavior*, *19*, 397—411.

Machin, G.A., & Keith, L.G. (1999). *An atlas of multiple pregnancy*. NY: Parthenon.

Magnus, P. (1984). Causes of variation in birth weight: A study of offspring of twins. *Clinical Genetics*, *25*, 15—24.

Manning, J.T., Martin, S., Trivers, R.L., & Soler, M. (2002). 2nd to 4th digit ratio and offspring sex ratio. *Journal of Theoretical Biology*, *217*, 93—95.

Martin, J.A., Hamilton, B.E., Sutton, P.D., Ventura, S.J., Menacker, F., Kirmeyer, S., & Munson, S.L. (2006). Births: Final data for 2005. *National Vital Statistic Report*, *56*, 1—103.

Martin, J.A., Kochanek, K.D., Strobino, D.M., Guyer, B., & MacDorman, M.F. (2005). Annual summary of vital statistics—2003. *Pediatrics*, *115*, 619—634.

Martin, J.A., & Park, M.M. (1999). Trends in twin and triplet births: 1980—97. *National Vital Statistics Reports*, *47*, 1—17.

Mendle, J., Turkheimer, E., D'Onofrio, B.M., Lynch, S.K., Emery, R.E., Slutske, W.S., & Martin N.G. (2006). Family structure and age at menarche: A children-of-twins approach. *Developmental Psychology*, *42*, 533—542.

Mitchell, K.S., Mazzeo, S.E., Bulik, C.M., Aggen, S.H., Kendler, K.S., & Neale, M.C. (2007). An investigation of a measure of twins' equal environments. *Twin Research and Human Genetics*, *10*, 840—847.

Moayeri, S.E., Behr, B., Lathi, R.B., Westphal, L.M., & Milki, A.A. (2007). Risk of monozygotic twinning with blastocyst transfer decrease over time: An 8-year experience. *Fertility and Sterility*, *87*,

1028—1032.

Mustanski, B., Viken, R.J., Kaprio, J., Winter, T., & Rose, R.J. (2007). Sexual behavior in young adulthood: A population-based twin study. *Health Psychology*, *26*, 610—617.

Nesse, R.M. (1994). *What are emotions for?* Psychology 2 (Electronic).

Nesse, R.M., & Williams, G.C. (1994). *Why we get sick? The new science of Darwinian medicine*. NY: Times Books, Random House.

Neyer, F.J. (2002). Twin relationships in old age: A development perspective. *Journal of Personality and Social Relationships*, *19*, 155—177.

Neyer, F.J., & Lang, F.R. (2003). Blood is thicker than water. Kinship orientation across adulthood. *Journal of Personality and Social Psychology*, *84*, 310—321.

Owen, M.J., Liddle, M.B., & McGuffin, P. (1994). Alzheimer's disease: An association with apolopoprotien e4 may help unlock the puzzle. *British Medical Journal*, *308*, 672—673.

Park, J.H., Schaller, M., & Van Vugt, M. (2008). Psychology of human kin recognition: Heuristic cues, erroneous inferences and their implications. *Review of General Psychology*, *12*, 215—235.

Parks, C.D. (2000). Testing various types of cooperation rewards in social dilemmas. *Group Processes and Intergroup Relations*, *3*, 339—500.

Pedersen, N.L., Plomin, R., Nesselroade, J.R., & McClearn, G.E. (1992). A quantitative genetic analysis of cognitive abilities during the second half of the life span. *Psychological Science*, *3*, 346—353.

Plomin, R., DeFries, J.C., McClearn, G.E., & McGuffin, P. (2008). *Behavior genetics*.5th.New York: Worth Publishers.

Pollet, T.V. (2007). Genetic relatedness and sibling relationship characteristics in a modern society. *Evolution and Human Behavior*, *28*, 176—185.

Reiss, D., Neiderhauser, J.M., Hetherington, E.M., & Plomin, R. (2000). *The relationship code*. Cambridge, MA: Harvard University Press.

Rose, R.J., Harris, E.L., Christian, J.C., & Nance, W.E. (1979). Genetic variance in nonverbal intelligence: Data from the kinships of identical twins. *Science*, *205*, 1153—1155.

Rose, R.J., Koskenvuo, M., Kaprio, J., Sarna, S., & Langanvainio, H. (1988). Shared genes, shared experiences, and similarity of personality: Data from 14,288 adult Finnish co-twins. *Journal of Personality and Social Psychology*, *54*, 161—171.

Rowe, D.C. (2002). On genetic variation in menarche and age at first intercourse: A critique of the Belsky-Draper hypothesis. *Evolution and Human Behavior*, *23*, 365—372.

Sanders, C. (1980). A comparison of adult bereavement in the death of a spouse, child and parent. *Omega*, *10*, 303—322.

Schelling, T.C. (1960). *The strategy of conflict*. Cambridge, MA: Harvard University Press.

Scott, J.P. (1977). Social genetics. *Behavior Genetics*, *7*, 327—346.

Segal, N.L. (1984). Cooperation, competition and altruism within twin sets: A reappraisal. *Ethology & Sociobiology*, *5*, 163—177.

Segal, N.L. (1990). The importance of twin studies for individual differences research. *Journal of Counseling and Development*, *68*, 612—622.

Segal, N.L. (1993). Twin, sibling and adoption methods: Tests of evolutionary hypotheses. *American Psychologist*, *48*, 943—956.

Segal, N.L. (1997). Twin research perspective on human development. In N.L.Segal, G.E.Weisfeld, & C.C.Weisfeld (Eds.), *Uniting psychology and biology: Integrative perspectives on human development* (pp.145—173). Washington, D.C.: APA Press.

Segal, N.L. (2000). *Entwined lives: Twins and what they tell us about human behavior*. NY: Plume.

Segal, N.L. (2002). Co-conspirators and double-dealers: A twin film analysis. *Personality and Individual Differences*, *33*, 21—631.

Segal, N.L. (2005). Evolutionary studies of cooperation, competition and altruism: A twin-based approach. In R.L.Burgess & K.B.MacDonald (Eds.), *Evolutionary perspectives on human development*. 2nd ed. (pp.275—304). Thousand Oaks, CA: Sage.

Segal, N.L. (2006a). Fullerton Virtual Twin Study. *Twin Research and Hu-*

man Genetics, 9, 963—964.

Segal, N.L. (2006b). Female to male: Two monozygotic twin pairs discordant for transsexualism. *Archives of Sexual Behavior*, 35, 347—358.

Segal, N.L. (2007). *Indivisible by two: Lives of extraordinary twins*. Cambridge, MA: Harvard University Press.

Segal, N. L. (2008). Personality and birth order in monozygotic twins adopted apart: A test of Sulloway's theory. *Twin Research and Human Genetics*, 11, 103—107.

Segal, N.L. (2011).Twin, Adoption, and Family Methods as Approaches to the Evolution of Individual Differences. In D.M.Buss & P.H.Hawley (Eds.), *The evolution of personality and individual differences* (pp.303—337). New York: Oxford University Press.

Segal, N.L., & Blozis, S.A. (2002). Psychobiological and evolutionary perspectives on coping and health characteristics following loss: A twin study. *Twin Research*, 5, 175—187.

Segal, N.L., Chavarria, K.A., & Stohs, J.H. (2008). Twin research: Evolutionary perspective on social relations. In T. Shackelford & C. D. Salmon (Eds.), *Family relationships: An evolutionary perspective* (pp.312—333). Oxford, England: Oxford University Press.

Segal, N.L., Feng, R., McGuire, A.S., Allison, D.B., & Miller, S. (2008). Genetic and environmental contributions to body mass index: Comparative analysis of monozygotic twins, dizygotic twins and same-age unrelated siblings. *International Journal of Obesity*, 33, 37—41.

Segal, N.L., & Harris, V.A. (2008). Psycholigical issues of monozygotic twins. In I.Blikstein & L.G.Keith (Eds.), *Monozygosity*. Berlin-New York: Walter de Gruyter.

Segal, N.L., Hershberger, N.L., & Arad, S. (2003). Meeting one's twin: Perceived social closeness and familiarity. *Evolutionary Psychology*, 1, 70—95.

Segal, N.L., & MacDonald, K.B. (1998). Behavior genetics and evolutionary psychology: A unified perspective. *Human Biology*, 70, 159—184.

Segal, N.L., McGuire, S.A., Havlena, J., Gill, P., & Hershberger, S.L.

(2007) Intellectual similarity of virtual twin pairs: Developmental trends. *Personality and Individual Differences*, *42*, 1209—1219.

Segal, N.L., McGuire, S.A., Miller, S., & Havlena, J. (2008) Tacit coordination in monozygotic twins, dizygotic twins and virtual twins: Effects and implications of genetic relatedness. *Personality and Individual Differences*, *45*, 607—612.

Segal, N.L., & Ream, S.L. (1998). Decrease in grief intensity for deceased twin and non-twin relatives: An evolutionary perspective. *Personality & Individual Differences*, *25*, 317—325.

Segal, N.L., Seghers, J.P., Marelich, W.D., Mechanic, M., & Castillo, R. (2007). Social closeness of monozygotic and dizygotic twin parents toward their nieces and nephews. European *Journal of Personality*, *21*, 487—506.

Segal, N.L., & Stohs, J.H. (2007). Resemblance for age at menarche in female twins reared apart and together. *Human Biology*, *79*, 623—635.

Segal, N.L., & Stohs, J.H. (2009). Age at first intercourse in twins reared apart: Genetic influence and life history events. *Personality and Individual Differences*, *47*, 127—132.

Segal, N.L., Sussman, L.S., Marelich, W.D., Mearns, J., & Blozis, S.A. (2002). Monozygotic and dizygotic twins' retrospective and current bereavement-related behaviors: An evolutionary perspective. *Twin Research*, *5*, 188—195.

Segal, N.L., Wilson, S.M., Bouchard, T.J., & Gitlin, D.G. (1995). Comparative grief experiences of bereaved twins and other bereaved relatives. *Personality and Individual Differences*, *18*, 511—524.

Shipley, S.K., Graham, J., Krecko, T., & Tucker, M. (2003). Factors involved in monozygotic twinning: A three year prospective. *Fertility and Sterility*, *80*, S290—291 (abstract P-514).

Sulloway, F.J. (2001). Birth order, sibling competition, and human behavior. In H.H. Holcomb III (Ed.), *Conceptual challenges in evolutionary psychology: Innovative research strategies*. Dordrecht: Kluwer Academic Publishers.

Tancredy, C.M., & Fraley, R.C. (2006). The nature of adult twin relationships: An attachment-theoretical perspective. *Journal of Personality and Social Psychology*, *90*, 78—93.

Thorpe, K., & Gardner, K. (2006). Twins and their friendships: Differences between momozygotic, dizygotic same-sex and dizygotic mixed pairs. *Twin Research and Human Genetics*, *9*, 155—164.

Trivers, R.L. (1971). The evolution of reciprocal altruism. *Quarterly Review of Biology*, *46*, 35—57.

Trivers, R.L. (1974). Parent-offspring conflict. *American Zoologist*, *14*, 249—264.

Von Bracken, H. (1934). Mutual intimacy in twins. *Character and Personality*, *2*, 293—309.

Waldron, M., Heath, A.C., Turkheimer, E., Emery, R., Bucholz, K.K., Madden, P.A., & Martin, N.G. (2007). Age at first intercourse and teenage pregnancy in Australian female twins. *Twin Research and Human Genetics*, *10*, 440—449.

Wallace, B., Cesarni, D., Lichtenstein, P., & Johannesson, M. (2007). Heritability of ultimatum game responder behavior. *Proceedings of the National Academy of Sciences*, *104*, 15631—15634.

Walls, G.L. (1959). Peculiar color-blindness in peculiar people. *Archives of Ophthalmalogy*, *62*, 41—60.

Weisfeld, G.E. (2006). Humor appreciation as an adaptive esthetic emotion. *Humor: International Journal of Humor Research*, *19*, 1—26.

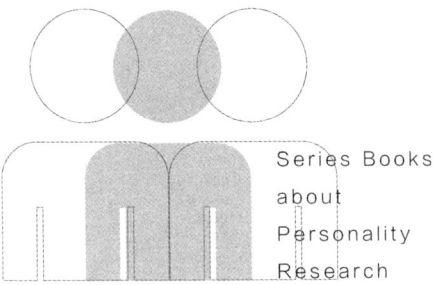

Series Books
about
Personality
Research

第 5 章

进化遗传学与人格差异

毫无疑问，达尔文的进化论是进化遗传学（evolutionary genetics）的理论基石。进化论的基本观点是：（1）生物（包括人类）是进化而来的；（2）自然选择是生物进化的机制，即在自然选择的作用下，那些有利于生物体生存和繁殖的可遗传变异获得遗传机会而被保存下来，并不断传播到整个种群，那些不利于生物体生存和繁殖的可遗传变异较少获得遗传机会，从而面临被淘汰的危险。从进化遗传学角度来看，达尔文所说的进化机制可以被描述为群体中基因频率（gene frequency）（群体中某基因型的数量）随时间发生的变化。具体说来就是，那些被自然选择不断"剔除"而逐渐减少的可遗传变异表现为群体中基因频率不断降低，而那些被自然选择不断保留而逐渐增多的可遗传变异表现为在群体中基因频率不断提高。进化遗传学的任务就是研究群体中基因频率变化的机制（田丽丽，张权权，吴海勇，2009；王文，2007）。

进化遗传学也试图探讨人类行为的进化机制，从而产生了进化遗传学的学科分支——进化行为遗传学（evolutionary behavioral genetics）。进化行为遗传学在研究人类行为时面临的核心问题是，进化的机制怎样解释那些已经被观测到的人类行为特征的遗传变异。譬如，进化的机制如何解释那些高遗传性的心理疾病，如精神分裂症。类似的问题还有智力特征、人格特质等人类特征的遗传变异如何得到进化机制的解释（Keller, Howrigan, & Simonson, 2011）。

进化心理学也是基于进化论的理论基础，试图从进化力量的来源对人类的行为特征进行解释。不过，在过去较长的时间里，进化心理学与进化行为遗传学关注的焦点似乎不太一样。进化心理学通常关注对人类共性的进化力量的解释，在过去十年里，进化心理学专注于亲属选择、互惠、性选择等普遍性心理机制的进化学解释，而对认知能力、人格特质和精神病理学等方面的人类遗传变异关注较少。进化行为遗传学利用进化论的视角来理解人类的遗传变异。费希尔（Fisher，1930）的开创性研究使进化遗传学者对个体差异的研究不断深入：在纵向上，从人类个体的生理差异逐渐深入人类个体的心理差异；在横向上，从动物个体的行为特质差异深入人类个体的人格特质差异（田丽丽，张权权，吴海勇，2009）。

相比于进化心理学关于人类行为的普遍性机制的大量理论和研究，进化行为遗传学关于人类个体差异的进化遗传学的理论和研究还显得相当不够。不过近年来，彭克和同事（Penke，Denissen，& Miller，2007）提出的人类行为遗传变异的三个理论假设在一定程度上弥补了这种缺陷。这三个理论假设分别是：中性选择机制（neutral selection mechanism）、突变—选择平衡机制（mutation-selection equilibrium mechanism）和平衡选择机制（balanced selection mechanism）。基于此，进化遗传学者从理论分析和实证研究两方面进行了许多探索，尤其是分子遗传学和行为遗传学方面的实证分析和调查。本章拟对这些理论和研究进行比较详细的梳理。

一、相关的基本概念

由于进化遗传学涉及遗传学和分子遗传学领域的一些专业概念，我们只有对这些行为遗传学的专业概念进行清晰的界定，才能较好地阐述行为遗传学的三个理论假设。

（一）基因和等位基因

大家都知道"种瓜得瓜，种豆得豆"的道理，这就是遗传的力量。生物的繁衍生息和自身的成长依赖于遗传信息的正确传递和使用，基因（gene），就是遗传信息的基本单位。从生物学角度来说，基因就是我们的遗传物质，即脱氧核糖核酸（DNA）分子上携带遗传信息的特定核苷酸序列，通过指导人体内重要物质（如蛋白质等）的合成来维持人体的正常生理功能。基因有两个特点：一是能忠实地复制自己，以保持生物的基本特征；二是在繁殖后代的过程中，基因能够突变和变异，当受精卵或母体受到环境或遗传的影响时，后代的基因组会产生有害缺陷或突变。

生物体的形态、结构、生理特征也叫性状，比如人的眼睑形态就是一种性状，这种性状有不同的表现形式：双重睑（俗称双眼皮）、单重睑（俗称单眼皮）。其中单重睑为隐性，双重睑为显性。我们把它们称为相对性状（其概念是同种生物同一性状的不同表现类型）。性状又是由基因控制的。控制显性性状的为显性基因（用大写字母表示，如 A），控制隐性性状的为隐性基因（用小写字母表示，如 a）。基因在体细胞中成对存在，因此一个个体的基因型就有 AA、Aa、aa。A 和 a 可以表示一对等位基因。等位基因（allele）可以被定义为，同源染色体的相同位置上，控制相对性状的一对基因。

（二）基因突变与基因漂变

基因突变（gene mutation）是指基因组 DNA 分子发生的突然的、可遗传的变异现象。从分子水平上看，基因突变是指基因在结构上发生碱基对组成或排列顺序的改变。基因虽然十分稳定，能在细胞分裂时精确地复制自己，但这种稳定性是相对的。在一定的条件下，基因也可以从原来的存在形式突然变成另一种新的存在形式。也就是在一个位点上，突然出现了一个新基因，代替了原有基因，这个基因叫作突变基因。于是，在后代的表现中就突然出现了祖先从未有过的新性状。基因突变可以发生在发育的任何时期，通常发生在 DNA 复制时期，即细胞分裂间期。基因突变和脱氧核糖核酸的复制、DNA 损伤修复、癌变和衰老都有关系。其实，基因突变是生物进化的重要因素之一。

由于某种机会，某一等位基因频率的群体（尤其是小群体）中出现世代传递的波动现象称为基因漂变（genetic drift），也叫随机遗传漂变（random genetics drift）。这种波动变化导致某些等位基因的消失和另一些等位基因的固定，从而改变了群体的遗传结构。由于基因漂变是一种不可预知的随机现象，因此这一现象被比喻为"随机行走"（random walk）。随着每一代持续发生基因漂变，基因频率会发生变化。这种漂变与群体大小有关，群体越小，漂变速度越快，甚至1～2代就造成某个基因的固定和另一基因的消失从而改变其遗传结构，大群体漂变较慢，可随机达到遗传平衡。基因漂变可与自然选择逆向运作。其结果取决于自然选择的强度以及群体大小。

二、中性选择机制

在阐述中性选择机制之前，先简述一下自然选择的进化机制。种群内个体之间存在可遗传变异，这是自然选择机制的前提条件。如果一个种群在某一行为表型中存有与适应相关的可遗传变异，那么随着时间的变化，自然选择会逐渐"剔除"没有适应价值的可遗传变异，相应地淘汰那些不能适应环境的个体。这种定向选择的过程一直持续下去，经过若干代，群体中所有的个体将会整齐划一地拥有同样的基因型，整齐划一地拥有某种行为机制（Fisher，1930），这就是进化心理学重视的自然选择的进化原理。不过，现实情况并非如此简单。在当前的环境下，在许多物种中，个体之间仍然存在大量的可遗传变异，表现出各种性状特点，在人类的行为特点上更是如此。对此，中性选择机制试图作出合理解释。

中性选择理论认为，存在于个体之间的那些遗传变异是中性的，对适应和进化而言是无关紧要的，仅仅是进化中的"噪声"(Tooby & Cosmides, 1990), 因此基于适应价值评估的自然选择机制无法"剔除"这些中性的遗传变异。而那些对进化有重要意义的性状和功能是一致的、无差异的。基因突变论进一步解释，遗传过程中会出现大量的基因突变，而大多数基因突变是中性的或者轻微有害的。原则上，突变可以在适应中性（fitness-neutral）的特质中自由累加，由于不会受到自然选择的"剔除"，因此这种累加最终会导致我们今天看到的遗传变异。譬如，小肠在腹腔中的精确路线对消化功能有很小的影响，于是这种影响小肠的腹腔设计样式的中性遗传变量很容易被累积起来，而不会被自然选择"剔除"。

在较短的进化时期内，中性选择机制允许在某些性状上出现遗传变量的累加。但是，在长期的进化过程中，中性选择影响的特质会出现什么情况呢？根据前面的界定，在中性选择机制下，基因突变不会受到自然选择的影响。但是难以想象，中性的基因突变会没有其他任何制约机制而使中性的遗传变异无限制持续下去。那么，影响中性的遗传变异的唯一进化机制可能就是基因漂变了。基因漂变总是倾向于减少遗传变异。基因漂变基本上是随机的对基因多态性的固定（fixation）（在群体中基因频率达到100%）或者消除（在群体中基因频率降低到0%）。关于基因漂变作用的影响因素，当前所知的就是有效群体规模（effective population size）（也代称 N_e，是指受基因漂变影响的有效群体的大小)。有效群体规模越小,基因漂变就越容易发生。在这里,最关键的是导致基因漂变的最小 N_e 值。如果受到小于 $1/N_e$ 的选择系数的影响,基因漂变的可能性就较小,基因突变导致的性状就是中性适应的。对人类祖先来说,这个 N_e 约为 10 000(Eyre-Walker & Keightley,2007)。也就是说,对人类来说,$1/N_e$ 小于 0.01%,基因漂变就会很弱,那么原则上,中性选择机制就可以解释人类特质的所有遗传变异(Lynch & Hill,1986)。

中性选择的结果怎样导致遗传的个体差异呢?中性选择理论认为,如果一个突变影响一种特质的现象型表达,它首先有一个主效应,这意味着这个突变对这种特质的加性遗传变异(additive genetic variance,V_A)(由等位基因或者基因座的独立效应导致的遗传变异)作出了贡献。其次才是交互作用效应,即这个突变与其他的遗传多态性发生交互作用,对这种特质的非加性遗传变异(non-additive genetic variance,V_{NA})(由等位基因或者基因座效应之间的交互作用导致的遗传变异)作出贡献。这与统计分析的逻辑是一样的:其他条件不变,主效应优先于交互效应。同时,中性选择理论认为,个体差异与环境无关,即个体所有的遗传变异与环境选择无关,也就是说,导致遗传变异的环境因素可以忽略不计,因此,对中性选择机制来说,导致遗传变异的其他条件是相同的。于是,基于中性选择机制,可以认为导致个体差异的遗传变异主要由加性

第5章 进化遗传学与人格差异

遗传变异构成，非加性遗传变异的比例很小。不过，根据费希尔（Fisher，1930）的自然选择的基本原理，对任何非中性特质来说，经由自然选择过程，通过亲代传递给子代时，它们的加性遗传变异会直接被淘汰，从而快速减少。此外，构成非加性遗传变异的交互作用成分不断被性重组分散开来，从而不会通过亲代到子代的传递被淘汰，于是非加性遗传变异很少受到自然选择过程的影响。如此说来，特质的遗传变异又主要是由非加性遗传变异构成的。现实的情况也是如此，许多特质的个体差异是由大量的非加性遗传变异构成的。许多强有力的证据（包括一些分子遗传学证据）表明，人格特质具有大量的非加性遗传变异（Crnokrak & Roff，1995；Eaves，Heath，Neale，Hewitt，& Martin，1998；Keller，Coventry，Heath，& Martin，2005）。因此，一种特质高比例的非加性遗传效应自然就很难通过中性选择机制来进行解释。

另外，中性选择的特质必须与所有外在环境无关，譬如，如果对有些环境来说，外向型具有优势，而对另一些环境来说，内向型具有优势，那么这种人格特质可能就不是中性选择机制导致的遗传变异而可能是其他选择机制造成的（譬如后面要讲的平衡选择机制）。其实，中性选择基本上是不可能的，因为人类大多数人格特质都与人们的生活和环境适应有关。

总之，如果某种特质与任何环境没有适应关系，并且它的遗传变异主要由加性遗传变异构成，那么这种特质的遗传变异是遵循中性选择机制的。但是实际情况是，这两个前提条件很难得到满足，因此中性选择机制基本上很难解释各种人格特质的遗传变异来源。

三、突变—选择平衡机制

如上所述，中性选择机制表明生物体的性状或特征必须与环境适应无关。很显然，绝大多数性状和特征无法满足这个条件，它们都会遭遇自然选择机制的筛选过程。根据费希尔（Fisher，1930）的自然选择的基本原理，只要定向选择的方向不变（即朝向性状特征的环境适应价值方向），生物体性状和特征的遗传变异就会不断减少，直到遗传变异固定在一种种属普遍性的适应机制上。在这里，一种性状或特征遗传变异减少的速度取决于两个具有相反作用的因素：突变速度（mutation rate）（即增加遗传变异的速度）和选择的力量（strength of selection）（即减少遗传变异的速度）。突变速度是指一种新的突变以多快的速度进入基因组序列，从而改变基因组的功能。近十几年的分子遗传学研究表明，相对来说，人类基因拥有较快的突变速度，在每一代中每个人的突变数量大概是1.67个（Keightley & Gaffney，2003）。根据基因突变的泊松分布（Poisson frequency distribution）假设，研究者能够估计出，一个婴儿没有任何突变的可能性大概只有20%，这还包括非中性突变（Keller & Miller，2006）。根据上述观点，大多数非中性突变都是有害的。而那些带有明显效应的有害突变很容易成为自然选择淘汰的目标，对于那些有害影响较为轻微或者外显率较弱的突变（其有害功能是部分或者完全隐性的），自然选择对它们的净化作用要弱得多，因此在人群中持续时间较长（Eyre-Walker & Keightley，2007）。突变越有害，选择的力量越强，通过选择力量淘汰这些有害突变的速度越快。具有强烈有害影响和高外显率的少数突变会通过选择机制被快速消除，譬如，选择机制会很快淘汰那些导致不孕和早死的基因突变，这些有害突变在一代之内就能被完全消除。基于基因突变和自然选择两种相反的作用机制，正如费希尔所认为的，进化选择和基因突变被期望处于平衡状态，即在每一代中通过被动的，或者"净化"的选择机制消除有害基因突变的比率与通过突变引入新的有害突变影响的比率是平衡的。

基于以上的突变—选择平衡机制，自然选择机制并不会很快清除某些轻微有害的或者隐性的突变，这使得有些突变会在人群中存在较长的时间。分子遗传学研究也表明（Ellegren，2007），每个人至少携带几百个来自前几代遗传的、老的、轻微有害的突变，加上至少几个主要由于父亲的精子出现问题而产生的新突变。这些突变在人类中特别常见，并且范围从单核苷酸多态性（SNP），如插入、缺失和单个DNA碱基对的变化（Boyko et al.，2008；Gorlov, Gorlova, Sunyaev, Spitz, &

Amos，2008），到串联重复序列，片段复制和更长 DNA 段的拷贝数变异，以及染色体片段的较大逆转和易位，直至全染色体非整倍体（例如 21-三体）和单亲二倍体的变异（UPD）（Feuk，Carson，& Scherer，2006）。而个体的表型性状和特征既可能受基因组经典蛋白质编码区（外显子）突变的影响，也可能受基因前后调控和启动子区域的影响（Keightley，Lercher，& Eyre-Walker，2005；Wray，2007），还可能受到与基因调控相关的各种非编码 RNA 区域的影响（Amarall，Dinger，Mercer，& Mattick，2008；Bartel，2004）。

如此说来，基于突变—选择平衡机制，就可以很好地解释智力障碍的出现了。智力作为高适应性特质，很大程度上是由遗传决定的。基于自然选择的遗传变异进化机制，经过漫长的进化历程，人类的智力趋于比较一致的高水平状态。但是令人困惑的是，现实世界中人们的智力差异仍然很大，而且在每一代的每个自然人群中，总有一部分智力障碍者。按照突变—选择平衡理论，决定智力这一性状的基因数量众多，而突变是随机发生的，相应地可能潜在影响智力的基因突变的数量也相对较多。对个体有较大危害的突变表现出来就会被自然选择较快"剔除"，更多的有轻微危害的突变则更容易被保存下来。但是，当这些危害较小的突变较多地同时在一个个体身上表现出来时，同样会产生严重的不良影响。虽然自然选择会不断逐代"剔除"不良的突变，但是在繁殖中突变也会以一定频率不断发生，这样二者达到一种平衡状态，即人群会始终维持一定的突变"负荷量"。一般情况下，对个体起作用的突变会维持在一定数量范围内，从而表现出正常的智力水平。当起作用的突变多到一定程度，就会造成个体智力低下（田丽丽，张权权，吴海勇，2009）。

众所周知，近亲婚配更容易产生智力低下的后代，这一现象正好为突变—选择平衡机制提供了一个有力的佐证。与其他的婚配组合相比，近亲婚配的双方拥有更多相同的基因（来自双方共同的祖先），进而拥有更多相同的突变。绝大多数突变是有害的和隐性的，只有当两个相同的突变基因"相遇"后，它们才会对个体的表现型产生不利影响，近亲婚配后代智力低下正是起作用的突变达到一定数量的结果（田丽丽，张权权，吴海勇，2009）。

根据突变—选择平衡机制，遗传变异多样性是由许多尚未被淘汰的非适应性突变导致的，然后这些突变的累积导致某些非适应性性状或者特质。也就是说，这些非适应性的特质或者性状很难定位到具体某种等位基因位置上，因为性状或者特质通常不是只由一组等位基因控制。每一组等位基因为个体的特质差异贡献了自己的绵薄之力，因此很难观测到每组等位基因对个体特质差异的具体作用，譬如上面提到的一般智力因素。

然而，人格特质似乎有着不一样的作用机制。分子生物学家已经确认影响人格特质的特定等位基因，例如，在遭受性虐待的个体中，单胺氧化酶 A 基因可与反社会和酗酒联系起来（Ducci et al.，2008）。5-HTTLPR 基因多态性对冲动和物质、酒精滥用的暴力反社会行为倾向负有部分责任（Sakai et al.，2006）。与 5-羟色胺转运内含子有关的 STin2 基因多态性的等位基因有 12 个特定关键序列，该序列增强了 SCL6A4 基因的转换效率，并具有患精神分裂症、强迫障碍（Baca-Garcia et al.，2007）及焦虑障碍的更高风险。COMTL 基因上 Val 氨基酸在 158 号位上的简单替换，造成了动物和精神病人更高的攻击性行为（Volavka et al.，2004），并且导致更高水平的焦虑（Olsson et al.，2007）。在参与儿茶酚胺代谢（catecholamine metabolism）的 MAOA-u VNTR 基因多态性中，1 个携带 3 个和 5 个复制的关键序列等位基因与攻击性和暴力行为有关（Volavka et al.，2004），尤其是在被激怒的情况下（McDermott et al.，2009）。最后，在 3 号外显子基因上，有 7 个或者更多复制的关键序列的 DRD4 基因多态性被报告与过度活跃行为有关（DeYoung，2006），并与持续寻求新异刺激有关（Ebstein et al.，1996）。DRD4 基因与追求新异刺激的显著相关是一个突出的例子（Ebstein et al.，1996）。根据这些研究，人格特质似乎受到有限数量的基因位点（loci）和有限数量的等位基因的影响。这些研究证据驳斥了人格差异是由突变—选择平衡引起的假设。

四、平衡选择机制

不管遗传变量是中性选择的,还是太多新突变不断加入基因序列,总之,选择机制总是无法剔除所有的遗传变异,于是在前面阐述的中性选择机制和突变—选择平衡机制中,遗传变异被保留下来了。但是,第三种解释遗传变异来源的理论——平衡选择理论认为,遗传变异的来源可能不在于遗传变异是否受到选择机制的影响,也不在于突变与选择机制的权衡,而在于选择机制本身就可能导致遗传变异被保留下来。如果在不同环境条件下,同一程度的选择力量对同一特质维度的两个极端水平都有利,或者说同一特质在两个相反极端水平上都能找到其在一定环境条件下的适应价值,那么平衡选择机制就真的出现了。平衡选择机制有以下四种方式。

第一种平衡选择机制是超显性(overdominance)。超显性是一个遗传学的概念,是指杂合子(heterozygote)要比纯合子(homozygote)的适应度高,即在有 A 与 a 两个等位基因的情况下,基因型为 Aa 的个体比 AA 和 aa 的个体的适应度都高。超显性是杂种优势的一个原因,譬如,镰状红细胞贫血症就是缺乏超显性的一个有名的案例。但是在自然界中,很少发现其他案例(Endler,1986)。不过,近年来大多数研究者认为,超显性在进化过程中是非常不稳定的,因此很难成为维持遗传变异的一个重要因素,在长期的进化过程中更是如此(Keller & Miller,2006)。

第二种平衡选择机制是拮抗的基因多效性（antagonistic pleiotropy），就是指一种基因多态性有多个功能，一些功能具有积极的适应价值，可能有利于生命体生长繁殖；而另一些功能具有消极的价值，可能不利于生命体的生长繁殖（Hedrick，1999；Roff，1997）。一个特殊的例子就是性别上对抗性共同进化，在这里男性与女性相反的选择压力导致遗传变异的出现。由于选择过程通常会以最小的总体适应代价锁定基因多态性，因此只有在一个基因位点上所有等位基因的适应代价完全相等的情况下，拮抗的基因多效性才能维持遗传变异。另外，由相应的纯合子组合提供的所有现象型适应收益，相应的杂合子等位基因的组合也必须完全提供（Hedrick，1999），而且不依赖于影响数量特征的基因位点，拮抗的基因多效性只能在每个特质的一个基因位点上维持遗传变异。很显然，由于这些严格的限制条件，拮抗多效性难以在维持遗传变量的过程中发挥多大作用。

第三种平衡选择机制是环境异质性（environmental heterogeneity）。所谓环境异质性，是指随着时间、空间的不断变化，环境选择对于拥有某一相对稳定性状的个体或种群的压力是波动变化的（Roff，1997）。由于环境不同，某一相对稳定的性状在适应性上对个体既有有利之处，也有不利之处，最终使得具有一系列不同性状特点的个体都有一定量的存活。该观点被称为交易（trade off）理论。

第四种平衡选择机制是频率依赖选择（frequency-dependent selection）。正如第 3 章所述，某种基因型的适应价值（携带这种基因型的个体繁殖后代的数量）在很大程度上依赖其在群体当中所占比例的大小。换句话说，同一个群体内部某种策略的适应性会随着使用它的个体数量的增加而降低。于是，频率依赖选择发生与定向选择机制相反的选择过程，从而维持多种变异在种群中的平衡状态。其原因是在某些物种内，随着某些特征或者性状的基因频率的提高，针对这种特征或者性状的选择压力反而会增大，相反，某些特征或者性状的基因频率的下降会降低群体中的选择压力。也就是说，针对某些特征和性状的选择压力会随着它们在群体中所占比例的大小而发生波动。已有的研究发现，这种数量比例包括合作伙伴和欺骗者的比例（Mealey，1995），男性和女性的比例（Fisher，1930），在社会生态环境下争夺有限资源的内群体竞争者和外群体竞争者的分布。已有的数学计算模型显示，这些频率依赖选择都可以维持群体的遗传变异。

总体看来，在满足严格要求的少数情况下，超显性和拮抗基因多效性可以产生遗传变异，而环境异质性和频率依赖选择是产生遗传变异较好的平衡选择机制。在这里，平衡选择机制发生作用的最低要求是有利于在不同条件下产生不同现象型的一组变化的选择压力。这些变化的选择压力必须比其他针对同一特质的单向选择压力更强，而且这些选择压力总是有利于在每种条件下保证一种最佳的特质水平（Turelli & Barton，2004）。如果这个条件得到满足，平衡选择机制将导致两种或者更多类型的现象型（或者是一个现象型的连续体）。由于这些现象型已经不能被选择机制进一步优化，因此它们可以被称为稳定的进化策略（evolutionary stable strategies，ESS）。

五、平衡选择机制的实证检验

根据上述的平衡选择机制，如果环境偏好特定的人格特征，那么我们应该会在特定情境中找到不同于其他情境的普遍的人格特质。换句话说，根据特定的环境，我们能找到拟合该环境的特有的人格特征。对大样本群体来说，首先，文化、地理、语言的影响很难被控制（Eysenck，1982；Lojk et al.，1979；Buss，1999）。其次，拥有不同人格特质的个体会主动寻找充分适合他们的环境（Barrick & Mount，1991；Hettema & Kenrick，1992；Tett et al.，1991）。因此，在大样本群体中，个体差异的分布会比较均衡。这种人格与环境的匹配说明了为什么影响人格特质的等位基因很难通过自然选择被消除，故而群体多样性得以维持。

此外，平衡选择机制预测，选择的平衡会因环境资源的减少而偏好特定的显性性状。为此，有研究者（Camperio Ciani et al.，2004，2007，2010）通过选择意大利几个小岛居民的小样本同质群体来试图验证人格特质进化来源的平衡选择机制。小样本群体需要满足以下条件：（1）要有历史渊源，有足够的时间对该群体进行自然选择；（2）人口规模要充分小（自然选择在小群体中发挥得更好）；（3）社会经济影响足够小；（4）相对隔离（避免外来移民的稀释作用）。下面详细介绍这项系统的研究。

（一）基于小岛居民调查样本的人格进化假说

在这些小样本群体中，三条基因假设的推论期望得到验证或者推翻：（1）中性选择假设认为，与世隔绝的群体会在等位基因的频率上发生漂变，从而不同的孤立群体会产生各自不同的群体特征，而大群体不会有这种基因漂变现象。（2）突变—选择平衡假说认为，除非发生一些外部随机影响，这些小群体与大群体没什么区别。（3）平衡选择假说认为，由于社会经济生态位的大量减少，这些小岛上的小群体的群体特征应该不同于大陆上的大群体的群体特征，因此拥有相似社会经济生态位的小群体的人格进化方向也应该是相似的。

（二）小岛居民和大陆居民的人格差异

1. 调查的群体样本

以下小岛被列入研究范围：北部群岛的吉廖岛（Giglio）、中部群岛的蓬扎岛（Ponza）和文托泰内岛（Ventotene）、南部群岛组成伊奥利亚岛（Aeolian）的所有7个小岛。该研究将小岛的人口与大陆上3个小村庄的人口进行比较，这3个小村庄分别是佩斯卡亚堡（Castiglione della Pescaia，与北部群岛海上相隔约40千米）、加埃塔（Gaeta，与中部群岛海上相隔约48千米)、米拉佐（Milazzo，与南部群岛海上相隔约32千米～64千米)。该研究测查了1784名来自群岛和大陆的居民。每个群岛之间相隔甚远，可分别作为独立样本。不同群岛之间在过去和现在都没有大规模的迁徙，群岛内的迁徙倒是因为距离不远时常发生。这些相比较的群体文化和语言完全相同（Camperio Ciani, Corna, & Capiluppi, 2004），该研究将大陆居民视作对照组，比较大陆居民与群岛居民的人格差异。

所有入选的小岛符合假设中对分离的要求：(1) 由小岛组成，距离海岸16千米～64千米，岛上只有1～2个聚居区；(2) 小岛岛民在16世纪以前被强制从大陆迁移到小岛上，已经经历至少20代；(3) 小岛资源有限，故人口增长率较为恒定，出国移民比例高（Camperio Ciani et al., 2007）。

该研究选取的1784名被试分类如下：(1) 大陆人，生长在面朝群岛的大陆村庄里的人；(2) 移居者，住在小岛上，但祖辈不是在小岛上出生的人；(3) 没有渊源的岛民，祖辈只有1～3代出生在小岛上的人；(4) 有渊源的岛民，祖上至少4代都出生在小岛上的人（Camperio Ciani et al., 2007）。

此外，由于土地和海洋资源有限，这些小岛显示出显著的社会经济生态位的减少。社会环境受限于社区的小规模，交通不便导致岛上居民很少与外界接触。然而在过去几十年里，一些人逐渐移居到小岛上，并且小岛也吸引了一些游客。由此我们可以基于表型可塑性（同一基因型受环境的不同影响而产生的不同表型)检验环境对人格特质的影响。

2. 人格测量及其结果

我们用大五人格形容词量表来测量人格。根据大五人格理论,整体人格有五个互相独立的基本人格维度:外倾性、宜人性、尽责性、神经质、开放性(Costa & McCrae,1992;Goldberg,1990)。跨文化研究显示出这五个维度的一致性(Goldberg,1993)。此外,用这五个维度测量的人格具有跨时间的稳定性(Costa & McCrae,1994,1997)。并且,这五个人格维度显示出与生活经历无关的遗传性(Buss,1991;Lohelin et al.,1998),因此大五人格分析框架适合进化人格研究。

在 1997—2000 年,研究者通过家访在被试的居住地进行调查。为了调查更全面,该研究采用滚雪球取样法。所有被试接受受训过的团队成员的面谈,尽量不让被试意识到研究的真实目的。剔除无效问卷之后,将 993 名小岛居民和 598 名大陆居民进行比较。很多研究发现,人格特质与性别、年龄、受教育水平有关(Costa et al.,2007;Goldberg et al.,1998),因此采用逐步回归分析(Camperio Ciani et al.,2007)。回归分析结果显示,是否居住在小岛上,以及性别、年龄、受教育水平对人格特质存在显著影响,因此使用多因素协方差分析(MANCOVA)将性别、年龄、受教育水平作为协变量进行分析。

统计分析结果表明,在控制了性别、年龄、受教育水平之后，小岛居民和大陆居民的人格特质得分存在显著差异，小岛居民的尽责性和情绪稳定性得分较高，而外倾性和开放性得分较低。宜人性没有显著差异。控制了协变量之后，移民岛民（移居者）和原住民（有渊源的岛民）在开放性上也存在显著差异。

三个配对组具有相似的调查结果。三个群岛的岛民在五个人格特质维度上的得分不存在显著差异。初步的多因素协方差分析（3×2，其中3是指北部、中部、南部；2是指小岛、大陆）表明，在地理位置（北部、中部和南部）上，大五人格维度人格特质得分不存在显著差异；在大五人格的任何维度上不存在地理位置和小岛/大陆之间的交互作用。

这些调查结果表明，来自三个不同群岛的岛民互相独立，显示出一致的人格特征倾向，但是均与大陆居民有不同的人格特征倾向。这个调查结果既驳斥了中性选择假说（其预测由于基因漂变，群岛居民之间会存在差异），也驳斥了突变—选择平衡假说（其预测岛民与大陆居民没有差别），验证了平衡选择假说。进一步分析可知，岛民比大陆居民的尽责性、情绪稳定性水平更高，但外倾性和开放性水平更低。在控制性别、年龄和受教育水平之后，这些差异在三个配对组都很明显。此外，这些差异不能被归结为社会、文化、宗教、历史或语言的差异。这与在地理位置、种族或语言上相去甚远的人群的研究结果是完全不一样的（Eysenck，1982）。我们在三个配对组中找到的相似的差异倾向，并不是由中性选择假设，即并不是由遗传漂变或奠基者效应（founder effect）造成的。这表明它是一种适应性的差异，而不是中性漂变。此外，突变—选择平衡假说在此也不成立，因为该假说认为岛民和大陆居民不会存在显著差异。因此，只有平衡选择假说符合调查结果。

（三）是遗传变异还是个体发展的效应

本研究中环境对人格特质的塑造作用至关重要。两个相反的假设可被用来解释调查结果中的人格差异：（1）他们长期暴露于特定的环境中，形成了一种针对环境影响的表型可塑性（环境假说，Newcomb et al., 1967）；（2）通过渐进的进化选择机制，人格差异已经表现在岛民的基因结构上（基因假说，Plomin et al., 1994）。

将从大陆移居过来并且在岛上生活了一段时间的人与土著岛民进行比较，从两条假说中可以得到不同的预测。根据环境假说，那些从大陆移居过来的人应该使其人格特质接近那些土著岛民，这是因为他们处在同样的环境中。相反，基因假说认为，移民岛民应该会和大陆居民保持一致的基因型，并不会受到岛上环境的影响。

为了验证这两条假说，该研究将土著岛民定义为岛民的一个子集。土著岛民不仅自己出生在岛上，他们的爷爷奶奶、外公外婆也出生在岛上。既然移民是近期才出现的现象，那么可以认为爷爷奶奶、外公外婆都出生在小岛上的人就是小岛的土著居民，这可以从当地登记档案中得以证实（20 代及以上）。

该研究将 624 名土著岛民、193 名移民岛民（平均移民时间为 22.37 年，标准差为 15.50 年）和 598 名大陆居民进行比较。对调查进行多因素协方差分析，将年龄、性别和受教育水平作为协变量。结果发现，移民岛民和大陆居民在 5 个人格维度上都不存在显著差异。这说明移民岛民与大陆居民的人格特征不存在显著差异。但移民岛民比土著岛民更外倾、更宜人、更开放。这种结果普遍存在于三个地区的小岛/大陆中。

移民岛民和大陆居民的人格相似性不能验证环境假说，只能说人格特质对环境变化缺乏灵活的适应性。本研究支持了基因假说。但我们还不能对环境假说盖棺定论，因为也许是早期经验影响了移民岛民（Camperio Ciani et al.，2007）。数据仅仅说明，即使在岛上生活了至少 20 年，移民岛民也没有获得土著岛民的人格特质。

移民岛民的外倾性、开放性、宜人性分数比土著岛民高。这一结果与基于平衡选择过程的基因假说是一致的。该假说认为，即使移民岛民在岛上居住了很长时间，他们也不能获得土著岛民的显性性状，除非他们与土著岛民通婚产生混合基因的后代。该模型认为，平衡选择在产生和维持一系列人格特质的遗传变异上发挥着基础性作用。但是还有一个问题，在这些与世隔绝的小群体岛民中，哪种选择机制使得这些遗传变异得以进化呢？也许以下两个假说可以进一步解释。

(1) 死亡率假说（mortality hypotheses）。即死亡率作为一种选择机制将淘汰那些不能适应当地社会生态环境的个体。死亡率假说是与平衡选择模型对立的。根据平衡选择模型，遗传变异来自基因流动，基因流动优势是由人口迁徙引起的。申等人（Chen et al., 1999）曾经解释死亡率选择机制是如何影响人格进化的。他们调查了世界各地的远距离迁徙群体，这些迁徙活动在人类历史的数百代中都在进行。他们发现，在寻求新异刺激上得分高的人在移民社会中生存得更好，因为他们可以探索和开发更多的资源，从而可以积累更多的力量来提高自己的生存率。而定居者不是通过探索新环境获得资源，而是通过有限的土地精耕细作来获得资源（Netting, 1993）。在适合定居者的社会环境中，寻求新异刺激以及冒险行为会付出很大代价，会被自然选择淘汰。于是他们认为，以上两个群体（迁徙者和定居者）的人格差异可能是基于区分性死亡率的漫长自然选择的结果（Chen et al., 1999）。要验证该假设需要找到以下两个方面的证据：第一，可以找到特定高死亡率的证据；第二，存留下来的岛民与决定移居岛外的人不存在人格差异的证据。

(2) 基因流动假说（gene flow hypotheses）。该研究认为，基因流动是由大批移民造成的。如果对环境的适应是通过移民造成的基因流动形成的，那么我们预测岛民（与大陆居民的死亡率没有差异）在几代之后会变得更加内倾。外倾个体与寻求新异刺激者类似（Benjamin et al.，1996），会有更强烈的移民倾向，因为他们有一种向外的态度，并且对新异环境更加好奇，如果继续在岛上生活，他们很难留下适应性的后代。岛民也会表现出更低的经验开放性，原因在于在只有几平方公里土地面积的小岛上生活，日复一日，年复一年，枯燥乏味，对开放性高的人来说，这里的文化、社会中发挥才智的刺激和机会太少，故外倾性和开放性高的个体会离开小岛。

很显然，验证基因流动假说所需要的证据与死亡率假说的验证证据完全不同：第一，基因流动并不需要高出寻常的死亡率；第二，土著岛民和移居岛外的人的人格差异是至关重要的（Camperio Ciani et al.，2007）。如果有选择地移居岛外是恒定的，而移居岛内的人又很少，那么岛民和大陆居民的人格差异应该会迅速产生。

通过当地天主教社区的出生和死亡记录，追溯到 16 世纪，找不到任何证明存在特别高死亡率的时期（De Fabrizio，2000）。虽然生活艰难，资源有限，但是这些小岛相对安全，并且很少受到大陆地区争端的影响。死亡的人口中大多数是婴儿，但是在大陆地区情况也是这样，很难想象人格差异是由婴儿死亡率模式造成的。此外，调查者计算出，在过去 400 年里，平均每代移民率（移居岛外）大约为 30%（De Fabrizio，2000）。

研究者比较了 209 名出生在岛上，但选择移民的人与 741

名出生在岛上但不打算移民的人的人格特质得分。数据用多因素协方差分析方法分析处理,将年龄、性别、受教育水平作为协变量。结果显示,移居大陆的岛民比一直待在岛上的岛民更外倾、更开放。三个群岛之间的数据没有显著差异。

可以看出,以上调查结果没有证实死亡率假说。此外,微小的死亡率差异对不同人格特质的影响可能需要数百代的时间(该研究达不到)才能产生可测量的效应(De Fabrizio,2000)。威尔逊(Wilson,1975)观测到,理论上人类身上自然选择的变化至少要经过40代。而且只有极少数人群才会出现极端的高死亡率,这与我们的研究条件也大相径庭。

而基因流动假说得到了验证。基因流动需要3个条件:(1)稳定的人格特质导致个体移民倾向的差异,高外倾性和高开放性的个体更具有移民倾向;(2)保守、稳定和封闭的小岛环境导致高外倾性和高开放性个体的移民;(3)外来移民的个体数量极少。事实上,人格特质被证明是相对稳定的。移民者比不移民的土著岛民更具外倾性和开放性。历史报告也指出,移民到不适合生存的小岛上只是偶然现象(De Fabrizio,2000)。综上所述,如果移民出岛的力量强大,基因流动将很快从岛民的基因库中剔除影响高外倾性和高开放性的等位基因。于是,留下来的岛民会渐渐变得保守和内倾。在本研究案例中,移民出岛和基因流动的力量确实很强,上一代差不多有三分之一的人移民离开小岛,这与历史数据吻合(De

Fabrizio, 2000)。与此相反,中和基因流动效应的移民进岛现象的有关历史研究数据很缺乏（De Fabrizio, 2000）。

（四）有关结论的分析

该研究检验了中性选择假说、突变—选择平衡假说以及平衡选择假说。结果只有平衡选择假说得到了证实。该研究发现,岛民和大陆居民在大五人格的四个维度上存在显著差异,这四个维度分别是外倾性、开放性、尽责性、神经质。这样的结果不能被认为是文化和语言差异的副产品,因为地域上的差异已经被控制住了,小岛是和邻近的大陆进行比较。

该研究还发现：（1）移民进岛的岛民后代的外倾性和开放性得分高于土著岛民的后代；（2）移民出岛的岛民外倾性和开放性得分比留下来的土著岛民高。研究者认为,移民出岛的强大力量产生了基因流动,造成岛民基因库的流失。这种基因流动是对地理环境和社会环境被严格限制的小岛生活的适应,内倾、保守的个体选择留下,外倾、开放的个体选择离开小岛。

根据进化心理学家的观点,外倾性和开放性高的个体更可能追求短期伴侣关系。显然小岛上的短期伴侣关系明显少于大陆。因此,寻求短期伴侣关系的动机也会促使开放、外倾的个体离开小岛,从而造成基因流动。

进化心理学家一直对人格特质的个体差异感到困惑,该研究也许可以为这些进化心理学家看待个体差异提供一个新的视角。本研究支持平衡选择假说,揭示了基因流动可能帮助解释人格差异被保存下来的原因（解释群体差异）。在特定的环境下，只有最适合的基因才会被保留下来。

六、平衡选择机制的争议

通过前面对三种进化行为遗传学假设的比较分析以及相关的实证调查研究的验证，我们可以得出这样的结论：相比而言，中性选择机制只能解释极少特质的遗传变异来源，突变—选择平衡机制可以解释少数特质的遗传变异来源，譬如智力因素，而平衡选择机制的解释力相对要大得多，它可以解释大多数人格特质的遗传变异来源。不过，近年来的一些研究和思考似乎又在挑战平衡选择机制的优势效应。

（一）全基因组关联研究（GWAS）带来的困惑

平衡选择理论认为，基于进化选择的机制，多数基因突变会因为其适应功能的无效性而被选择机制剔除，只有少数可能具有适应价值的基因突变能够被保留下来。由于平衡选择机制的作用，可能主要是环境异质性的作用或者频率依赖选择的作用，被保留下来的少数遗传变异并不会最终进化成单一的种属普遍性的基因结构和相应的单一的性状和特质，而是最终构成某些性状或者特征的遗传变异的多样性的进化结果。由此可见，从平衡选择理论来看，进化的作用总会使性状和特质的大多数变异集中在一个或者少数几个基因座上，而不是像突变—选择平衡机制假设的那样，某一特质或者性状会由多个等位基因或者等位基因组序列来控制（Kopp & Hermisson, 2006）。于是，在某些性状和特质的变化发展过程中，这些关键的基因座也成为控制其变化发展的开关（Penke, Denissen, & Miller, 2007）。

实际情况中也确实有这样的案例。譬如，通过平衡选择维持性别比例，因此哺乳动物的性别分化进化仅由一个主基因（Y染色体上的SRY基因）控制。此外，免疫防御系统的生物化学变化是在平衡选择（频率依赖）下抵御快速进化的病原体，因此这些变异已经发展为由6号染色体上约140个主要组织相容性复合体（MHC）基因的局部簇控制（Oliver & Piertney, 2006）。与平衡选择一致，MHC多样性在暴露于较高病原体负荷下的人群中较高（Prugnolle, Manica, Charpentier, Guégan, Guernier, & Balloux, 2005）。总体上，平衡选择会产生一个"等位基因谱"（allelic spectrum），在一个或者几个基因座上，这个等位基因谱倾向于出现几个高频率的等位基因（Reich & Lander, 2001）。

于是，基于平衡选择机制，研究者可能期望在大多数心理特征和生物性状上都有类似的结果：主效应基因在连锁和关联分析（linkage and association studies）中应该很容易被找到，特别是在全基因组关联研究中似乎很有希望被找到。复杂人类特征的全基因组关联研究在识别表征性状的主要基因座方面越来越成功，这可能有利于与该特征相关的疾病的生物医学研究。"昂飞公司（Affymetrix）全基因组人类 SNP 阵列 6.0"是广泛应用于全基因组关联研究的 DNA 芯片，可以为每个个体的基因型鉴定 180 万个遗传标记，包括约 90 万个单核苷酸多态性（SNPs）和约 95 万个拷贝数变体。然而，复杂人类特征的全基因组关联研究迄今令人非常失望，它识别的基因座的遗传变异比例通常低于 2%（Maher，2008）。

到目前为止，尽管过去几年全基因组关联研究的作用有所加强，但即使是最热门的研究综述（例如，Altshuler, Daly, & Lander, 2008）也表明，这些百万分之一的单核苷酸多态性中只有约 150 个显示出与人类特征或疾病有稳定的关联。例如，《自然》杂志中一篇引人注目的论文，共 150 多位共同作者，声称代表"全基因组关联研究方法的彻底验证"，自发表以来 18 个月内被引用了 600 多次，实际上只发现了 24 个 SNP（在 50 万个样本中）显示与 7 种主要的心理或生理疾病有统计学意义的联系（Burton et al., 2007）。即使将在全基因组关联研究中发现的几个复制等位基因聚合，也只能解释很小比例的特征差异。对于生理学上的身高特征（Visscher et al., 2007），心理学上的智力特征（Butcher, Davis, Craig, & Plomin, 2008），以及大五人格特质等，更是难以在平衡选择机制作用下找到相应的等位基因。更直接的遗传方法也发现，主要组织相容性复合体外部的基因座似乎很少处于平衡选择之下。全基因组关联研究革命还在进行中，一些可复制的遗传变异迟早会被发现，总体而言，可以解释一些心理特征5%至10%的遗传变异。然而，即使是最热衷于全基因组关联研究的人员也认识到存在一个"遗传力遗失"的大问题（Maher，2008）。如果大多数心理特征至少是中度遗传的，那么为什么难以发现证明它们遗传可能性的特定基因呢？

（二）普遍的相互联系和适应相关性带来的矛盾

基于平衡选择理论，如果不同的特质是在不同生存和繁殖领域中受到不同选择压力而进化设计的不同的适应性策略，那么通过平衡选择作用进化出来的这些特质应该属于完全不同的维度空间，它们之间应该没有多大的关联。例如，如果外倾性差异反映了性福利与事故风险之间的权衡（Nettle，2005），开放性差异反映了群体外社会互动的福利与群体外病原体感染风险之间的权衡（Schaller & Murray，2008），如果这四个因子（性福利、事故风险、社会福利、病原体危险）在人类远古社会条件下没有可靠的共同变化，那么外倾性与开放性应该不存在相关。

但是，近年来有研究证据表明，几乎所有的心理特征至少表现出中等程度的相关性（r在0.1～0.3之间）（Miller，2011）。譬如，有调查表明，社会吸引力、性吸引力、社会地位、学业成绩、经济成功和生殖成功等几种心理和行为特征之间都存在显著的正相关。又譬如，所有的认知能力成分之间也存在正相关，这些认知成分可以聚合成一般智力因素（G因素），构成从一般智力到具体智力成分的因素分层结构模型（Jensen，1998）。类似的因素分层结构模型对于人格特征也应该是适用的。在大五人格因素模型中，五个人格因素也存在着一定程度的正相关，于是，进一步的因素分析又可以归纳出两个相关的高阶因子：稳定性（stability）（跨越尽责性、宜人性和情绪稳定性）和可塑性（plasticity）（跨越开放性和外倾性）（DeYoung，2006；Digman，1997）。由于这两个高阶因子存在相关性，因此可以通过归纳，产生一个单一的一般人格因子（general factor of personality，GFP）（Figueredo，Vásquez，Brumbach，& Schneider，2007）。

心理疾病的并发症现象使我们发现，精神病理学的分类体系也适用于因素分层结构模型。譬如，人格障碍就是大五人格特质极端情况的表现（Markon，Krueger，& Watson，2005；Widiger & Trull，2007），其中，极端的外倾性可能与表演型人格障碍有关，极端的内倾性可能与回避型人格障碍有关，极端的神经质人格可能与戏剧性人格障碍有关，极端低的宜人性可能与偏执型人格障碍有关。由于五种人格因素的相关性，这些人格障碍之间也存在相关，从而表现出人格障碍的并发症现象（Krueger & Markon，2006）。

另外，还有一些更新的证据表明，人类个体差异的所有主要因素可能都适用于一个统一的因素分层结构模型。在这个统一的模型中，适应因子（fitness factor）（代表一般的遗传质量）构成G因素、GFP因素和心理健康因素三个因素的一般上层结构因素（Keller & Miller，2006；Miller，2007）。这个适应因子可能是身体对称性、外表吸引力、身体健康、生殖能力等身体发育因素的上层结构因素。尽管这个几乎囊括所有心理因素和身体因素的大一统的因素分层结构模型还存在很大的争议，但是这个大一统模型概括出来的"适应因子"总因素能够明确地体现择偶过程中的"好基因"策略。

在解释人类个体差异的来源方面，平衡选择机制在很大程度上是定向的自然选择机制的有益补充。在进化心理学的框架中，定向选择机制的作用是导致人类普适性的适应机制。不过，在生存和繁殖两个总任务下，人类的进化过程会衍生出很多具体的适应性问题，也会进化出解决这些具体的适应性问题的大量的适应机制。在心理机制层面，是否具有一般的通用性心理机制，可以将所有具体的心理机制囊括进来，构成一个所谓的大一统适应因子的结构模型，一直是进化心理学中存有很大争议的问题。而平衡选择机制作为定向选择机制的有益补充，旨在从进化遗传学角度，通过解释遗传与环境具体的交互作用机制来解释个体差异的遗传变异来源。本质上，它试图从进化遗传学角度揭示某些人格特质遗传变异的多样性，进而从基因的多效性来解释个体差异的来源。理论上，它只能解释某些特质为什么由少数基因变异控制，而不能解释这些由基因变异控制的不同特质之间是否有某种遗传变异上的关联。因此，研究者认为，基于平衡选择机制，不同选择压力条件下产生的不同特质（适应性策略）是否存在一定的关联，这不是平衡选择机制甚至不是进化遗传学的各种机制能够解释的。

（三）行为的适应灵活性的挑战

毫无疑问，进化遗传学试图寻找行为特征个体差异的进化遗传方面的依据，相对来说，平衡选择机制对这些行为特征的个体差异来源的进化遗传学解释比较合理。这些解释的基本原理是，来源于遗传变异的个体差异之所以具有进化学上的合理性，是因为这些个体差异在其形成的过程中迎合了环境选择压力的要求，契合了多样性的社会生态环境特点。当然这些在遗传与环境的交互作用基础上形成的个体差异，也为个体将来进一步适应环境提供了素质基础。一般情况下，拥有什么样的人格特质，就会倾向于采用什么样的适应性策略。

但是，对人类来说，当我们根据当前环境的特点选择恰当的行为策略时，就已经具有相当的行为灵活性和人类大脑智能水平的策略性。当然，已有的研究告诉我们，人类已经进化出三个层面的适应机制：第一，人类进化了被喻为"硬连线"（hardwired）的遗传多样性，其功能是为人类更好地适应复杂的、多样的环境提供多样性的遗传素质基础。第二，人类进化了被喻为"软连线"（softwired）的发展可塑性，即在某些敏感时期，个体通过对环境线索的敏感察觉而发展出更具有差异性的个人行为特征和适应性行为策略（生活史策略）（Figueredo et al., 2006)。第三,人类进化出灵活的决策机制,即我们可以根据当前环境线索提供的输入信息,经由相应的信息加工过程,选择恰当的行为反应策略。以上三个层面的机制,硬连线的遗传多样性,对产生特定的表型(譬如男性或者女性的体态)具有重要的影响;软连线的发展可塑性,对形成一种什么样的个人成长路径(不同的生活史策略可能有不同的人生发展路径)具有重要的影响;对于随时出现的、大量的、具体的适应性问题,只有在对当前问题信息进行敏感察觉的基础上,产生灵活的行为决策机制才能加以解决。在这里,基于平衡选择机制进化出来的遗传多样性似乎没有多大的功效。

如何利用心理层面的变化来应对外界环境的变化?人类具有足够的心理和行为上的灵活性,而基于进化遗传层面的心理设计可能是比较薄弱的一个方面。当认知挑战增加时,我们会通过更细致的、更努力的、更长久的思考来促进我们有效的智力水平(Andrews,Aggen,Miller,Radi,Dencoff,& Neale,2007)。当我们通过充分学习而形成牢固的技能和习惯时,我们就能够自动地、快捷而无意识地采取行动。相反,当面临一些新的情境并且需要我们利用不同人格特质的功能时,我们可以通过情绪唤醒改变自己的意识状态,譬如战斗时的愤怒(低宜人性的启动),社交时的友好(外倾性的启动),追求爱情时的自由奔放(开放性的启动)。有研究者质疑,我们已经有了适应灵活性和环境敏感性的情绪功能,为什么还需要具有相应的基因频率偏向的遗传变异以及在此基础上形成的具有固定行为倾向的人格特质呢？很显然，情绪状态引发的反应灵活性要优于可遗传的人格特质的适应效用。

从某种意义上说，具有最强适应性的人类可能没有稳定的认知、人格或者精神病理方面的特征，而只有将当前的反应模式与当前的环境挑战相匹配的精致的适应灵活性。那么，将遗传多样性与行为灵活性相连接的"硬连线"有什么进化上的益处呢？对昆虫来说，适应环境也许需要通过平衡选择进化出相应的、固定的行为机制，而对灵长类动物（尤其是人类）来说，只需要进化出新的心理适应机制，即对环境变化非常敏感的新的应对方式。很显然，人类短期的灵活适应性来源不能通过人格特质的遗传变异得到解释。于是，自然就会有人质疑试图解释人格特质来源的平衡选择机制的合理性。

七、评价与展望

近二十多年来，基于进化适应的基本原理，进化心理学已经取得很大的进展，包括对适应问题的探讨和确认，对可能的心理适应机制的探究，以及通过实证调查对这些心理适应机制的进化设计特征的验证（Andrews，Gangestad，& Matthews，2002）。其中，进化遗传学通过对人格个体差异的遗传变异来源的研究为进化心理学的发展作出了独特的贡献。

行为遗传学研究已经清晰地表明，人类的个体差异，尤其是人格上的个体差异，在很大程度上来自人类的遗传变异因素。进化遗传学理论的基本贡献在于它试图回答这样一个基本问题，即人类这些遗传变异因素是如何产生的。回顾前面介绍的三种进化遗传学理论，我们可以得出以下基本结论：（1）遗传变异来自突变—选择平衡机制。在进化过程中，不断出现的、轻微有害的基因突变和反向的选择淘汰作用之间的平衡维持了种群内的遗传变异。（2）生物的、物理的和社会的环境变化导致进化过程中选择压力的变化，而这些选择压力的时空上的波动导致与之相匹配的基因结构的变化。即在不同的环境压力下形成的差异化的选择机制导致种群中的遗传变异。两种进化遗传机制决定了它们所影响的心理特质的结构和属性。根据前面的阐述，总体来看，突变—选择平衡机制可能对认知能力的遗传变异有极大的贡献，而平衡选择机制主要影响大多数人格特质的遗传变异来源。在这里，从进化遗传学角度来看，认知能力可以被看作认知适应性成分，它是有害的突变和适应的进化选择机制妥协的结果，因此在人类的认知结构进化过程中，偶尔也会有认知的非适应成分的存在，即所谓认知障碍的偶然出现。人格特质则可以被看作拟合环境要求从而导致适应结果的反应标准（reaction norm），因此在不同的环境中可能有不同的反应标准，从而在不同的环境中，不同的人格特质有不同的适应优势（Penke et al., 2007）。

进化遗传学本身也处在不断快速进化的过程中。其实，我们以上综述的与进化人格心理学密切相关的进化遗传学理论也在不断地受到挑战,可能也会不断地被修正或者拓展。近年来,有些研究者认为,正如人类的进化过程还是一个进行时,那些试图揭示人类远古时期的适应问题和进化机制的进化遗传学理论本身可能也面临着不断出现的新的证据的挑战。如果我们认真对待全新世时期(Holocene)以来人类进化持续并加速的过程,我们就必须重新考虑传统进化理论的两个基本假设:(1)更新世时期(Pleistocene)的进化适应环境是理解个体差异最新的、相关的进化环境;(2)进化均衡模型(中性选择模型、突变—选择平衡模型和平衡选择模型)是解释人类特质遗传变异来源的最合适的理论。在更接近今天的人类进化进程中,由于人口密度增大,社会竞争和性竞争更激烈,有害病原体危害更大,与技术相关的危害更多,以及交配选择策略更多,因此人类基因结构中适应性等位基因的频率变化也会加速,人类身上那些最重要的心理特征也面临着强烈的选择性清理(selective sweeps)。进化理论家还不知道怎样提出新的整合模型,以便在试图整合进化均衡模型的基础上解释人类晚近时期的快速进化过程。在未来的研究中,进化人格心理学的主要挑战是开发出新的进化遗传模型,以试图解释持续进行的后更新世时期(Post-Pleistocene)人类进化的重要性和特殊性。

如果全新世时期以来的选择性清理确实能够解释大多数心理特质的个体差异,那么这将对未来几个层面的研究产生影响。在分子遗传学层面上，我们可以认为，智力、人格和心理健康特质的大部分变化是由总体的突变负荷引起的，而不仅仅是由几个基因座上的等位基因的变异引起的（Keller & Miller, 2006）（后者是平衡选择模型的观点和GWAS基因捕捉方法的观点）。在神经遗传学层面上，我们可以认为，是总体的突变负荷影响整体的神经发育的稳定性（Prokosch, Yeo, & Miller, 2005），而不是特定的等位基因对特定皮层区域、神经递质系统或神经纤维束具有明显效应。在心理测量学层面上，我们可以认为，所有可靠的、可测量的心理特质都可以被整合到跨越智力、人格和精神病理特征等心理功能成分的整体的层次结构中，而不是像以前那样被分为认知的、情绪的、动机的和意识的等各种独立的心理功能成分。最后，在社会学层面上，对突变负荷和选择机制的重新认识对理解人类心理的多样性非常重要，它将导致研究者重新思考道德哲学、社会政治意识形态、生物伦理学中的一系列问题（Miller, 2011）。

参考文献

田丽丽，张权权，吴海勇. (2009). 个体智力与人格的差异：进化遗传学的视角. 心理发展与教育，25（2），121—125.

王文. (2007). 进化遗传学与基因组学. 科学观察 (4), 24—29.

Amarall, P.P., Dinger, M.E., Mercer, T.R., & Mattick, J.S. (2008). The eukaryotic genome as an RNA machine. *Science*, *319* (5871), 1787—1789.

Altshuler, D., Daly, M.J., & Lander, E.S. (2008). Genetic mapping in human disease. *Science*, *322* (5903), 881—888.

Andrews, P.W., Aggen, S.H., Miller, G.F., Radi, C., Dencoff, J.E., & Neale, M.C. (2007). The functional design of depression's influence on attention: A preliminary test of alternative control-process mechanisms. *Evolutionary Psychology*, *5* (3), 584—604.

Andrews, P.W., Gangestad, S.W., & Matthews, D. (2002). Adaptations: How to carry out an exaptationist program. *Behavioral and Brain Sciences*, *25*, 489—553.

Baca-Garcia, E., Vaquero-Lorenzo, C., Diaz-Hernandez, M., et al. (2007). Association between obsessive-compulsive disorder and a variable number of tandem repeats polymorphism in intron 2 of the serotonin transporter gene. *Progress in Neuro-psychopharmachology and Biological Psychiatry*, *31* (2), 416—420.

Bamshad, M., & Wooding, S.P. (2003). Signatures of natural selection in the human genome. *Nature Reviews Genetics*, *4*, 99—111.

Barrick, M. R., & Mount, M. K. (1991). The big five personality dimension and job performance a meta-analysis. *Personnel Psychology*, *44*, 1—26.

Bartel, D.P. (2004). MicroRNAs: Genomics, biogenesis, mechanism, and function. *Cell*, *116* (2), 281—297.

Benjamin, J., Li, L., Patteron, C., Greenberg, B.D., Murphy, D.L & Hamer, D.H. (1996). Population and familial association between the D4 dopamine receptor gene and measures of Novelty Seeking. *Nature Genetics*, *12*, 81—84.

Bouchard, T. J., & Loehlin, J. C. (2001). Genes, evolution, and personality. *Behavior Genetics*, *31*, 243—273.

Boyko, A.R., Williamson, S.H., Indap, A.R., Degenhardt, J.D., Hernandez, R. D., Lohmueller, K. E., et al. (2008). Assessing the evolutionary impact of amino acid mutations in the human genome. *PLoS Genetics*, *4* (5), 1—13.

Bubb, K.L., Bovee, D., Buckley, D., Haugen, E., Kibukawa, M., Paddock, M., et al. (2006). Scan of human genome reveals no new loci under ancient balancing selection. *Genetics*, *173* (4), 2165—2177.

Burton, P.R., Clayton, D.G., Cardon, L.R., Craddock, N., Deloukas, P., Duncanson, A., et al. (2007). Genome-wide association study of 14,000 cases of seven common diseases and 3,000 shared controls. *Nature*, *447* (7145), 661—678.

Buss, D.M. (1991). Evolutionary personality psychology. *Annual Review of Psychology*, *42*, 459—491.

Buss, D.M. (1997). Evolutionary foundations of personality. In R.Hogan, J.Johnson, & S.Briggs (Eds.), *Handbook of personality psychology* (pp. 317—344). San Diego: Academic Press.

Buss, D.M. (1999). *Evolutionary psychology: The new science of the mind*. Needham Heights, MA: Allyn & Bacon.

Buss, D. M. (2006). The evolutionary genetics of personality: Does mutation load signal relationship load? *Behavioral and Brain Sciences*, *29*, 409.

Buss, D.M., & Barnes, M. (1986). Preferences in human mate selection. *Journal of Personality and Social Psychology*, *50*, 559—570.

Butcher, L.M., Meaburn, E., Knight, J., Sham, P.C., Schalkwyk, L.C., Craig, I.W., et al. (2005). SNPs, microarrays and pooled DNA: Identification of four loci associated with mild mental impairment in a sample of 6000 children. *Human Molecular Genetics*, *14*, 1315—1325.

Butcher, L.M., Davis, O.S.P., Craig, I.W., & Plomin, R. (2008). Genome-wide quantitative trait locus association scan of general cognitive ability using pooled DNA and 500K single nucleotide polymorphism microarrays. *Genes, Brain and Behavior*, *7*, 435—446.

Campbell, A. (1999). Staying alive: Evolution, culture, and women's intrasexual aggression. *Behavioral and Brain Sciences*, *22*, 203—214.

Camperio Ciani, A., Corna, F., & Capiluppi, C. (2004). Evidence for maternally inherited factors favoring male homosexuality and promoting female fecundity. *Proceedings of the Royal Society of London Series B-Biological Science*, *271*, 2217—2221.

Camperio Ciani, A., Capiluppi, C., Veronese, A., & Sartori, G. (2007). The adaptive value of personality differences revealed by small island population dynamics. *European Journal of Personality*, *21*, 3—22.

Camperio Ciani, A.S., & Capiluppi, C. (2010). Gene Flow by Selective Emigration as a Possible Cause for Personality Differences Between Small Islands and Mainland Populations. *European Journal of Personality*, *24*, 1—13.

Camper Mancini, A. (2011). Testing the evolutionary genetics of personality: Do balanced selection and gene flow cause geneticallyadapted personality differences in human populations? In D. M. Buss & P. H. Hawley (Eds.), *The evotution of personality and individual differences* (pp.425—450). New York: Oxford University Press.

Chen, C., Burton, M., Greenberger, E., & Dmitrieva, J. (1999). Population migration and the variation of dopamine D4 receptor (DRD4) allele frequencies around the globe. *Evolution and Human Behavior*, *20*, 309—324.

Cosmides, L., & Tooby, J. (2005). Neurocognitive Adaptations Designed for Social Exchange. *The Handbook of Evolutionary Psychology*. New Jersey: John Wiley & Sons, Inc.

Comings, D.E., Wu, S., Rostamkhani, M., McGue, M., Iacono, W.G., Cheng, L.S.C., et al. (2003). Role of the cholinergic muscarinic 2 receptor (CHRM2) gene in cognition. *Molecular Psychiatry*, *8*, 10—11.

Costa, P.T., Jr., & McCrae, R.R. (1992). Revised NEO Personality Inventory (NEO-PI-R) and NEO Five-Factor Inventory (NEO-FFI) professional manual. Odessa, FL: Psychological Assessment Resources.

Costa, P.T., Jr., & McCrae, R.R. (1994). Set like plaster? Evidence for stability of adult personality. In T. F. Heatherton & J. L. Weinberg (Eds.), *Can personality change?* (pp.21—40). Washington, DC: American Psychological Association.

Costa, P.T., Jr., & McCrae, R.R. (1997). Longitudinal stability of adult personality. In R.Hogan, J.Johnson, & S.Briggs (Eds.), *Handbook of personality psychology* (pp.269—290). San Diego, California: Academic press.

Costa, P.T., Jr., Terracciano, A., Uda, M., Vacca, L., Mameli, C., Pilia, G., et al. (2007). Personality traits in Sardinia: Testing founder population effects on trait means and variances. *Behavior Genetics*, *37*, 376—387.

Crnokrak, P., & Roff, D.A. (1995). Dominance variation: Associations with selection and fitness. *Heredity*, *75*, 530—540.

De Fabrizio, E. (2000). *L'ecotipo umano dell'isola del Giglio*. Isola del Giglio, GR (Italy): Centro di Osservazione Ecologica.

DeYoung, C.G. (2006). Higher-order factors of the Big Five in a multi-informant sample. *Journal of Personality and Social Psychology*, *91*, 1138—1151.

Digman, J.M. (1997). Higher-order factors of the Big Five. *Journal of Personality and Social Psychology*, *73*, 1246—1256.

Ducci, F., Enoch, M.A., Hodgkinson, C., Xu, K., Catena, M., Robin, M.W., & Goldman, D. (2008). Interaction between a functional MAOA locus and childhood sexual abuse predicts alcoholism and antisocial personality disorder in adult women. *Molecular Psychiatry*, *13*, 334—347.

Eaves, L.J., Heath, A.C., Neale, M.C., Hewitt, J.K., & Martin, N.G. (1998). Sex differences and non-additivity in the effects of genes on personality. *Twin Research*, *1*, 131—137.

Eaves, L.J., Martin, N.G., Heath, A.C., & Hewitt, J.K. (1990). Personality and reproductive fitness. *Behavior Genetics*, *20*, 563—568.

Ebstein, R.P. (2006). The molecular genetic architecture of human personality: Beyond self-report questionnaires. *Molecular Psychiatry*, *11*, 427—445.

Ebstein, R.P., Novick, O., Umansky, R., Priel, B., Osher, Y., Blaine, D., et al. (1996). Dopamine D4 receptor (D4DR) exon III polymorphism associated with the human personality trait of novelty seeking. *Nature Genetics*, *12*, 78—80.

Ellegren, H. (2007). Characteristics, causes and evolutionary consequences of male-biased mutation. *Proceedings of the Royal Society of London B*, *274*, 1—10.

Ellis, B.J., Jackson, J.J., & Boyce, W.T. (2006). The stress response system: Universality and adaptive individual variation. *Developmental Review*, *26*, 175—212.

Endler, J.A. (1986). *Natural selection in the wild*. Princeton, NJ: Princeton University Press.

Enoch, M.A., Xu, K., Ferro, E., Harris, C.R., & Goldman, D. (2003). Genetic origins of anxiety in women: A role for a functional catechol-O-methyltransferase polymorphism. *Psychiatric Genetics*, *13*, 33—41.

Euler, H.A., & Voland, E. (2001). The reception of sociobiology in Germany psychology and anthropology. In S. A. Peterson & A. Somit (Eds.), *Evolutionary approaches in the behavioral sciences: Toward a better understanding of human nature* (pp. 277—286). Amsterdam, Holland: Elsevier/JAI.

Evans, P. D., Gilbert, S. L., Mekel-Bobrov, N., Vallender, E. J., Anderson, J.R., Vaez-Azizi, L.M., et al. (2005). Microcephalin, a gene regulating brain size, continues to evolve adaptively in humans. *Science*, *309*, 1717—1720.

Evans, P.D., Vallender, E.J., & Lahn, B.T. (2006). Molecular evolution of the brain size regulator genes CDK5RAP2 and CENPJ. *Gene*, *375*, 75—79.

Eysenck, H.J. (1982). The biological basis of cross-cultural differences in personality: Blood group antigens. *Psychological Report*, *51*, 531—540.

Eyre-Walker, A., & Keightley, P.D. (2007). The distribution of fitness effects of new mutations. *Nature Reviews Genetics*, *8* (8), 610—618.

Feuk, L., Carson, A.R., & Scherer, S.W. (2006). Structural variation in the human genome. *Nature Reviews Genetics*, *7*, 85—97.

Falconer, D.S. (1989). *Introduction to quantitative genetics*. London: Longman.

Figueredo, A.J., Sefcek, J.A., Vásquez, G., Brumbach, B.H., King, J.E., & Jacobs, W.J. (2005). Evolutionary personality psychology. In D.M.

Buss (Ed.), *The handbook of evolutionary psychology* (pp.851—877). Hoboken, NJ: Wiley.

Figueredo, A.J., Vásquez, G., Brumbach, B.H., & Schneider, S.M.R. (2004). The heritability of life history strategy: The K-factor, covitality, and personality. *Social Biology*, *51*, 121—143.

Figueredo, A.J., Vásquez, G., Brumbach, B.H., Schneider, S.M.R., Sefcek, J.A., Tal, I.R., et al. (2006). Consilience and life history theory: From genes to brain to reproductive strategy. *Developmental Review*, *26*, 243—275.

Figueredo, A.J., Vásquez, G., Brumbach, B.H., Sefcek, J.A., Kirsner, B.R., & Jacobs, W.J. (2005). The K-factor: Individual differences in life history strategy. *Personality and Individual Differences*, *39*, 1349—1360.

Figueredo, A.J., Vásquez, G., Brumbach, B.H., & Schneider, S.M.R. (2007). The k-factor, covitality, and personality. *Human Nature*, *18*(1), 47—73.

Fisher, R.A. (1930). *The genetical theory of natural selection*. Oxford, UK: Oxford University Press.

Frank, S.A., & Slatkin, M. (1992). Fisher's fundamental theorem of natural selection. *Trends in Ecology and Evolution*, *7*, 92—95.

Funder, D.C. (2000). Gone with the wind: Individual differences in heuristics and biases undermine the implication of systematic irrationality. *Behavioral and Brain Sciences*, *23*, 673—674.

Funder, D.C. (2006). Towards a resolution of the personality triad: Persons, situations and behaviors. *Journal of Research in Personality*, *40*, 21—34.

Funder, D.C. (in press). Personality, situations, and person-situation interactions. In L.Pervin, O.John, & R.Robins (Eds.), *Handbook of personality research* (3rd ed.). New York: Guilford.

Gangestad, S.W., & Simpson, J.A. (2000). The evolution of human mating: Trade-offs and strategic pluralism. *Behavioral and Brain Sciences*, *23*, 573—644.

Gangestad, S.W., & Yeo, R.W. (1997). Behavioral genetic variation, adaptation and maladaptation: An evolutionary perspective. *Trends in Cognitive Science*, *1*, 103—108.

Gangestad, S.W. (2011). Evolutionary Process Explaining the genetic variance in personality: An exploration of Scenarious. In D.M. Buss & P.H. Hawley (Eds.), *The evolution of personality and individual differences* (pp.338—375). New York: Oxford University Press.

Goldberg, L.R. (1990). An alternative "description of personality": The big five factor structure. *Journal of Personality and Social Psychology*, *59* (6), 1216—1229.

Goldberg, L.R. (1993). The structure of phenotypic personality traits. *American Psychologist*, *48* (1), 26—34.

Goldberg, L.R., Sweeney, D., Merenda, P.F., & Hughes, J.E., Jr. (1998). Demographic variables and personality: The effects of gender, age, education, and ethnic/racial status on self-descriptions of personality attributes. *Personality and Individual Differences*, *24* (3), 393—403.

Goldberg, T.E., Egan, M.F., Gscheidle, T., Coppola, R., Weickert, T., Kolachana, B.S., et al. (2003). Executive subprocesses in working memory: Relationship to catechol-O-methyltransferase Val158Met genotype and schizophrenia. *Archive of General Psychiatry*, *60*, 889—896.

Gorlov, I.P., Gorlova, O.Y., Sunyaev, S.R., Spitz, M.R., & Amos, C.I. (2008). Shifting paradigm of association studies: Value of rare single-nucleotide polymorphisms. *American Journal of Human Genetics*, *82*, 100—112.

Hedrick, P.W. (1999). Perspective: highly variable loci and their interpretation in evolution and conservation. *Evolution*, *53* (2), 313.

Hettema, J., & Kenrick, D.T. (1992). Modelli di interazione persona-situazione. In G.V. Caprara & G.L. Van Heck (Eds.), *Modern personality psychology: Critical review and new directions* (pp.575—608). Italian Edition London: Harvester Wheatsheaf.

Houston, A.I., & McNamara, J.M. (1992). Phenotypic plasticity as a state-dependent life history decision. *Evolutionary Ecology*, *6*, 243—253.

Jang, K.L., Livesley, W.J., Angleitner, A., Riemann, R., & Vernon, P.A. (2002). Genetic and environmental influences on the covariance of facets defining the domains of the five-factor model of personality. *Personality and Individual Differences*, *33*, 83—101.

Jang, K.L., Livesley, W.J., Riemann, R., Vernon, P., Hu, S., Angleitner, A., et al. (2001). Covariance structure of neuroticism and agreeableness: A twin and molecular genetic analysis of the role of the serotonin transport gene. *Journal of Personality and Social Psychology*, *81*, 295—304.

Jensen, A.R. (1998). *The g factor: The science of mental ability*. Westport, CT: Praeger.

Kaplan, H.S., & Gangestad, S.W. (2005). Life history theory and evolutionary psychology. In D.M.Buss (Ed.), *The handbook of evolutionary psychology* (pp.68—95). New York: Wiley.

Keightley, P.D., & Eyre-Walker, A. (1999). Terumi mukai and the riddle of deleterious mutation rates. *Genetics*, *153* (2), 515—523.

Keightley, P.D., & Gaffney, D.J. (2003). Functional constraints and frequency of deleterious mutations innoncoding dna of rodents. *Proceedings of the National Academy of Sciences of the United States of America*, *100* (23), 13402.

Keightley, P.D., Lercher, M.J., & Eyre-Walker, A. (2005).Evidence of widespread degradation of gene control regions in hominid genomes. *PLoS Biology*, *3* (2), 1—7.

Keller, M.C., & Coventry, W.L. (2005). Quantifying and addressing parameter indeterminacy in the classical twin design. *Twin Research and Human Genetics*, *8*, 201—213.

Keller, M.C., Coventry, W.L., Heath, A.C., & Martin, N.G. (2005). Widespread evidence for non-additive genetic variation in Cloninger's and Eysenck's personality dimensions using a twin plus sibling design. *Behavior Genetics*, *35*, 707—721.

Keller, M.C., & Miller, G. (2006). Resolving the paradox of common, harmful, heritable mental disorders: Which evolutionary genetic models work best? *Behavioral and Brain Sciences*, *29*, 385—452.

Keller, M.C., Howrigan, D.P., & Simonson, M. (2011). Theory and methods in evolutionary behavioral genetics. In D.M. Buss & P.H. Hawley (Eds.), *The evolution of personality and individual differences* (pp.280—302). New York: Oxford University Press.

Kendler, K.S., & Eaves, L. (1986). Models for the joint effect of genotype and environment on liability to psychiatric illness. *American Journal of Psychiatry*, *143*, 279—289.

Kenrick, D.T., Groth, G.E., Trost, M.R., & Sadalla, E.K. (1993). Integrating evolutionary and social exchange perspectives on relationships: Effects of gender, self-appraisal, and involvement level on mate selection criteria. *Journal of Personality and Social Psychology*, *64*, 951—969.

Kopp, M., & Hermisson, J. (2006). Evolution of genetic architecture under frequency-dependent disruptive selection. *Evolution*, *60*, 1537—1550.

Krueger, R.F., & Markon, K.E. (2006). Understanding psychopathology: Melding behavior genetics, personality, and quantitative psychology to develop an empirically based model. *Current Directions in Psychological Science*, *15*, 113—117.

Lohelin, J.C., McCrae, R.R., Costa, P.T.Jr., & John, O.P. (1998). Heritabilities of common and measure-specific components of the big five personality factors. *Journal of Research in Personality*, *32*, 431—453.

Lojk, L., Eysenck, S.B.& Eysenck, H.J. (1979). National differences in personality: Yugoslavia and England. *British Journal of Psychology*, *70*, 381—387.

Lynch, M., & Hill, W.G. (1986). Phenotypic evolution by neutral mutation. *Evolution*, *40* (5), 915—935.

Lynch, M., & Walsh, B. (1998). *Genetics and analysis of quantitative traits*. Sunderland. MA: Sinauer Associates.

MacDonald, K. (1995). Evolution, the five factor model, and levels of personality. *Journal of Personality*, *63*, 525—567.

MacDonald, K. (2005). Personality, evolution, and development. In R.

Burgess & K.MacDonald (Eds.), *Evolutionary perspectives on human development* (2nd ed., pp.207—242). Thousand Oaks, CA: Sage.

Maher, B. (2008). Personal genomes: The case of the missing heritability. *Nature*, *456* (7218), 18—21.

Malhotra, A.K., Kestler, L.J., Mazzanti, C., Bates, J.A., Goldberg, T. E., & Goldman, D. (2002). A functional polymorphism in the COMT gene and performance on a test of prefrontal cognition. *American Journal of Psychiatry*, *159*, 652—654.

Markon, K.E., Krueger, R.F., & Watson, D. (2005). Delineating the structure of normal and abnormal personality: An integrative hierarchical approach. *Journal of Personality and Social Psychology*, *88*, 139—157.

McCrae, R.R. (1996). Social consequences of experiential openness. *Psychological Bulletin*, *120*, 323—337.

McCrae, R.R., & Allik, J. (2002). *The five-factor model of personality across cultures*. Berlin: Springer.

McDade, T.W. (2003). Life history theory and the immune system: Steps toward a human ecological immunology. *Yearbook of Physical Anthropology*, *46*, 100—125.

McDermott, R., Tingley, D., & Cowden, J. (2009). Monoamine Oxidase A gene (MAOA) predicts behavioral aggression following provocation. *PNAS*, *106* (7), 2118—2123.

McElreath, R., & Strimling, P. (2006). How noisy information and individual asymmetries can make "personality" an adaptation: A simple model. *Animal Behaviour*, *72*, 1135—1139.

Mealey, L. (1995). The sociobiology of sociopathy: An integrated evolutionary model. *Behavioral and Brain Sciences*, *18*, 523—599.

Mealey, L. (2001). Behavior genetic tools for studying human universals. Paper presented at the Annual Meeting of the Human Behavior Evolution Society, University College London, June 13 to 17.

Miller, E.K., & Cohen, J.D. (2001). An integrative theory of prefrontal cortex function. *Annual Review of Neuroscience*, *24*, 167—202.

Miller, G.F. (2000b). Mental traits as fitness indicators: Expanding evolutionary psychology's adaptationism. In D.LeCroy & P.Moller (Eds.), *Evolutionary perspectives on human reproductive behavior*. Annals of the New York Academy of Sciences (Vol.907, pp.62—74). New York: John Hopkins.

Miller, G.F. (2000c). Sexual selection for indicators of intelligence. In G. Bock, J.Goode, & S.Webb (Eds.), *The nature of intelligence* (pp.260—275). New York: John Wiley.

Miller, G.F. (2007). Sexual selection for moral virtues. *Quarterly Review of Biology*, *82*, 97—125.

Miller, G.F., & Penke, L. (2007). The evolution of human intelligence and the coefficient of additivegenetic variance in human brain size. *Intelligence*, *35*, 97—114.

Miller, G. F. (2011). Are Pleiotropic mutations and Holocene selective Sweeps the only evolutionary-genetic process left for explaining heritable variation in human psychological traits? In D.M. Buss & P.H. Hawley (Eds.), *The evolution of personality and individual differences* (pp.376—399). New York: Oxford University Press.

Netting, R.M. (1993). *Small holders householders: Farm families and the ecology of intensive, sustainable agriculture*. Palo Alto, CA: Stanford University Press.

Nettle, D. (2002). Height and reproductive success in a cohort of British men. *Human Nature*, *13*, 473—491.

Nettle, D. (2005). An evolutionary approach to the extraversion continuum. *Evolution and Human Behaviour*, *26*, 363—373.

Nettle, D. (2006). The evolution of personality variation in humans and other animals. *American Psychologist*, *61*, 622—631.

Newcomb, T.M., Koenig, K.E., Flacks, R., & Warwick, D.P. (1967). *Persistence and change: Bennington College and its students after twenty-five years*. New York, NY: Wiley.

Oliver, M.K., & Piertney, S.B. (2006). Isolation and characterization of a MHC class ii DRB locus in the European water vole (arvicola terrestris). *Immunogenetics*, 58 (5—6), 390—395.

Olsson, C.A., Byrnes, G.B., Anmey, J.C., Collins, V., Hemphill, S.A., Williamson, R., & Potton, G.C. (2007). COMT val 158 Met and 5HTTLPR functional loci interact to predict persistance of Anxiety across adolescence. *Genes Brain & Behavior*, 6 (7), 647—652.

Penke, L., Denissen, J.J.A., & Miller, G.F. (2007). The evolutionary genetics of personality. *European Journal of Personality*, 21 (5), 549—587.

Plomin, R. (1999). Review of the book IQ and human intelligence. *American Journal of Human Genetics*, 65, 1476—1477.

Plomin, R., Pedersen, N.L., Lichtenstein, P., & McLearn, G.E. (1994). Variability and stability in cognitive abilities are largely genetic later in life. *Behavior Genetics*, 24 (3), 207—215.

Plomin, R., Kennedy, J.K.J., & Craig, I.W. (2006). The quest for quantitative trait loci associated with intelligence. *Intelligence*, 34, 513—526.

Plomin, R., & Spinath, F.M. (2004). Intelligence: Genetics, genes, and genomics. *Journal of Personality and Social Psychology*, 86, 112—129.

Plomin, R., Turic, D. M., Hill, L., Turic, D. E., Stephens, M., Williams, J., et al. (2004). Polymorphism in the succinate-semialdehyde dehydrogenase (aldehyde dehyrogenase 5 family, member A1) gene is associated with cognitive ability. *Molecular Psychiatry*, 9, 582—586.

Pomiankowski, A., & Møller, A.P. (1995). A resolution of the lek paradox. *Proceedings of the Royal Society of London*, Series B, 260, 21—29.

Prokosch, M., Yeo, R., & Miller, G. (2005). Intelligence tests with higher g-loadings show higher correlations with body symmetry: Evidence for a general fitness factor mediated by developmental stability. *Intelligence*, 33, 203—213.

Prugnolle, F., Manica, A., Charpentier, M., Guégan, J.F., Guernier, V., & Balloux, F. (2005). Pathogen-driven selection and worldwide HLA class I diversity. *Current Biology*, 15 (11), 1022—1027.

Reich, D.E., & Lander, E.S. (2001). On the allelic spectrum of human disease. *Trends in Genetics*, *17*, 502—510.

Roff, D.A. (1997). *Evolutionary quantitative genetics*. New York: Chapmann & Hall.

Roff, D.A. (2002). *Life history evolution*. Sunderland, MA: Sinauer Associates.

Roff, D.A., & Fairbairn, D.J. (2007). The evolution of trade-offs: Where are we? *Journal of Evolutionary Biology*, *20*, 433—447.

Rutter, M. (2007). Gene-environment interdependence. *Developmental Science*, *10*, 12—18.

Saad, G. (2007). *The evolutionary bases of consumption*. Mahwah, NJ: Lawrence Erlbaum.

Scheiner, S.M., & Berrigan, D. (1998). The genetics of phenotypic plasticity. VIII. The cost of plasticity in Daphnia pulex. *Evolution*, *52*, 368—378.

Schaller, M., & Murray, D.R. (2008). Pathogens, personality and culture: Disease prevalence predicts worldwide variability in sociosexuality, extraversion, and openness to experience. *Journal of Personality and Social Psychology*, *95*, 212—221.

Sakai, J.T., Young, S.E., Stalling, M.C., Timberlake, D., Smolen, A., Stetler, G.L., & Crowley, T.J. (2006). Case-control and within-family tests for an association between conduct disorder and 5HTTLPR. *American Journal of Medical Genetics*, *141* (8), 825—832.

Tett, R.P., Jackson, D.N., & Rothstein, M. (1991). Personality measures as predictors of job performance: A meta-analytic review. *Personnel Psychology*, *44*, 703—742.

Tooby, J. (1982). Pathogens, polymorphisms and the evolution of sex. *Journal of Theoretical Biology*, *97*, 557—576.

Tooby, J., & Cosmides, L. (1990). On the universality of human nature and the uniqueness of the individual: The role of genetics and adaptation. *Journal of Personality*, *58*, 17—67.

Torgersen, S., Kringlen, E., & Cramer, V. (2001). The prevalence of personality disorders in a community sample. *Archives of General Psychiatry*, 58, 590—596.

Troisi, A. (2005). The concept of alternative strategies and its relevance to psychiatry and clinical psychology. *Neuroscience and Biobehavioral Reviews*, 29, 159—168.

Turelli, M., & Barton, N.H. (2004). Polygenic variaiton maintained by balancing selection: Pleiotropy, sex-dependent allelic effects and GE interactions. *Genetics*, 166, 1053—1079.

Turkheimer, E., & Waldron, M. (2000). Nonshared environment: A theoretical, methodological, and quantitative review. *Psychological Bulletin*, 126, 78—108.

Van Alphen, S.P., Engelen, G.J., Kuin, Y., & Derksen, J.J. (2006). The relevance of a geriatric sub-classification of personality disorders in the DSM-V. *International Journal of Geriatric Psychiatry*, 21, 205—209.

Van Ijzendoorn, M.H., & Bakermans-Kranenburg, M.J. (2006). DRD4 7-repeat polymorphism moderates the association between maternal unresolved loss or trauma and infant disorganization. *Attachment and Human Development*, 8, 291—307.

Van Oers, K., De Jong, G., Van Noordwijk, A.J., Kempenaers, B., & Drent, P.J. (2005). Contribution of genetics to the study of animal personalities: A review of case studies. *Behaviour*, 142, 1185—1206.

Van Tienderen, P.H. (1991). Evolution of generalists and specialists in spatially heterogeneous environments. *Evolution*, 45, 317—1331.

Visscher, P.M., Macgregor, S., Benyamin, B., Zhu, G., Gordon, S., Medland, S., et al. (2007). Genome partitioning of genetic variation for height from 11, 214 sibling pairs. *American Journal of Human Genetics*, 87, 1104—1110.

Volavka, J., Bilder, R., & Nolan, K. (2004). Cathecolamines and aggression: The role of COMT and MAO polymorphism. *Annales of the New York Academy of Sciences*, 1036, 393—398.

Widiger, T.A., & Trull, T.J. (2007). Plate tectonics in the classification of personality disorder: Shifting to a dimensional model. *American Psychologist, *62* (2), 71—83.

Wilson, E. O. (1975). *Sociobiology: The Abridged Edition: The New Synthesis*. Cambridge, MA: Harvard University Press.

Wilson, D.S. (1998). Adaptive individual differences within single populations. *Philosophical Transactions of the Royal Society of London, Series B, 353*, 199—205.

Wilson, D.S., Clark, A.B., Coleman, K., & Dearstyne, T. (1994). Shyness and boldness in humans and other animals. *Trends in Ecology and Evolution, 9*, 442—446.

Wolf, J.B., Brodie, E.D., Cheverud, J.M., Moore, A.J., & Wade, M.J. (1998). Evolutionary consequences of indirect genetic effects. *Trends in Ecology and Evolution, 13*, 64—69.

Wray, G.A. (2007). The evolutionary significance of cis-regulatory mutations. *Nature Reviews Genetics, 8*, 206—216.

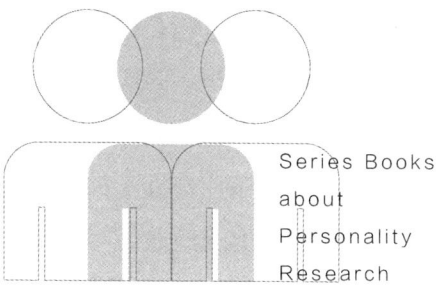

第6章

大五人格结构的进化观

如前所述，一直以来，进化心理学倾向于关注种属普遍性的适应性心理机制的进化原理，但是近年来，越来越多的进化心理学家认为（Buss & Greiling，1999），人格的个体差异也表现出与进化机制有关的适应价值，人格的个体差异可能也是进化而来的。近年来逐渐兴起的进化人格心理学在借鉴相关理论和研究的基础上着重探讨人格个体差异的进化来源和进化机制。在本书前面几章，我们分别从生活史理论、进化生态学、行为遗传学和进化遗传学角度，分析了人格差异进化的来源和机制问题。接下来需要探讨的问题是，漫长的人类进化过程"进化地设计"了哪些基本的、重要的、与人类基本适应功能（生存和繁殖功能）密切相关的人格差异。非常遗憾，已有的进化人格心理学还没有产生这方面的系统的理论和研究。不过，有的进化心理学家认为（MacDonald，1995；Nettle，2011），已有的公认的基本人格结构模型（大五因素模型）是我们分析人格个体差异的基本框架，于是我们可以对这个基本的人格结构框架进行进化心理学考察。在某种程度上这为人格特质的进化研究找到了一条捷径，也是把人格心理学和进化心理学嫁接起来构建进化人格心理学的重要途径。

一、大五人格因素模型的进化观

人格的个体差异一直是人格心理学研究的主要领域。自从人格心理学作为一门独立的学科，试图从整体的角度对人的思想、情绪和行为的模式和特征进行探讨以来，人格心理学家就在探索，人们在哪些重要的、基本的维度上存在个体差异（黄希庭，2002；陈建文，2008；郭永玉，2016）。这个研究领域也是所谓的人格结构系统的研究。此前，比较有名的人格结构系统有艾森克（Hans Eysenck）的人格特质三维结构模型，卡特尔（Raymond Bernard Cattell）的16种人格因素等。人格心理学研究令人尴尬也是备受诟病的问题就是，关于人格的个体差异，或者说关于人格结构，很难找到一个统一的、公认的人格结构评价框架。这与人格结构问题本身的复杂性，甚至人性本身的复杂性有很大关系，也与人格结构研究方法的局限性有关。不过，近二十年来，不同的人格心理学家采用不同的研究方法，比较一致地提出了人格的大五因素模型，即我们可以从五个基本维度（外倾性、宜人性、尽责性、神经质和开放性）对人们在人格结构上的个体差异进行整体描述和评价。这项人格结构研究的重大进展被称为"人格心理学的一次静悄悄的革命"（Goldberg，1992）。当然，后来也有研究者对其提出质疑和挑战。中国的人格研究学者就基于中西文化的差异，提出评价中国人人格结构的七因素模型（王登峰，崔红，2003）和六因素模型（张建新，周明洁，2006）。

不得不承认，几乎所有的人格心理学家都基于人格评价的角度提出人格的结构模型，即通过自我评价和他人评价获得大量被试的人格特征的评价等级分数，然后基于相关系数矩阵和因素分析方法进行因素分类，抽取出符合统计学原理的几个人格因素。这种研究结果具有一定的客观性和科学性，同时具有对有限样本和有限数据的依赖性。其实，从人格的心理适应功能角度来说，人格的个体差异之所以重要，是因为人格个体差异的这些特质维度或者特质因素具有不同的适应功能。不同的人格特质因素可以帮助人们解决不同的适应性问题，譬如，外倾性特质有助于解决社会交往问题，宜人性特质有助于解决与他人的合作问题，尽责性特质有助于解决繁重的工作任务问题（陈建文，2008）。

进化心理学关注人格的个体差异，也主要是关注个体差异的适应功能。进化心理学认为，人类的人格差异之所以是进化而来的，是因为这些个体差异发挥了不同的适应功能，帮助解决了与基本进化适应功能（生存和繁殖）密切相关的适应性问题。换句话说，人类的人格差异之所以与人类的进化密切相关，是因为这些个体差异与人类的基本适应功能（生存和繁殖）密切相关，譬如个体在外倾性上的差异与他们性伙伴的数量差异存在相关，认真负责的工作态度与获得社会地位存在相关（Buss，2007）。

大五人格因素模型作为一种评价人类人格差异的一个公认的系统框架，它提出的五个基本的人格因素是否也是进化而来的，是否也发挥着进化适应的基本功能呢？其实，换个角度来看，从进化心理学角度来分析，如果这些人格因素分别具有重要的进化适应功能,都能试图解决人类进化过程中面临的两个基本适应性问题(生存和繁殖)及其衍生出来的具体适应性问题,那么这种基于人格评价方法建构起来的人格结构模型也有了坚实的进化学基础。聚焦于这个问题,美国著名进化心理学家麦克唐纳(Kevin MacDonald)进行了非常有价值的理论研究。

(一)进化的人格系统与大五人格因素模型

麦克唐纳(MacDonald,1995,2005)认为,人格大五因素模型作为进化的人格系统,是人类在远古的进化适应环境中形成的具有种属普遍性(species-typical)的适应系统。这样的适应系统具有动力特征,它促使个体接近或远离某些状态,从而有助于个体实现与其生存和繁殖功能密切相关的基本目标。大五因素模型之所以是一个进化的人格系统,至少有以下相关的证据(MacDonald,2005):(1)在动物物种中(特别是在与人类接近的群居性的高级动物中)也有类似的满足其适应需求的动物人格系统(Gosling & John,1999;Figueredo & King,1996,2001)。也就是说,在动物中也能发现类似的五种特质因素。(2)这些人格因素可以找到相应的大脑神经基础(Eysenck,1982;Gray,1987;MacDonald,1988,1995)。(3)这些人格因素在个体的幼儿时期就已经表现出来,具有相当程度的遗传可能性(MacDonald,2005)。下面分别介绍这个进化人格系统的结构要素及其进化适应功能。

1. 行为趋向系统

行为趋向系统（the behavioral approach system）与大五人格模型的外倾性维度相关。其核心成分是支配（dominance）、感觉寻求（sensation seeking）和对奖赏的敏感性。在成年人中，行为趋向系统也与攻击性、高水平的性经历联系在一起（Zuckerman，1991），在年幼的孩子中，行为趋向系统则表现为冲动、攻击性和高强度的愉悦（Rothbart，Ahadi，Hershey，& Fisher，2001）。在进化过程中，行为趋向的人格系统被进化设计为趋向环境中的奖赏资源（譬如，性满足、社会地位），因此其普遍性的适应价值是非常明显的。不过，由于遗传变异和环境变异，这种趋向系统在社会支配性、奖赏寻求、感觉寻求、冲动性等方面也会表现出个体差异和群体差异，最明显的是性别差异。

行为趋向系统的行为驱动的动机功能是非常明显的，这与大脑中多巴胺这种神经传导物质的释放密切相关（Gray，1987；Panksepp，1998）。这种物质在大脑中的释放，推动人们去寻求与生存和繁殖功能相关的某些情感需要的满足，譬如，甜美食物的享用、愉悦的性交流、陪伴孩子的快乐，以及成功的体验等。于是，我们可以比较合理地假设，在远古的人类进化适应环境中，进化的力量不仅塑造了人类以及某些其他动物的适应性认知决策的心理机制，而且塑造了伴随着适应性认知决策和适应性行为反应的情感性的动机偏好系统，即行为趋向系统。

2. 抚育—爱的系统

抚育—爱的系统（nurturance/love system）与大五人格模型中的宜人性维度相关。这个系统是构成亲密关系和其他长期关系的基础，尤其决定着互惠、资源分享等家庭中的行为（Kiesler，1983；Trapnell & Wiggins，1990；Wiggins, Trapnell, & Phillips，1988）。与抚育—爱的系统密切相关的宜人性特质，迄今为止的研究还没有表明它是儿童气质的一个独立维度。但是，与此特质有关的温暖、喜爱等成分的个体差异在早期亲子关系中已经表现得非常明显，这种成分可能与个体将来的宜人性特质的成熟有密切的关系（MacDonald，1992，1997，1999a）。作为抚育—爱的系统的重要成分，安全依恋是一种温暖的、深情的亲子依恋关系，它与高水平的亲本投入密切相关，而且它会影响个体将来的性成熟、稳定的伙伴关系、友好的相互帮助和非剥夺性人际关系的发展。总之，这个系统是人类情感发展的基础，其进化的推动力是对高水平亲本投入的需要，这对实现人类繁殖功能是必不可少的（Belsky, Steinberg, & Draper，1991）。

这个系统表现出明显的性别差异。首先，女性亲密情感有其独特的生理基础，譬如催产素的释放就是唤起情感联结的内部线索。除了在人类中，在其他的哺乳类动物中也有这种生理现象（Insel, Winslow, Wang, & Young，1998；Panksepp,

1998)。其次，与繁殖功能密切相关的亲本投入也有明显的性别差异。女性高水平的亲本投入会影响其对抚养和情感投入等长期关系的承诺，从而倾向于表现出较高的宜人性（Buss & Schmitt, 1993）。最后，在成年人之间的亲密关系上，女性的得分也明显高于男性。无论在异性还是同性的伙伴关系中，女性会比男性倾注更多的资源和能量。这可能与人类进化史上女性在实现基本适应功能时承担的不同角色分工（抚养子女和维持家庭关系）有密切的关系（Wiggins & Broughton, 1985）。

3. 行为抑制系统

行为抑制系统（behavioral inhibition system）与大五人格模型的尽责性维度有关。行为抑制系统的功能是监管危险的环境和可能到来的惩罚。它用恐惧和焦虑情绪对不确定性和预期的惩罚信号作出反应（Gray, 1987；LeDoux, 1996）。与之相关的尽责性特质，决定了人们对任务的坚持性，这种坚持性不是来自内在的奖赏，而是为了实现长期的目标。尽责性特质涉及延迟满足、对喜欢任务的坚持、注意细节、负责的行为、可靠的态度等方面。毫无疑问，这种特质水平会随着年龄的增长而提升。不过，在幼儿时期，个体就开始表现出注意聚焦和控制不合适行为倾向的控制力上的个体差异（Fox et al., 2001；Kagan, Reznick, & Snidman, 1987）。尽责性与脑前额叶的功能有关。有研究发现（Tucker & Derryberry, 1992），

第6章 大五人格结构的进化观

脑前额叶的损伤会使个体在注意聚焦、行动计划、不合适反应倾向的抑制、延迟满足、任务坚持和未来计划等方面表现出困难。

有研究表明,行为抑制系统与行为趋向系统之间有相互抑制的效应,在脑功能上,主管行为趋向系统的顶叶皮层与额叶皮层就存在相互抑制的现象(Mesulam, 1986)。不过,从心理测量学和神经生理学上看,行为趋向系统(外倾性)和行为抑制系统(尽责性)是两个独立的系统,这意味着个体在对奖赏敏感的同时也可以对惩罚敏感(Avila, 2001; Pickering, Diaz, & Gray, 1995)。而一个系统之所以对另一个系统有抑制作用,一方面可能是因为在同一个情境中,两个系统都被激活,外倾者可能会低估情境的危险性而投入驱动行为过程之中,而内倾者可能较难被潜在的奖赏目标吸引,从而表现出更多的抑制行为。另一方面,即使个体拥有高外倾性水平(外倾者),可能到来的惩罚信息也会激活个体的行为抑制系统,即使个体拥有低外倾性水平(内倾者),一个占绝对优势的奖赏和较少危险的目标也会激活其行为趋向系统。结果就是,特质×系统×情境三者的交互作用决定具体行为的变化。特质表现为一种个体差异,不同的特质水平倾向于激活不同的系统(外倾者更容易激活行为趋向系统,而内倾者更容易激活行为抑制系统),系统是一个普遍的心理机制,它对感知到的情境因素作出反应,具体的情境信息(奖赏的信息或惩罚的信息)

会基于个体特质的反应标准而激活相应的系统，也影响系统的激活水平（MacDonald，2005）。

与行为抑制系统相关联的心理障碍有强迫型人格障碍和反社会人格障碍。这两种人格障碍是在尽责性维度的两个相反的极端位置上容易表现出来的人格障碍。尽责性得分过高，容易患强迫型人格障碍；尽责性得分过低，则容易出现反社会人格障碍（Widiger et al.，2002；Widiger & Trull，1992）。另外，尽责性也与注意机制，特别是与有意注意机制有关，因此行为抑制水平过低的个体容易患多动症。这主要表现在行为抑制系统尚未发育成熟的儿童身上（Nigg et al.，2002）。

4. 情感强度系统

情感强度系统（affect intensity system）的功能是通过情绪唤醒的调节对外在环境刺激作出反应。如果是有利的刺激，它会引导有机体产生趋向行为；如果是有害的刺激，它会引导有机体产生回避行为。因此，它主要通过情绪唤醒发挥对外在刺激的警觉功能，可能主要是对有害刺激的警觉功能。在有关气质的研究中，通过情绪唤醒的调节来回应环境的刺激，通常有两个独立的维度，即情绪的反应强度和情绪反应的调节（Ramsey & Lewis，2003；Rothbart & Bates，1998）。相对来说，情绪的反应强度具有较强的进化遗传属性，而情绪反应的调节是在后天的成长过程中逐渐发展起来的一种情绪能力。

人们在情绪反应强度维度上存在明显的个体差异。高情绪反应强度的个体在较弱的环境刺激下就能作出较强的情绪唤醒。这些个体通常具有比较脆弱、敏感的神经系统，他们很容易被唤醒，也容易被情绪控制。在强刺激的情形下，他们会抑制自己的反应，表现为逃离和躲避高强度的环境刺激来源。而那些低情绪反应强度的个体通常具有较强的神经系统，他们情绪唤醒的阈限值较高，需要较强的刺激才会产生相应的情绪唤醒。因此，他们倾向于寻找高强度的刺激，类似于所谓的感觉寻求型（MacDonald，2005）。

情绪强度系统可被看作前面所述的行为趋向系统和行为抑制系统的情绪调节器。情绪反应强度系统由于其情绪唤醒功能而具有行为的动机作用。一方面，它可以通过积极情绪唤醒，启动行为趋向系统，积极接近有利的环境刺激，争取对自身有利的资源；另一方面，它通过消极情绪唤醒，启动行为抑制系统，逃避有害的、威胁性的环境刺激，以保护自己不受伤害。当然，在进化适应环境中，情绪强度系统主要发挥对有害环境刺激的警觉作用。因此，情绪强度系统主要是对消极情绪（譬如焦虑、恐惧、悲伤）唤醒的功能系统（MacDonald，2005）。

如此说来，情绪强度系统就与大五人格模型的神经质维度密切相关（Larsen & Diener，1993）。神经质维度主要是指一些消极情绪的唤醒程度和反应强度，包括内疚、敌意、害怕和悲伤等消极情绪（Watson & Clark, 1992）。在当前的社会生态环境下，高情绪强度反应，尤其消极情绪的过强反应与临床上的精神病理现象有密切关系。神经质水平过高也与一些情绪性人格障碍和心理障碍有密切联系，譬如焦虑/恐惧型人格障碍以及双相情感障碍等（Costa & McCrae, 1986; Widiger & Trull, 1992）。

5. 经验开放系统

经验开放系统（openness to experience system）既包括内在驱动的好奇心、对认知和审美方面的兴趣，也包含对认知和审美方面的想象力和创造力。在青少年时期，经验开放性会随着认知的发展而不断发展，他们会在更广泛的生活经历中展现出对新鲜事物的更大的兴趣（McCrae et al., 2002）。在认知测验中，开放性与认知能力密切相关，它可以被看作跨领域的一般能力（John et al., 1994; Lamb et al., 2002）。近年来，进化心理学的研究也表明，人类进化的心理机制不仅包括领域特殊性的心理机制，而且包括一些跨领域的一般性心理机制，譬如一般认知能力（Buss, 2007）。如此说来，经验开放系统作为一种认知能力系统，也有其进化的基础。

（二）人格系统环境影响因素的进化观

麦克唐纳（MacDonald, 2005）认为，五个进化的人格适应系统分别与五种人格因素密切相关。在很大程度上，大五人格结构可能就是人类进化的适应性心理机制。麦克唐纳（MacDonald，2005）进一步指出，这些人格因素的进化设计与人类进化过程中的环境影响因素是有关联的。环境影响被界定为一种指向特定的进化系统的特定刺激类型，譬如，影响责任感系统的环境因素可能是那些抑制不合适行为趋向的事件，而影响抚育—爱的系统的环境因素可能是那些发生在亲密家庭关系中的温暖的情感事件。这种进化过程中影响人格机制进化的环境可以被称为进化适应环境（the environment of evolutionary adaptedness，简称EEA），所谓进化适应环境，是指物种进化过程中与其组织和机制形成与发展有关的环境，包括有机体进化形成的物理环境、社会环境，以及与其他物种相互作用的环境等（朱新秤，2012）。它既是物种进化形成的环境，也是物种必须适应的环境。麦克唐纳（MacDonald，2005）认为，人格的进化适应环境的核心成分是家庭环境。从进化的角度看，家庭环境中最重要的影响因素是亲代投资（parental investment）。亲代投资包括与孩子建立亲密的情感联系、提供高水平的言语刺激、亲子游戏、积极监管孩子的日常生活等方面。从进化的角度看，亲代投资也是个体生活史策略的重要组成部分。总之，以亲代投资为核心要素的家庭生态环境对个体的遗传变异演化成具有相应适应功能的行为表型起着非常关键的作用。

麦克唐纳（MacDonald，2005）认为，在进化适应环境中，人格个体差异的进化发展无疑也是来自遗传变异的多样性。他采纳了进化遗传学和进化生态学的有关理论,着重从两个方面分析了人格个体差异的遗传变异来源。第一是频率依赖选择机制。不同遗传变异的表现型在同一生态环境中存在相互竞争,那些相对较少的表现型由于竞争对手较少而具有生态优势,相对较多的表现型则由于竞争激烈而具有生态劣势。这种机制既导致生态位的多样性,也导致遗传变异及其表现型的多样性。第二是稳定性选择机制。人格系统的表现必须是适度的,过高或者过低的表现都是适应不良的。自然选择机制会基于人格差异的适应功能的适度性,相应地进化出稳定性选择机制,这导致人格差异在适度的范围内存在。这两种机制既可以解释正常人格的个体差异,也可以解释异常人格的出现。频率依赖选择机制认为,由于生态位的分裂和多样性,总会出现那些偏离主流生态位的异常人格。稳定性选择机制则认为,异常人格的适应功能较差,选择机制可能一直对其有净化作用,因此异常人格总是极少。

二、大五人格因素模型的适应权衡观

英国进化心理学家内特尔(Nettle,2011)继承了麦克唐纳的人格进化观。他认为,人格的个体差异具有普遍性,是进化适应的产物。因此,我们在寻找普遍性个体差异的来源时不能仅限于个人生活史,而需要延伸到种族进化史。他还认为,尽管大五人格结构可能没有包含人格个体差异的所有方面,但

第6章
大五人格结构的进化观

是这个人格结构能够解释人格结构的主要方面。因此,基于大五人格结构框架来分析人格个体差异的来源及其适应功能的价值是比较合理的。同时,他发展了麦克唐纳的人格进化观,明确提出了人格差异的适应权衡观(adaptation trade-off theory)。所谓适应权衡观,简言之,就是人格特质的适应价值是随着环境条件的变化而变化的,每种人格特质都会在合适的环境条件下带来适应的好处,也会付出某些代价,不存在最适宜的、广泛适应的特质。

基于人格差异的适应权衡观,他试图对五种基本人格特质的适应价值的相对重要性以及局限性进行详细分析和评价。不过,他认为,在此之前需要弄清楚两个基本问题:第一,为什么会存在普遍的人格个体差异?第二,为什么会存在人格特质变异的共变现象?这两个问题都需要从进化的角度进行分析。

(一)为什么存在普遍的人格个体差异

人格的个体差异表现为个体发展诱发的表型差异。同一物种中之所以存在大量表型差异,是因为在进化过程中不可能设计出单一的最佳表型以应对所有的环境,也不能设计出通用的灵活性机制以应对所有的适应性问题,这种设计的代价可能太大。只要对环境线索的察觉是可行的,对变化的预测是合适的,生物体就会对这些早期的环境输入信息作出进化意义上的适应性设计。因此,归根结底,这些表型变异是进化而来的。那么这些表型变异是如何进化而来的呢?

内特尔在解释这个问题的时候，也借鉴了进化遗传学的有关理论。进化的选择机制没有将这些遗传变异完全剔除，而是保留相当数量的遗传变异，从而成为最终的人格个体差异的重要来源。其原因有以下几点（Nettle，2011）：第一，这些特质可能是中性的，它们对个体的适应性没有影响，因此不会进入自然选择机制的视野。第二，基因突变也是基因复制过程中的自然现象，在每一代基因复制中，基因突变导致大量的变异，这些变异成为自然选择机制的"原材料"，自然选择不能很快地淘汰那些具有不同程度适应价值的变异，因此每一代物种内总会保留一定数量的遗传变异。这种观点可以解释身体对称性、智力和精神障碍的遗传变异（Keller & Miller，2006；Prokosch，Yeo，& Miller，2005）。第三，平衡选择机制也会导致遗传变异。它主要包括频率依赖选择机制和环境异质性机制。频率依赖选择机制认为，当一个群体中有多种由遗传变异导致的表型性状可供选择时，选择过程往往会受到这些表型性状相对数量的影响，那些稀少的表型性状的适应价值会更高。而随着表型性状数量的增加，它们的适应价值又会降低。基于这种动态的选择过程，不同表型性状均会保持一定数量从而达成整个群体多种表型性状的均衡状态。环境异质性机制认为，不同的环境青睐不同的人格特质，或者说，不同的人格特质可以在不同的环境中找到较优的适应价值。譬如不稳定的、充满挑战的环境青睐冒险的人格特质，而相对稳定的和安全的环境青睐谨慎的人格特质。内特尔（Nettle，2011）特别指出，平衡选择机制的核心含义在于人格特质适应价值的权衡（trade-off）。一种人格特质不能在所有的环境中都表现最优的适应价值，这种通用型的、最优的人格特质是不存在的。实际上，从适应价值角度来说，每种人格特质都是收益与代价的混合，它可以在某种环境中找到较优的适应价值，而在另一种环境中，它可能面临着适应不良的代价（Nettle，2011）。

（二）为什么存在人格特质变异的共变现象

进化生物学家从一些生物种类中找到了生物性状的共变现象。以淡水蜗牛为例（DeWitt，Robinson，& Wilson，2000），有的蜗牛外壳长，有的外壳短；有的外壳瘦小，有的外壳肥大；有的生长得很快，有的生成得很慢；有的会冒出水面待一段时间，有的不会。生物学家观察到，这些不同的性状特点是共变的。长壳的往往是瘦小的，也是生长得较快的，还是那些不爬出水面的；而爬出水面的往往是那些短壳的、肥大的、生长得很慢的。解释这种共变现象需要诉诸蜗牛的生存适应环境。蜗牛是几种不同类型捕食者的食物来源。有一种捕食鱼会生吞它们，于是对蜗牛来说，最优的逃避策略就是尽可能长得肥大并且能逃出水面。有一种捕食小龙虾虽然不能生吞它们，但是可以通过壳孔深入蜗牛壳内部侵犯它们。于是抵制这种捕食小龙虾的最优防御策略就是长得瘦小，并且快速生长然后离开那些危险的环境。很显然，蜗牛不可能拥有普遍的最优策略以同时防御捕食鱼和捕食小龙虾，因为离开水面，没有食物，就不能生长得很快，而长得肥大就必然有由于孔大而被侵入的危险。对蜗牛来说，两种捕食者都是重复出现的适应问题，它们只能根据生存环境的特点选择性地进化出相对较优的反捕食特征。

这个案例说明，适应性环境是理解特质共变的关键因素。整体的性状特点可以被看作一个整合起来的适应环境的策略包。在行为生态学中，这被看作行为综合征（behavioral syndromes）(Sih, Bell, & Johnson, 2004)，它有点类似于人格结构中所说的包含许多相关成分的一个大人格维度。那么，相应在人格心理学中，对人格特质共变现象的解释也有类似的道理。譬如，外倾性特质的所有成分都是为了处理外在奖赏的适应问题，神经质的所有成分则集中反映了察觉惩罚威胁的心理机制。不过，进化心理学也认为，进化过程通常倾向于设计出解决某一类特殊适应问题的特殊的心理机制，不会设计出解决各种问题的通用的心理机制。在这里，进化过程更可能设计出处理一般奖赏问题的心理机制，还是更可能设计出独立解决食物奖赏、地位奖赏、性奖赏等问题的多种心理机制呢？关于这个问题，内特尔（Nettle, 2011）提出两个假说来进一步阐述特质共变的可能性。

(1) 相关环境假说（the correlated environment hypothesis）。在同一环境中，各种特质可能是相关的。相同环境条件选择了高水平的 A 行为也选择了高水平的 B 行为,而另一种环境可能选择了低水平的 A 行为也选择了低水平的 B 行为。这样就通过个体的优势选择形成了 A 行为与 B 行为之间的联系,即同时拥有高水平的 A 行为和高水平的 B 行为,或者同时拥有低水平的 A 行为和低水平的 B 行为,而不是同时拥有高水平的 A 行为和低水平的 B 行为。

(2) 协同行为假说(the synergistic behaviors hypothesis)。简单来说就是行为互相促进的现象。譬如,在捕食方面很勇敢的蜘蛛在群体内相遇,彼此也会表现出高攻击性(Reichert & Hedrick, 1993)。由于勇敢这一捕食特性,这些勇敢的蜘蛛可能会有更充足的食物储备来抵抗外敌。于是,相比于不够勇敢的蜘蛛,勇敢的蜘蛛在抵抗外敌的攻击性方面会有更大的适应益处。这样的结果就导致了攻击性与勇敢的共变现象。

(三) 进化视野中的大五人格维度

在这里,我们基于进化的视野来讨论大五人格结构每个维度的进化特点(见表6-1)。在讨论中,我们需要针对每个维度回答以下两个问题:为什么存在个体差异?为什么会有人格特质变异的共变现象?在第一个问题的解释上,内特尔认为,可以排除中性选择机制假设。因为大量证据证明,这里讨论的人格维度不是中性的,它们都具有适应价值,与相应的适应现象密切相关,譬如,这些人格特质可能会与预期寿命(life expectancy)、约会行为、社会关系、健康等方面有某种程度的相关（Friedman，1995；Kelly & Conley，1987；Roberts，Kuncel，Shiner，Caspi，& Goldberg，2007）。这些相关性也意味着，这些人格特质可能具有适应良好的收益或者适应不良的代价。另外，关于人格特质成分的共变性，众所周知，大五人格结构基本上是基于大量人格特质形容词的自我评价数据的因素分析建构起来的。因素分析基于不同变量的相关矩阵来进行因素分类。尽管这种分类方法有实证数据的支持，但是不同的人格成分为什么会相关，从而被归入同一个大的人格维度，始终缺乏相应理论的深度阐释。在此，基于进化的观点分析同一个人格维度中不同特质成分的相关性，在某种程度上可以弥补之前理论的不足。

1. 外倾性

（1）变异的来源

在外倾性人格维度上，存在着普遍的个体差异。对高外倾性水平来说，它的好处是会有较多的异性伙伴（Nettle，2005）、较高的社会地位和社会关注度（Ashton，Lee，& Paunonen，2002；Nettle，2007），以及非常活跃的身体活动（Kircaldy，1982）。它的适应代价是可能性更大的事故、疾病、社会争端和资源损耗。有研究表明，与低外倾性水平的个体相比，高外倾性水平的个体有多方面的高事故风险（Nettle，2005）、更多违法从而被逮捕的风险（Samuels er al.，2004）、更短寿命的风险（Friedman，1995）。

外倾性特质对生存和繁殖两种基本适应任务，具有适应良好和适应不良两种功能。哪种占优势？可以从两个方面来分析。一方面，身体强壮、免疫功能强大且有外表吸引力的个体更可能承受外倾性带来的风险，因此他们的外倾性水平会更高。对他们来说，相比于高外倾性水平带来的风险代价，可能会获得更高的适应收益。另一方面，不同的生态环境选择了外倾性水平不同的个体。当社会环境不稳定，居住地新奇异样时，这种环境比较有利于那些冒险的、试图控制环境和寻求多样化交配的适应行为，因此高外倾性水平个体的适应性会更好。而当居住地的环境已经稳定，社会结构比较明确时，相对谨慎、稳重的适应性策略是比较好的，因此内向个体的适应性会更好。有意思的是，有研究（Chen, Burton, Greenberger, & Dmitrieva, 1999）表明，在 D4DR 基因上的长等位基因（long allels of the D4DR gene）与外倾性人格特质及其相应的适应行为有关。游牧民族比长期定居的民族有更多的长等位基因（Ebstein, 2006）。这表明，游牧的和社会流动的环境选择了高水平的外倾性特质。

外倾性的最佳适应水平可能会随着同一栖息地的不同个体、同一栖息地的不同时期，以及不同的栖息地而发生变化，因此外倾性表型变异有一个较大的分布范围也就不奇怪了。

（2）共变性

外倾性人格维度包含一些不同的人格成分。外倾性得分高的个体通常可以被描述为有抱负的、自信的、好竞争的，同时也是好社交的，有更多身体活动的，性动机较强的。从表面上看，这些特质似乎没有理由关联在一起。但是，从适应功能上看，它们确实存在某种程度的共变现象。譬如，有抱负的和好竞争的两种特质结合起来有助于个体获得较高的社会地位，而较高的社会地位无疑有助于繁殖成功。同样地，有抱负的和好社交的两种特质也会彼此协同、相互促进，增加适应收益。在一个较小的联系紧密的群体中，如果某个个体有寻求较高社会地位的抱负，可是没有付出更多努力去寻求相互团结的适应性策略，那么他的这种抱负可能会遇到麻烦。在相反的情况下，这些特质关联也是可以被理解的。不愿意付出努力去争夺社会地位的人可能也不愿意花费太多精力去建构社会联盟关系，不愿意寻求多样性交配策略的个体也很难从对社会地位的追求中获得相应的好处。另外，很有可能是某种生态环境有利于这些高水平的外倾性人格成分的整合（Nettle，2011）。正如上面所提及的，相比于稳定的社会环境，新奇的、不稳定的、游牧式的环境更有利于好交际的、自信的、性动机较强的、有更多身体活动的这些特质发挥其适应功能。

2. 神经质

（1）变异的来源

高神经质水平的个体更有可能面对导致与压力有关的身体和心理疾病的不利环境（Neeleman, Sytema, & Wadsworth,

2002),也可能由于体验到过多负面情绪而存在人际关系上的困难(Kelly & Conley,1987)。神经质特质可能与强大的进化选择压力有关。神经质特质也有积极的一面,即消极情感有利于探测和应对威胁和挑战。有关的理论表明,环境中的威胁因素越普遍,个体越可能产生更敏感的威胁感知机制,即使是实际上并不存在的威胁的误报也会促使这种威胁感知机制的形成(Haselton & Buss,2000;Haselton & Nettle,2006;Nesse,2005)。在一些实证研究中,鱼类被捕食的可能性越大,其警觉机制进化得越快(O'Steen,Cullum,& Bennett,2002)。由此看来,神经质是一种特殊适应环境下的威胁警觉机制。非常遗憾的是,神经质作为一种威胁警觉机制的适应效应在人类中却没有太多的证据。不过,有研究表明,在收入、教育和政治地位方面取得较多成就的个体并不是那些主观幸福感最高的个体。由于主观幸福感与神经质存在显著的负相关(Costa & McCrae,1980),因此那些高神经质水平的学生更有可能取得较高的学业成就。其原因可能在于,对可能的失败威胁的警觉机制促使其有更强的学习动机(McKenzie,Taghavi-Knosary,& Tindell,2000)。因此,在人类群体中,也可能存在这样的情况,在具有威胁的环境中,或者在那些难以应对潜在威胁的个体中,选择机制有利于高神经质的产生。在温和的、安全的环境中,进化选择更有利于低神经质的产生。也有研究(Costa,Terraciano,& McCrae,2001)表明,神经质水平以及与此有关的情感障碍存在显著的性别差异,女性普遍高于男性。虽然女性跟男性面临的生活环境没有太大的差异,但是女性面对的更多的潜在威胁可能会导致大量适应性性别差异的结果。对成年女性来说,抵抗不了的身体危险以及社会排斥的威胁对她们的繁殖成功率影响更大(Campbell,1999),从而使她们更倾向于进化出神经质特质。

(2) 共变性

高神经质水平表现为对身体危险的警觉性、对疾病的敏感性、对社会挑战的敌意(DeYoung, Quilty, & Peterson, 2007;Nettle, 2007)。从表面上看,似乎没有把这些不同的机制整合起来的合理理由。但是,我们仍然可以使用相关环境假说和协同行为假说把神经质的不同成分联结起来。

在动物中,被捕食是最明显的威胁(在动物人格中,对被捕食的警觉性与神经质高度相关)。捕食者的出现可能会导致许多行为后果,譬如,一旦有捕食者出现在附近,生病的适应代价会更高,因为生病会损害逃生能力(Lima & Dill, 1990)。由于捕食者出现而离开群体的适应代价也会更高,因为哺乳类动物抱团成群的主要功能就是逃避捕食者(Silk, 2007)。于是,我们很容易理解这种现象:对身体威胁的警觉性高,对疾病的敏感性高,相应地对社会排斥的警觉性也会高。

3. 尽责性

(1) 变异的来源

高尽责性水平的个体更善于制定计划并坚持执行计划,在当今高度结构化的有序社会环境中,这种人格特质更有利于取得更大的成就(Barrick & Mount,1991)。在远古的人群中,不同的适应环境可能塑造不同的尽责性水平。在捕猎任务不断重复,捕猎行程可以被预测的环境中,坚持内部的计划和目标具有适应优势,而对于一些不能进行计划的环境,譬如突发的攻击或者机会性的捕猎,随机应变更有利。高尽责性具有僵化刻板的、不灵活的特点,其破坏性的极端情况就是强迫性人格障碍。在现实的情况下,人们常常会出现计划性与灵活性之间的平衡波动,这种变化足以维持尽责性个体差异的存在。

(2)共变性

尽责性至少包含勤奋和整洁有序这两个不同的成分(DeYoung et al.,2007)。勤奋是指计划性,整洁有序包括个人整洁、处理事务有序、关注细节。两种人格成分的共变关系可以从以下情况中得到部分解释:当同一种资源可以通过一种可以预见的方式被反复利用时,计划性和有序性都具有良好的适应优势,反过来,当资源利用具有投机性和不可预测性时,计划性和有序性就不具有适应优势了。

4. 宜人性

(1)变异的来源

高宜人性的个体对合作事业与和谐的人际关系有更多的投入(Koole, Jager, Van den Berg, Vlek, & Hofstee, 2001)。

毫无疑问，人类是社会性物种，与他人和谐相处更有利于自身生存和发展。进化的力量通过社会性选择设计出宜人性的人格特质。宜人性特质的适应价值更容易在各种社会环境和人际交往中体现出来。但是，也有对合作行为不利的情境，面对这样的情境，大家会表现出防卫行为。这个时候，高宜人性的个体在社会关系中投入过多，耗费自己的资源和能量，收益反而有可能更少（Nettle，2007）。进化遗传学的频率依赖选择机制可以比较合理地解释高宜人性并非唯一最优适应选择的现象。当高宜人性的合作行为在人群中广泛传播时，低宜人性个体（即那些欺骗者）可能利用他们周围的诚信合作行为获取极大的好处，而不顾双方和群体的共同利益。由于单方面的诚信合作行为不能导致互惠互利的结果，因此宜人性的频率会有所降低。如此互动博弈，导致宜人性特质在人群中的均衡分布，从而表现出宜人性特质水平的变异情况。

宜人性变异也可能是由性别的拮抗选择机制造成的。跨国界、跨文化的调查研究发现，女性的宜人性水平更高（Costa，Terraciano，& McCrae，2001）。内特尔等人（Nettle & Liddle，2008）认为，之所以存在这种宜人性的性别差异，可能是因为在进化过程中，男性相对来说更可能从较高的社会地位以及相关的社会支持中收益更多，而女性从相互合作中收益更多。这种适应收益机制的不同，导致宜人性的性别差异，当然它也可能是宜人性个体差异的原因。

(2）共变性

宜人性的核心成分包括亲社会行为（Koole et al.，2001）、关注他人心理状态（Nettle & Liddle，2008）和遵循社会规范的倾向（DeYoung et al.，2007）。从表面上看，这些成分具有协同作用。如果有人抱着有条件的合作态度参与合作，即在合作前和合作中都带有惩罚他人、拒绝他人犯错，甚至偶尔欺骗他人的行为，那么我们必须花费更多的精力去监控这些所谓合作者的心理状态，而且需要留意在相互交流中产生的社会规范。相反，如果某些人独自工作，避开合作，那么他能省下一些在合作状态中需要耗费在关注他人心理状态和社会标准上的精力和能量。很显然，这两种相反的情况都说明宜人性各种成分的共变现象。

5. 开放性

（1）变异的来源

大五人格的开放性维度有积极和消极两个方面。在积极方面，高开放性与高艺术创造性（McCrae，1987）以及高智力水平相关（DeYoung, Peterson, & Higgins，2005）。在消极方面，高开放性与异常信念（McCrae & Costa，1997）、频繁看心理医生（Soldz & Vaillant，1999）、分裂性人格障碍（Gurrera et al.，2005），甚至精神病（Burch, Hemsley, Pavelis, & Corr，2006）相关。

有些研究者认为，创造力能够带来社会认可和性魅力，这是高开放性关键的适应优势（Miller，2000；Nettle & Clegg，2006）。不过其适应代价可能就是异常的信念和混乱的精神疾病的经验。在这里，可能不是不同的生态环境带来了不同水平的开放性，而是不同水平开放性的最优适应价值依赖于个体的其他特征（Nettle，2001）。

（2）共变性

有些研究者认为，开放性有两个成分：一个是与智力、意识灵敏性和语言能力有关的认知成分；另一个是发散性的语义联想、幻想、白日梦、异常信念，甚至与精神病经验有关的想象力（DeYoung et al.，2007；Nettle，2007）。从概念内涵上分析，认知能力和想象力是有很大区别的，以至于在大五人格结构中很难用一个恰当的名词来整合性地命名这个维度。虽然认知能力和想象力如此不同，但是二者之间可能具有协同的适应效应。认知能力较高的个体可能得益于丰富的想象力，因为想象力可以以引人注目的方式展示认知能力，使得这些高智商者获得社会关注和社会尊重。相反，低认知能力的个体难以控制丰富想象力的发散性心理联想，从而可能出现无组织的幻想，甚至病理性幻觉（Nettle，2006b）。因此，进化适应的力量倾向于选择高认知能力以及高想象力，或者低认知能力以及低想象力，即选择认知能力和想象力的共变机制。根据进化遗传学的观点，认知能力的遗传变异是由突变—选择平衡机制决定的。这种机制足以维持开放性水平的个体差异。

表 6-1　大五人格维度的适应收益和代价

维度	收益	代价	成分
外倾性	地位提升 异性伙伴 资源通道	事故风险 疾病风险 社会争端风险	抱负 竞争力 自信 社交性 探索倾向 性动机
神经质	对威胁和危险的警觉	与压力有关的疾病 关系受损的后果	对身体威胁的警觉性 对社会威胁的警觉性 对疾病的敏感性 愤怒敌意
尽责性	计划性 投入既定的任务	刻板性 难以适应变化的环境	勤奋 秩序
宜人性	合作事业 和谐关系	未能最大化个人回报 欺骗的牺牲品	合作 心理理论 遵循规范
开放性	创造力	混乱的或病态性思维	智力 想象力

注：引自 Nettle（2011）

三、评价与展望

麦克唐纳的大五人格进化系统理论和内特尔的大五人格维度的适应权衡理论都试图采用进化论的基本思想阐释五种人格维度是如何进化而来的，同时分别阐释这些人格维度具有哪些进化适应的功能价值。比较而言，麦克唐纳（MacDonald，

2005）认为，五种人格维度就是五个进化而来的人格适应系统，是具有种属普遍性的适应机制。这五个系统分别承担不同的适应功能，即外倾性的行为趋向功能、宜人性的抚育—爱的功能、尽责性的行为抑制功能，神经质的情绪唤醒功能，开放性的认知驱动功能。这些人格系统的适应功能都在不同程度上与人类的生存和繁殖的基本适应问题有关联。内特尔（Nettle，2011）认为，五种人格维度是基于大量的人格实证调查研究数据建构起来的，无疑具有科学性和客观性，也取得了广泛的共识（号称人格心理学一次静悄悄的革命）。不过，这些人格维度的适应功能需要从进化论的角度进行进一步的深度阐述。内特尔（Nettle，2011）认为，尽管进化选择倾向于设计出很少或者没有任何变异的最优适应机制（即 Fisher 定理），但是基于进化遗传学的平衡选择机制，在实际的物种进化过程中并不存在最优的、广泛适应的特质（或机制），每种特质都会随着环境的变化而展现其相对重要性。也就是说，每种人格特质的特定水平都可以在不同环境中找到其较优的适应价值和适应收益，而在另一种环境下，这种特质水平可能又会带来相应的适应不良的代价，这就是所谓的人格特质的适应权衡观。基于这种人格特质的适应权衡观，我们不能静态地认为，某种特质或者某种特质水平就是最好的。要考察某种特质的较优适应价值始终需要将其与特定的适应环境结合起来。实际上，人类在五种人格特质上的普遍的个体差异和群体差异也是人类在其进化适应环境中逐渐形成的。总之，两位进化心理学家的人格特质进化观不仅使我们看到了大五人格因素结构模型的合理性，而且让我们从进化的角度进一步理解了人格结构的适应功能。

另外，特别值得进一步讨论的是内特尔所说的特质共变现象。人格心理学家和进化心理学家在心理结构和心理机制的分类问题上存在某种争议。人格心理学家一直强调人格结构的简洁性，试图找到那些最基本的、最重要的人格因素，同时倾向于赞同这些高阶人格因素的预测能力（譬如强调一般人格因素对主观幸福感的预测作用）。人格心理学家认为，大五人格因素模型是一个简洁有效的分类框架，这个人格结构的分类框架具有较强的预测力，譬如，有一些人格心理学家探讨了这些高阶人格因素与预期寿命、身体健康、职业成就、社会地位等终极性指标的相关关系（Friedman，1995；Kelly & Conley，1987；Roberts，Kuncel，Shiner，Caspi，& Goldberg，2007）。进化心理学家则主张心理机制的领域特殊性。一种特质（心理机制）可能只适用于某种特殊的情境或者某一类行为问题，或者说，不同的特质解决不同的适应问题。特质之间的相关性很小，对特质成分的简单强制归类没有意义。对此，内特尔（Nettle，2011）试图提出特质的协同整合效应和相关环境假说来弥合人格心理学家和进化心理学家的分歧。毋庸讳言，心理机制是领域特殊性的，但是在同一种环境下，各种领域特殊性的心理机制（特质成分）也会部分地整合在一起而协同发挥适应功能。进一步解释，某些领域特殊性特质可以在功能上聚合成人类行为变量的高阶因素，从而建构出更广阔的人格结构，譬如大五人格结构。这些高阶的人格因素可以把具体行为领域的特殊反应概括为一般性的功能因素，从而预测人们关注的终极性指标，譬如预期寿命、健康等（Figueredo，Vásquez，Brumbach，& Schneider，2004）。

基于这种人格特质的共变现象，我们还可以进行人格现象的应用分析。如果特质共变是真实的，那么我们可以预测某些不同特质整合的适应功能。譬如，我们可以预测开放性维度，想象力和认知能力的协同变异（高想象力同时高认知能力或者低想象力同时低认知能力）比二者的反向变异（高想象力却低认知能力或者低想象力却高认知能力）具有更有利的适应功能。又譬如，某人具有从事合作事业的较强动机，但是心理理论（theory of mind）操作水平比较低，那么比起那些合作动机和心理理论水平都较高的个体，此人可能会遇到更大的适应困难。总之，人格维度中不同成分的协调整合程度应该是其发挥适应功能的重要前提，正如人格心理学所说，人格成分的整合和协调是健康人格的重要标准。

参考文献

陈建文.（2008）.人格与社会适应.合肥：安徽教育出版社.

郭永玉.(2016).人格研究.上海:华东师范大学出版社.

郭永玉.(2005).人格心理学:人性及其差异的研究.北京:中国社会科学出版社.

黄希庭.(2002).人格心理学.杭州:浙江教育出版社.

王登峰,崔红.(2003).中国人人格量表(QZPS)的编制过程与初步结果.心理学报,35(1),127—136.

王登峰,崔红.(2005).解读中国人的人格.北京:社会科学文献出版社.

张建新,周明洁.(2006).中国人人格结构探索——人格特质六因素假说.心理科学进展,14(4),574—585.

朱新秤.(2012).进化心理学.北京:开明出版社.

Andreasen, N.C. (1978). Creativity and psychiatric illness. *Psychiatric Annals*, *8*, 113—119.

Aron, E.N., & Aron, A. (1997). Sensory-processing sensitivity and its relation to introversion and emotionality. *Journal of Personality and Social Psychology*, *73*, 345—368.

Asendorpf, J.B., & Wilpers, S. (1998). Personality effects on social relationships. *Journal of Personality and Social Psychology*, *74*, 1531—1544.

Ashton, M.C., Lee, K., & Paunonen, S.V. (2002). What is the central feature of extraversion? Social attention versus reward sensitivity. *Journal of Personality and Social Psychology*, *83*, 245—251.

Avila, C. (2001). Distinguishing BIS-mediated and BAS-mediated disinhibition mechanisms: A comparison of disinhibition models of Gray (1981, 1987) and of Patterson and Newman (1993). *Journal of Personality and Social Psychology*, *80*, 311—324.

Barrick, M.R., & Mount, M.K. (1991). The Big Five personality dimensions and job performance: A meta-analysis. *Personnel Psychology*, *44*, 1—26.

Bates, J.E. (1989). Concepts and measures of temperament. In G. A. Kohnstamm, J.E.Bates, & M.K.Rothbart (Eds.), *Temperament in childhood* (pp.3—26). Chichester, UK: John Wiley & Sons.

Belsky, J., Steinberg, L., & Draper, P. (1991) Childhood experience, interpersonal development, and reproductive strategy: An evolutionary theory of socialization. *Child Development*, 62, 647—670.

Bokhorst, C.L., Bakermans-Kranenburg, M.J., Pasco Fearon, R.M., Van Ijzendoorn, M.H., Fonagy, P., & Schuengel, C. (2003). The importance of shared environment in mother-infant attachment security: A behavioral genetic study. *Child Development*, 74, 1769—1782.

Bouchard, T.J. (1996). The genetics of personality. In K.Blum & E.P. Noble (Eds.), *Handbook of psychoneurogenetics* (pp.267—290). Boca Raton, FL: CRC Press.

Bouchard, T.J., & Loehlin, J.C. (2001). Genes, evolution and personality. *Behavior Genetics*, 31, 243—273.

Burch, G.S., Hemsley, D.R., Pavelis, C., & Corr, P.J. (2006). Personality, creativity and latent inhibition. *European Journal of Personality*, 20, 107—122.

Burtt, E. (1951). The ability of adult grasshoppers to change colour on burnt ground. *Proceedings of the Royal Entomological Society of London*, 26, 45—48.

Buhrmester, D., & Furman, W. (1987). The development of companionship and intimacy. *Child Development*, 58, 1101—1113.

Brennan, K.A., Clark, C.L., & Shaver, P.R. (1998). Self-report measurement of adult attachment. In J.A.Simpson & W.S.Rholes (Eds.), *Attachment theory and close relationships*. New York: Guilford Press.

Buss, D.M. (1991). Evolutionary personality psychology. *Annual Review of Psychology*, 42, 459—491.

Buss, D.M., & Schmitt, D.P. (1993). Sexual strategies theory: An evolutionary perspective on human mating. *Psychological Review*, 100, 204—232.

Buss, D.M., & Greiling, H. (1999). Adaptive individual differences. *Journal of Personality*, 67, 209—243.

Buss, D.M.熊哲宏，张勇，晏倩译.(2007).进化心理学.上海：华东师范大学出版社.

Campbell, A. (1999). Staying alive: Evolution, culture, and women's intrasexual aggression. *Behavioral and Brain Sciences*, 22, 203—252.

Caspi, A. (1998). Personality development across the lifespan. In N. Eisenberg (Ed.), *Handbook of child psychology* (Vol.3, pp.105—176). New York: John Wiley.

Chen, C., Burton, M., Greenberger, E., & Dmitrieva, J. (1999). Population migration and the variation of dopamine D4 receptor (DRD4) allele frequencies around the globe. *Evolution and Human Behavior*, *20*, 309—324.

Costa, P.T., & McCrae, R. (1980). Influence of extraversion and neuroticism on subjective well-being: Happy and unhappy people. *Journal of Personality and Social Psychology*, *38*, 668—678.

Costa, P.T., & McCrae, R.R. (1986). Personality stability and its implications for clinical psychology. *Clinical Psychology Review*, *6*, 407—423.

Costa, P.T., & McCrae, R.R. (1992). *NEO-PI-R professional manual*. Orlando, FL: PAR.

Costa, P.T., Terraciano, A., & McCrae, R. (2001). Gender differences in personality traits across cultures: Robust and surprising findings. *Journal of Personality and Social Psychology*, *81*, 322— 331.

Costa, P.T., & Widiger, T.A. (1994). Summary and unresolved issues. In P.T. Costa & T.A. Widiger (Eds.), *Personality disorders and the five-factor model of personality*. Washington, D.C.: American Psychological Association.

Cowan, G., & Avants, S.K. (1988). Children's influence strategies: Structure, sex differences, and bilateral mother-child influences. *Child Development*, *59*, 1303—1313.

Davidson, R.J. (1993). The neuropsychology of emotion and affective style. In M. Lewis & J.M. Haviland (Eds.), *Handbook of emotions* (pp.143—154). New York: Guilford Press.

Depue, R.A., & Collins, P.F. (1999). Neurobiology of the structure of personality: Dopamine facilitation of incentive motivation and extraversion. *Brain and Behavioral Sciences*, *22*, 491—569.

Depue, R.A., & Morrone-Strupinsky, J.V. (2005). A neurobehavioral model of behavioral bonding: Implications for conceptualizing a human

trait of affiliation. *Behavioral and Brain Sciences*, *28* (3), 313—378.
De Raad, B. (1992). The replicability of the Big Five personality dimensions in three word-classes of the Dutch language. *European Journal of Personality*, *6*, 15—29.
DeWitt, T.J., Robinson, B.W., & Wilson, D.S. (2000). Functional diversity among predators of a freshwater snail imposes an adaptive trade-off for shell morphology. *Evolutionary Ecology Research*, *2*, 129—148.
DeYoung, C.G., Peterson, J.B., & Higgins, D.M. (2005). Sources of the Openness/Intellect factor: Cognitive and neuropsychological correlates of the fifth factor of personality. *Journal of Personality and Social Psychology*, *73*, 825—858.
DeYoung, C.G., Quilty, L.C., & Peterson, J.B. (2007). Between facets and domains: 10 aspects of the big five. *Journal of Personality and Social Psychology*, *93*, 880—896.
Digman, J. (1990). Five factor model. *Annual Review of Psychology*, *41*, 417—440.
Digman, J.M. (1997). Higher-order factors of the big five. *Journal of Personality and Social Psychology*, *73*, 1246—1256.
Digman, J.M., & Shmelyov, A.G. (1996). The structure of temperament and personality in Russian children. *Journal of Personality and Social Psychology*, *71*, 341—351.
Draper, P., & Harpending, H. (1988). A sociobiological perspective on the development of human reproductive strategies. In K. MacDonald (Ed.), *Sociobiological perspectives on human development* (pp.340—372). New York: Springer-Verlag.
Eaton, W.O., & Yu, A.P. (1989). Are sex differences in child motor activity level a function of sex differences in maturational status? *Child Development*, *60*, 1005—1011.
Ebstein, R.P. (2006).The molecular genetic architecture of human personality: Beyond self-report questionnaires. *Molecular Psychiatry*, *11*, 427—445.
Ehrhardt, A.A., & Baker, S.W. (1974). Fetal androgens, human central

nervous system differentiation, and behavioral sex differences. In R.C. Friedman, R.M.Rickard, & R.L.Van de Wiele (Eds.), *Sex differences in behavior*. New York: John Wiley.

Eisenberg, D., Campbell, B., Gray, P., & Sorenson, M. (2008). Dopamine receptor genetic polymorphisms and body composition in undernourished pastoralists: An exploration of nutrition indices among nomadic and recently settled Ariaal men of northern Kenya. *BMC Evolutionary Biology*, 8, 173.

Eysenck, H.J. (1982). *Personality, genetics, and behavior*. New York: Praeger.

Farley, F.H. (1981). Basic process individual differences: A biologically-based theory of individualization for cognitive, affective, and creative outcomes. In F.H.Farley & N.H.Gordon (Eds.), *Psychology and education: The state of the union* (pp.7—31). Berkeley, CA: McCutchan Publishing Corp.

Figueredo, A.J., & King, J.E. (1996). The evolution of individual differences in behavior. *Western Comparative Psychological Association Observer*, 2 (2), 1—4.

Figueredo, A.J., & King, J.E. (2001). The evolution of individual differences. In S.D.Gosling & A.Weiss (Chairs), *Symposium on Evolution and Individual Differences*, Annual Meeting of the Human Behavior and Evolution Society, London, UK.

Figueredo, A.J., Vásquez, G., Brumbach, B.H., & Schneider, S.M.R. (2004). The heritability of life history strategy: The K-factor, covitality and personality. *Social Biology*, 51, 121—143.

Flinn, M.V., & Low, B.S. (1986). Resource distribution, social competition, and mating patterns in human societies. In D.I.Rubenstein & R.W. Wrangham (Eds.), *Ecological aspects of social evolution: Birds and mammals* (pp.217—243). Princeton, NJ: Princeton University Press.

Fisher, R.A. (1930). *The Genetical Theory of Natural Selection*. Oxford: Clarendon Press.

Foerster, K., Coulson, T., Sheldon, B.C., Pemberton, J.M., Clutton-

Brock, T.H., & Kruuk, L.E.B. (2007). Sexually antagonistic genetic variation for fitness in red deer. *Nature*, *447*, 1107—1109.

Fox, N.A., Henderson, H.A., Rubin, K.H., Calkins, S.D., & Schmidt, L.A. (2001). Continuity and discontinuity of behavioral inhibition and exuberance: Psychophysiological and behavioral influences across the first four years of life. *Child Development*, *72*, 1—21.

Friedman, H. S. (1995). Psychosocial and behavioral predictors of longevity: The aging and death of the "Termites". *American Psychologist*, *50*, 69—78.

Gangestad, S.W., & Simpson, J.A. (1990). Toward an evolutionary history of female sociosexual variation. *Journal of Personality*, *58*, 69—96.

Garey, J., Goodwillie, A., Frohlich, J., Morgan, M., Gustafsson, J.A., Smithies, O., Korach, K.S., Ogawa, S., & Pfaff, D.W. (2003). Genetic contributions to generalized arousal of brain and behavior. *Proceedings of the National Academy of Science*, *100*, 11019—11022.

Goldberg, L.R. (1990). An alternative "description of personality": The Big-Five factor solution. *Journal of Personality and Social Psychology*, *59*, 1216—1229.

Goldberg, L.R. (1992). The development of markers for the Big-Five-Factor structure. *Psychological Assessment*, *4* (1), 26—42.

Gosling, S.D., & John, O.P. (1999).Personality dimensions in nonhuman animals: A cross-species review. *Current Directions in Psychological Science*, *8* (3), 69—75.

Gray, J.A. (1987). *The psychology of fear and stress*. Cambridge, UK: Cambridge University Press.

Graziano, W.G., & Ward, D. (1992). Probing the Big Five in adolescence: Personality and adjustment during a developmental transition. *Journal of Personality*, *60*, 425—439.

Gurrera, R.J., Dickey, C.C., Niznikiewicz, M.A., Voglmaier, M.M., Shenton, M.E., & McCarley, R.W. (2005). The five-factor model in schizotypal personality disorder. *Schizophrenia Research*, *80*, 243—251.

Haselton, M.G., & Buss, D.M. (2000). Error management theory: A new perspective on biases in cross-sex mind reading. *Journal of Personality and Social Psychology*, 78, 81—91.

Haselton, M.G., & Nettle, D. (2006). The paranoid optimist: An integrative evolutionary model of cognitive biases. *Personality and Social Psychology Review*, 10, 47—66.

Heller, W. (1990). The neuropsychology of emotion: Developmental patterns and implications for psychopathology. In N.L. Stein, B. Leventhal, & T. Trabasso (Eds.), *Psychological and biological approaches to emotion* (pp.167—211). Hillsdale, NJ: Erlbaum.

Hogan, R. (1996). A socioanalytic perspective on the five-factor model. In J.S.Wiggins (Ed.), *The five-factor model of personality: Theoretical perspectives* (pp.163—179). New York: Guilford Press.

Humphreys, A.P., & Smith, P.K. (1987). Rough and tumble, friendship, and dominance in school children: Evidence for continuity and change with age. *Child Development*, 58, 201—212.

Insel, T.R., Winslow, J.T., Wang, Z., & Young, L.J. (1998). Oxytocin, vasopressin, and the neuroendocrine basis of pair bond formation. *Advances in Experimental Medicine and Biology*, 449, 215—224.

Isen, A.M., Daubman, K.A., & Nowicki, G.P. (1987). Positive affect facilitates creative problem solving. *Journal of Personality and Social Psychology*, 52, 1122—1131.

John, O., Caspi, A., Robins, R.W., Moffitt, T.E., & Sthouthamer-Loeber, M. (1994). The "little five": Exploring the nomological network of the five-factor model of personality in adolescent boys. *Child Development*, 65, 160—178.

Kagan, J., Reznick, J.S., & Snidman, N. (1987). The physiology and psychology of behavioral inhibition. *Child Development*, 58, 1459—1473.

Kagan, J., & Snidman, N. (1991). Infant predictors of inhibited and uninhibited profiles. *Psychological Science*, 2, 40—44.

Keller, M.C., & Miller, G.F. (2006). Which evolutionary genetic models best explain the persistence of common, harmful, heritable mental disorders? *Behavioral and Brain Sciences*, 29, 385—404.

Kelly, E., & Conley, J. (1987). Personality and compatibility: A prospective analysis of marital stability and marital satisfaction. *Journal of Personality and Social Psychology*, *52*, 27—40.

Kernberg, O.F. (1986). Hysterical and histrionic personality disorders. In R.Michaels (Ed.), *Psychiatry* (Vol.1, pp.1—11). Philadelphia: J.B. Lippencott Co.

Kiesler, D.J. (1983). The 1982 interpersonal circle: A taxonomy for complementarity in human transactions. *Psychological Review*, *90*, 185—214.

King, J.F., & Figueredo, A.J. (1994). Human personality factors in zoo chimpanzees? Paper presented at the Western Psychological Association Convention, Kona, Hawaii.

Kircaldy, B.D. (1982). Personality profiles at various levels of athletic participation. *Personality and Individual Differences*, *3*, 321—326.

Klein, Z. (1995). Safety-seeking and risk-taking behavioral patterns in Homo Sapiens. *Ethology and Sociobiology*.

Kleiman, D.G. (1981). Correlations among life history characteristics of mammalian species exhibiting two extreme forms of monogamy. In R. D.Alexander & D.W.Tinkle (Eds.), *Natural selection and social behavior* (pp.332—344). New York: Chiron Press.

Koole, S.L., Jager, W., Van den Berg, A.E., Vlek, C.A.J., & Hofstee, W.K.B. (2001). On the social nature of personality: Effects of extraversion, agreeableness and feedback about collective resource use on cooperation in a resource dilemma. *Personality and Social Psychology Bulletin*, *27*, 289—301.

Lamb, M.E., Chuang, S.S., Wessels, H., Broberg, A.G., & Hwang, C.P. (2002). Emergence and construct validation of the big five factors in early childhood: A longitudinal analysis of their ontogeny in Sweden. *Child Development*, *73*, 1517—1524.

Lancaster, J.B., & Lancaster, C.S. (1987). The watershed: Change in parental-investment and family-formation in the course of human evolution. In J.B.Lancaster, J.Altman, A.S.Rossi, & L.R.Sherrod (Eds.),

Parenting across the life span: Biosocial dimensions (pp.187—205). New York: Aldine de Gruyter.

Larsen, R.J., & Diener, E. (1987). Affect intensity as an individual difference characteristic: A review. *Journal of Research in Personality*, 21, 1—39.

Larsen, R.J., & Diener, E. (1993). Promises and problems with the circumplex model of emotion. In M.S.Clark (Ed.), *Review of personality and social psychology* (Vol.13, pp.25—59). Newbury Park, CA: Sage.

LeDoux, J. (1996). *The emotional brain: The mysterious underpinnings of emotional life*. New York: Simon & Schuster.

Lima, S.L., & Dill, L.M. (1990). Behavioral decisions made under the risk of predation: A review and prospectus. *Canadian Journal of Zoology*, 68, 619—640.

Lucas, R.E., Deiner, E., Grob, A., Suh, E.M., & Shao, L. (2000). Cross-cultural evidence for the fundamental features of extraversion. *Journal of Personality and Social Psychology*, 79, 452—468.

Lusk, J., MacDonald, K., & Newman, J.R. (1998). Resource appraisals among self, friend and leader: Implications for an evolutionary perspective on individual differences and a resource/reciprocity perspective on friendship. *Personality and Individual Differences*, 24, 685—700.

MacDonald, K.B. (1983). Stability of individual differences in behavior in a litter of wolf cubs (Canis lupus). *Journal of Comparative Psychology*, 2, 99—106.

MacDonald, K.B. (1988). *Social and personality development: An evolutionary synthesis*. New York: Plenum.

MacDonald, K.B. (1991). A perspective on Darwinian psychology: Domain-general mechanisms, plasticity, and individual differences. *Ethology and Sociobiology*, 12, 449—480.

MacDonald, K.B. (1992). Warmth as a developmental construct: An evolutionary analysis. *Child Development*, 63, 753—773.

MacDonald, K.B. (1995). Evolution, the five-factor model, and levels of personality.*Journal of Personality*, 63, 525—567.

MacDonald, K.B. (1997). The coherence of individual development: An evolutionary perspective on children's internalization of cultural values. In J.Grusec & L.Kuczynski (Eds.), *Parenting strategies and children's internalization of values: A handbook of theoretical and research perspectives* (pp.321—355). New York: Wiley.

MacDonald, K.B. (1999a). Love and security of attachment as two independent systems underlying intimate relationships. *Journal of Family Psychology*, 13 (4), 492—495.

MacDonald, K.B. (1999b). What about sex differences? An adaptationist perspective on "the lines of causal influence" of personality systems. Commentary on "Neurobiology of the Structure of Personality: Dopamine Facilitation of Incentive Motivation and Extraversion," by R.A. Depue & P.F.Collins. *Behavioral and Brain Sciences*, 22 (3), 530—531.

MacDonald, K.B. (2005). Personality evolution and development. Csulb Edu.

MacDonald, K.B., & Parke, R.D. (1986). Parent-child physical play: The effects of sex and age of children and parents. *Sex Roles*, 15, 367—378.

McCrae, R. (1987). Creativity, divergent thinking and openness to experience. *Journal of Personality and Social Psychology*, 52, 1258—1265.

McCrae, R., & Costa, P.T. (1997). Concepts and correlates of openness to experience. In R.Hogan, J.Johnson, & S.Briggs (Eds.), *Handbook of personality psychology* (pp.826—848). San Diego: Academic Press.

McCrae, R., Costa, P.T., Terracciano, A., Parker, W.D., Mills, C.J., De Fruyt, F., & Mervielde, I. (2002). Personality trait development from age 12 to age 18: Longitudinal, cross-sectional, and cross-cultural analysis. *Journal of Personality and Social Psychology*, 83, 1456—1468.

McKenzie, J., Taghavi-Knosary, M., & Tindell, G. (2000). Neuroticism and academic achievement: the Furneaux factor as a measure of academic rigour. *Personality and Individual Differences*, 29, 3—11.

Miller, G.F. (2000). *The mating mind: How mate choice shaped the evolution of human nature*. New York: Doubleday.

Mealey, L. (1995). The sociobiology of sociopathy: An integrated evolutionary model. *Behavioral and Brain Sciences 18*, 523—599.

Mesulam, M.M. (1986). Frontal cortex and behavior. *Annals of Neurology*, *19*, 320—325.

Neeleman, J., Sytema, S., & Wadsworth, M. (2002). Propensity to psychiatric and somatic ill-health: Evidence from a birth cohort. *Psychological Medicine*, *32*, 793—803.

Nesse, R.M. (2005). Natural selection and the regulation of defenses: A signal detection analysis of the smoke-detector problem. *Evolution and Human Behavior*, *26*, 88—105.

Nettle, D. (2001). *Strong imagination: Madness, creativity and human nature*. Oxford: Oxford University Press.

Nettle, D. (2005). An evolutionary approach to the extraversion continuum. *Evolution and Human Behavior*, *26*, 363—373.

Nettle, D. (2006a). The evolution of personality variation in humans and other animals. *American Psychologist*, *61*, 622—631.

Nettle, D. (2006b). Schizotypy and mental health amongst poets, visual artists and mathematicians. *Journal of Research in Personality*, *40*, 876—890.

Nettle, D. (2007). *Personality: What makes you the way you are*. Oxford: Oxford University Press.

Nettle, D., & Clegg, H. (2006). Schizotypy, creativity and mating success in humans. *Proceedings of the Royal Society of London Series B-Biological Sciences*, *273*, 611—615.

Nettle, D., & Liddle, B. (2008). Agreeableness is related to social-cognitive, but not social-perceptual, Theory of Mind. *European Journal of Personality*, *22*, 323—335.

Nettle, D. (2011). Evolutionary perspectives on the Five-factor Model of Personality. In D.M.Buss & P.H.Hawley (Eds.), *The evolution of personality and individual differences* (pp.5—28). Now York: Oxford University Press.

Newman, J.P. (1987). Reaction to punishment in extraverts and Psychopaths: Implications for the impulsive behavior of disinhibited individuals. *Journal of Personality Research*, *21*, 464—480.

Nigg, J.T., Blaskey, L.G., Huang-Pollock, C.L., Hinshaw, S.P., John, O.P., Willcutt, E.G., & Pennington, B. (2002). Big Five dimensions and ADHD symptoms: Links between personality traits and clinical symptoms. *Journal of Personality and Social Psychology*, *83*, 451—469.

Öhman, A. (1993). Fear and anxiety as emotional phenomena: Clinical phenomenology, evolutionary perspectives, and information-processing mechanisms. In M. Lewis & J. M. Haviland (Eds.), *Handbook of emotions* (pp.511—536). New York: Guilford Press.

O'Steen, S., Cullum, A.J., & Bennett, A.F. (2002). Rapid evolution of escape ability in Trinidadian guppies (Poecilia reticulata). *Evolution*, *56*, 776—784.

Panksepp, J. (1982). Toward a general psychobiological theory of emotions. *Behavioral and Brain Sciences*, *5*, 407—422.

Panksepp, J. (1998). *Affective neuroscience: The foundations of human and animal emotions*. New York: Oxford University Press.

Paulhus, D.L., Trapnell, P.D., & Chen, D. (1999). Birth order effects on personality and achievement within families. *Psychological Science*, *10*, 482—488.

Pickering, A.D., Diaz, A., & Gray, J.A. (1995). Personality and reinforcement: An exploration using a maze learning task. *Personality and Individual Differences*, *18*, 541—558.

Plomin, R. (1994). *Genetics and experience: The interplay between nature and nurture*. Thousand Oaks, CA: Sage.

Pound, N., Penton-Voak, I.S., & Brown, W.M. (2007). Facial symmetry is positively associated with self-reported extraversion. *Personality and Individual Differences*, *43*, 1572—1582.

Prokosch, M.D., Yeo, R.A., & Miller, G.F. (2005). Intelligence tests with higher g-loadings show higher correlations with body symmetry: Evidence for a general fitness factor mediated by developmental stability. *Intelligence*, *33*, 203—213.

Ramsey, D., & Lewis, M. (2003). Reactivity and regulation in cortisol and

behavioral responses to stress. *Child Development*, 74 (2), 456—464.
Reichert, S.E., & Hedrick, A.V. (1993). A test of correlationsamongst fitness-related behavioral traits in the spider Agelenopsis aperta (Aranea, Agelinidae). *Animal Behaviour*, 46, 669—675.
Richards, R., Kinney, D.K., Lunde, I., Henet, M., & Merzel, A.P.C. (1988). Creativity in manic-depressives, cyclothemes, their normal relatives, and control subjects. *Journal of Abnormal Psychology*, 97, 281—288.
Roberts, B.W., Kuncel, N.R., Shiner, R., Caspi, A., & Goldberg, L.R. (2007). The power of personality. The comparative validity of personality traits, socio-economic status and cognitive ability for predicting important life outcomes. *Perspectives on Psychological Science*, 2, 313—345.
Rothbart, M.K., & Bates, J.E. (1998). Temperament. In N. Eisenberg (Ed.), *Handbook of child psychology* (Vol. 3, pp. 105—176). New York: John Wiley.
Rothbart, M.K., Ahadi, S.A., & Evans, D. (2000). Temperament and personality: Origins and outcomes. *Journal of Personality and Social Psychology*, 78, 122—135.
Rothbart, M.K., Ahadi, S.A., Hershey, K.L., & Fisher, P. (2001). Investigations of temperament at three to seven years. The Children's Behavior Questionnaire. *Child Development*, 72, 1394—1408.
Samuels, J., Bienvenu, O.J., Cullen, B., Costa, P.T., Eaton, W.W., & Nestadt, G. (2004). Personality dimensions and criminal arrest. *Comprehensive Psychiatry*, 45, 275—280.
Savin-Williams, R. (1987). *Adolescence: An ethological perspective*. New York: Springer-Verlag.
Shaner, A., Miller, G.F., & Mintz, J. (2004). Schizophrenia as one extreme of a sexually selected fitness indicator. *Schizophrenia Research*, 70, 101—109.
Sih, A., Bell, A., & Johnson, J.C. (2004). Behavioural syndromes: An ecological and evolutionary overview. *Trends in Ecology & Evolution*, 19,

372—378.

Silk, J.B. (2007). The adaptive value of sociality in mammalian groups. *Philosophical Transactions of the Royal Society*, Series B, *362*, 539—559.

Soldz, S., & Vaillant, G.E. (1999). The big five personality traits and the life course: A 45-year longitudinal study. *Journal of Research in Personality*, *33*, 208—232.

Southwood, T.R.E. (1981). Bionomic strategies and population parameters. In R. M. May (Ed.), *Theoretical ecology: Principles and applications* (pp.30—52). Sunderland, MA: Sinauer Associates.

Srivastava, S., John, O.P., Gosling, S.D., & Potter, J. (2003). Development of personality in early and middle adulthood: Set like plaster or persistent change? *Journal of Personality and Social Psychology*, *84*, 1041—1053.

Sulloway, F.J. (1996). *Born to rebel: Birth order, family dynamics, and creative lives*. New York: Pantheon.

Sulloway, F.J. (1999). Birth order. In M.A.Runco & S.R.Pritzker (Eds.), *Encyclopedia of creativity* (Vol.1, pp.189—202). San Diego, CA: Academic Press.

Trapnell, P.D., & Wiggins, J.S. (1990). Extension of the interpersonal adjective scales to include the big five dimensions of personality. *Journal of Personality and Social Psychology*, *59*, 781—790.

Trivers, R. (1972). Parental investment and sexual selection. In R. Campbell (Ed.), *Sexual selection and the descent of man* (pp.136—179). Chicago: Aldine-Atherton.

Trivers, R. (1974). Parent-offspring conflict. *American Zoologist*, *14*, 249—264.

Trull, T.J., & Geary, D.C. (1997). Comparison of the big-five factor structure across samples of Chinese and American adults. *Journal of Personality Assessment*, *69*, 324—341.

Tooby, J., & Cosmides, L. (1990). On the universality of human nature and the uniqueness of the individual: The role of genetics and adaptation. *Journal of Personality*, *58*, 17—67.

Tooby, J., & Cosmides, L. (1992). The psychological foundations of culture. In J. H. Barkow, L. Cosmides, & J. Tooby (Eds.), *The adapted mind: Evolutionary psychology and the generation of culture* (pp.19—136). New York: Oxford University Press.

Tucker, D. M., & Derryberry, D. (1992). Motivated attention: Anxiety and the frontal executive functions. *Neuropsychiatry, Neuropsychology, and Behavioral Neurology, 5*, 233—252.

Tucker, D. M., & Williamson, P. A. (1984). Asymmetric neural control systems in human self-regulation. *Psychological Review, 91*, 185—215.

Watson, D., & Clark, L. A. (1992). On traits and temperament: General and specific factors of emotional experience and their relation to the five-factor model. *Journal of Personality, 60*, 441—476.

Weissman, M. M. (1985). The epidemiology of anxiety disorders: Rates, risks, and familial patterns. In A. H. Tuma & J. Maser (Eds.), *Anxiety and the anxiety disorders*. Hillsdale, NJ: Erlbaum.

West-Eberhard, M. J. (2003). *Developmental plasticity and evolution*. New York: Oxford University Press.

Widiger, T. A., & Trull, T. J. (1992). Personality and psychopathology: An application of the five-factor model. *Journal of Personality, 60*, 363—393.

Widiger, T. A., Trull, T. J., Clarkin, J. F., Sanderson, C., & Costa, P. T. (2002). In P. T. Costa & T. A. Widiger (Eds.), *Personality disorders and the five-factor model of personality* (pp.89—99). Washington, D. C.: American Psychological Association.

Wiggins, J. S., & Broughton, R. (1985). The interpersonal circle: A structural model for the integration of personality research. *Perspectives in Personality, 1*, 1—47.

Wiggins, J. S., & Trapnell, P. D. (1996). A dyadic-interactional perspective on the five-factor model. In J. S. Wiggins (Ed.), *The five-factor model of personality: Theoretical perspectives* (pp.88—162). New York: Guilford Press.

Wiggins, J. S., Trapnell, P., & Phillips, N. (1988). Psychometric and geometric characteristics of the Revised Interpersonal Adjective Scales (IAS-R). *Multivariate Behavioral Research*, *23*, 517—530.

Wilson, D.S. (1994). Adaptive genetic variation and human evolutionary psychology. *Ethology and Sociobiology*, *15*, 219—235.

Wright, P. H., & Scanlon, M. B. (1991). Gender role orientation and friendship: Some attenuation, but gender differences abound. *Sex Roles*, *24*, 551—566.

Zuckerman, M. (1979). *Sensation seeking: Beyond the optimal level of arousal*. Hillsdale, NJ: Erlbaum.

Zuckerman, M. (1991). *Psychobiology of personality*. Cambridge, UK: Cambridge University Press.

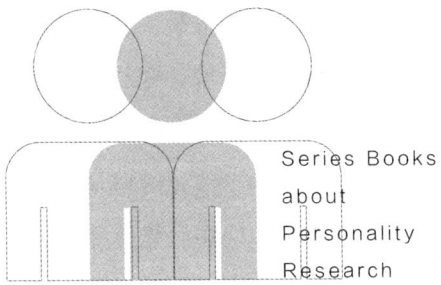

第7章

个体差异察觉机制的进化观

正如丰富多彩的自然环境是一道道美丽的自然风景，同时构成人类必须面对的适应环境，变幻多端的人类社会也是一道道迷人的风景，同时成为人类自身需要去适应的社会环境。在很大程度上，人类社会环境是由社会关系以及个体差异构成的，我们面对的社会适应问题可能就是由丰富多样的人际关系和个体差异构成的。进化心理学家巴斯认为，我们人类进化了适应自然环境的心理机制，也进化了适应社会环境的心理机制，尤其进化了人类个体差异的察觉机制。本章力图阐述巴斯的个体差异察觉机制的进化理论。我们首先分析人类的个体差异是如何构成社会适应问题的，接着阐述巴斯的个体差异察觉机制理论，即个体差异察觉机制是如何解决社会适应问题的，然后详细分析各种具体的社会适应问题与个体差异察觉机制的关系，最后分析个体差异的自我察觉机制。

一、个体差异与社会适应问题

正如前面章节所阐述的那样，进化人格心理学的大部分工作是在探讨和揭示人格个体差异的进化来源和机制。这些研究工作的基本结论可以被概括为：人格的个体差异是普遍性的，这些普遍性的个体差异是通过进化选择发展而来的；这些个体差异之所以能够得到进化，是因为它们在不同的进化适应环境中具有相应的适应价值（Buss，2007；Nettle，2011）。已有研究表明，到目前为止，大五人格因素模型是评价人格个体差异最好的结构框架。进化人格心理学认为，大五人格因素模型就是五个进化而来的适应机制，每种机制（人格因素）都可以解决与生存和繁殖密切相关的适应问题（MacDonald，2005；Nettle，2011）。每种人格特质之所以表现出广泛的个体差异，是因为每种人格特质的适应性水平会随着环境的变化而变化。在既定的环境条件下，每种特质水平都会带来适应性的益处，也会付出某些代价。换句话说，每种特质都可以在某种特定的环境条件下找到其较优的适应性水平，不存在所有环境条件下最优的、广泛适应的特质。譬如，高外倾性特质可以在不稳定的、较快变化的、结构不是很清晰的社会环境中发挥其较优的适应功能，低外倾性特质则可以在稳定的、变化节奏较慢的、结构层次比较清晰的社会环境中发挥其较优的适应功能。总之，进化心理学认为，人格的个体差异在很大程度上是我们人类自身的适应工具。

不过，进化心理学家巴斯（Buss，2011）认为，对个体自身来说，人格的个体差异也会构成我们必须解决的社会适应问题。人类是群居性的社会动物，在群居性的社会环境中，我们通过主观的努力或者自然而然的适应过程建构各种社会关系，譬如合作关系、朋友关系、配偶关系、亲属关系，等等。毫无疑问，大多数社会关系对我们来说是有益的，从根本上有利于我们的生存和繁殖功能，譬如我们建构配偶关系才能达到繁殖的目的，我们建构合作关系有利于获得更多的资源。不过，社会关系也是一把双刃剑。如果我们不能建立合适而且良好的人际关系，或者不能恰当处理已经建立起来的人际关系，这反而会给我们自身带来很大麻烦。譬如关系中对方的背叛，对方对你的看似合理的侵害，以及一些难以回避的竞争关系。很显然，这些麻烦的关系问题在很大程度上构成了我们的社会适应问题。

巴斯以一个具体的案例来说明这种社会适应问题的严重性：在多拉（Dora）的幸福生活中，她有一个很爱她的丈夫，也有一个无话不谈的密友。多拉从夫妻关系和朋友关系中获得了相当多的幸福。但是有一天，当她发现丈夫和密友合起伙来欺骗她时，她的整个世界坍塌了。她的这种夫妻关系和朋友关系又给她带来很大的伤害。这对她来说是一个需要面对和解决的社会适应问题。多拉该如何解决这个社会适应问题呢？后来，她通过与她的密友的丈夫发展同样不正当的关系来报复他们。尽管这在一定程度上平复了她内心的愤怒，但是依然无法挽回她的损失。巴斯进一步分析，实际上，这种结果的根本原因在于，多拉的丈夫具有高度的自恋人格特质，这种特质导致他对夫妻关系的背叛行为（Buss & Shackelford，1997），她的朋友则具有较低的宜人性，这种人格特质水平导致对友谊关系的背叛行为（Nettle，2006）。我们试想一下，如果多拉选择的伴侣和朋友都没有这些糟糕的人格特质，她也许就不会碰到这种糟糕的情况，也就不需要被迫面对和处理这样的社会适应问题了。

我们总是置身于一定的社会关系中，这些社会关系在给我们带来益处的同时，可能会带来伤害，让我们付出代价。于是，我们在建立这些社会关系的时候，就需要对这种关系可能带来的益处和代价作出权衡。而这种权衡最重要、最核心的地方就是对关系对方的人格特质进行察觉和评价。如果我们对一个人的行为表现进行察觉后，把他评价为具有一种高宜人性、高尽责性的人格特质，我们就期望自己能够从双方的这种朋友关系中获得较大的收益。相反，如果认为对方在宜人性和尽责性这两种人格特质上表现得不是很好，我们就会评估自己是否能够从这种朋友关系中获得收益，甚至担心会受到伤害。俗话说，人上一百，形形色色。人们在人格上的差异是多种多样的。这使得我们对他人人格的细致察觉和准确评价存在很大的困难。面对我们选择的关系对象，他们的人格差异越大，我们的察觉和评价可能会越困难。于是，人格的个体差异就构成了我们的社会适应问题。其实，这种人格差异的复杂性与我们面对的自然环境的复杂性具有某种程度的相似性。为了适应自然环境，人类成员必须学会识别各种各样的食物，哪些是可以食用的，哪些是有毒的；必须判断哪些交配对象是有生殖潜力的，哪些交配对象可能是身体有问题的。同样，为了适应社会环境和社会关系，个体需要识别哪些人是可靠的、善良的、诚信的、容易合作的、有能力的，而哪些人是不可靠的、自私的、具有欺骗性的、很难合作的、缺乏能力的。也就是说，人格的个体差异也像自然环境的差异性一样，构成我们必须面对和解决的社会适应问题。

二、个体差异的察觉机制与社会适应

人格的个体差异通过进化选择机制而被长期保存在人群中。这种个体差异可能就是个体需要适应的社会生态环境的部分。正如生态环境是个体实现生存和繁殖功能所依存的外在条件，同时构成我们所要面对的适应问题，或者构成一种促进个体进化的选择压力，个体差异也构成我们所要面对和必须适应的问题，于是个体差异也成为一种进化过程中的选择压力，成为人类进化的一种动力。换句话说，人格的个体差异作为人类进化适应环境的一部分，也拥有这种进化选择的力量，从而导致那些对个体差异有较强察觉能力和评价机制的人类成员具有较强的社会适应能力，从而获得较好的生存优势和繁殖优势，而那些缺乏这种个体差异察觉和评价机制的人类成员就存在适应价值上的劣势，从而面临被淘汰的危险。基于这种自然选择的过程，人类也逐渐进化出个体差异的察觉和评价机制。

当然，人类成员对个体差异的察觉和评价，首先是对人际关系中他人暂时状态的敏感性。譬如，人类已经进化出一种强大的识别能力，能够快速和准确地从许多面孔中察觉那些愤怒的面孔（Öhman, Lundqvist, & Esteves, 2001），这种差异察觉能力使得个体能够对潜在的危险保持高度警觉，从而可以采取相应的行为来避免和防御这些潜在的危险。其实，人类成员已经进化出一种对他人瞬间表情的超常察觉能力，人类这种进化而来的适应能力可以让他们观察到其他个体短暂的状态差异，并以此作出相应的反应。这是人类适应性决策机制的重要组成部分。巴斯（Buss，2011）认为，基于对他人暂时状态差异的察觉机制，人类也会进化出对他人稳定的个体差异的察觉机制（Buss，1991a，1996）。我们知道，行为反应与其背后的人格特质是相关的，人格特质可以中等程度地预测相应的行为特征。于是，巴斯（Buss，2011）认为，如果这些行为特征会在人际交往过程中导致适应问题，那么自然选择会设计这种被用来观察、评价以及对这些稳定的个体差异作出反应的适应性机制，因此这种人格察觉和评价的适应性机制可以解决个体差异的社会适应问题。

巴斯（Buss，2011）认为，基于以上这种基本假设，接下来需要进一步考虑的问题有：（1）人类反复面临着哪些由个体差异导致的关键的社会适应问题？（2）哪些个体差异对产生这些社会适应问题最关键？（3）哪些个体差异会对解决这些适应问题产生干扰作用？（4）哪些个体差异会对解决这些适应问题产生促进作用？明确个体差异察觉的适应性机制包括以下三个方面：（1）人们用来评估关键的个体差异的线索；（2）用来加工关键的个体差异信息的心理机制，例如动力机制和情感机制；(3) 相应的行为反应。下面用性虐待这个适应问题来阐释人格差异察觉和评价的适应性机制。

社会适应问题的一个典型案例就是一些男性对女性的性虐待问题。有调查研究表明，在性虐待行为问题上，有大约4%的男性表现出稳定的人格特质倾向，这甚至可以被描述为心理变态倾向（Lalumiere, Harris, Quinsey, & Rice, 2005）。这些男性在宜人性和尽责性两种人格特质上得分很低，缺乏内疚、悔恨这些人类成员普遍拥有的情感。他们频繁采用欺骗的和控制性的社交策略，因此避免成为这些变态者的牺牲品是女性必须面对的社会适应问题（Lalumiere et al., 2005）。

很明显，性虐待通常给受害者带来严重的适应问题，包括将来的择偶困难、没有养育保障的被迫怀孕、社会名声受损、难以正确看待未来的伴侣、未来孩子的名声，等等。鉴于这种沉重的社会适应代价，那些能够识别什么样的男性具有性虐待倾向的女性相对来说就具有适应上的优势。这些适应上的优势表现在以下这些适应行为上：察觉男性的性策略，逃避有性虐待倾向的男性，选择身体健壮、心理健康的伴侣和朋友作为自己的保护伞，寻求亲人和社会组织的支持以阻止男性的性虐待倾向。总之，差异察觉适应性机制在一般情况下可以解决这些由某些变态的男性所制造的社会适应问题。当然，差异察觉适应性机制也能在其他的社会剥夺中发挥重要作用。有研究（Mealey, 1995）表明，心理变态者不仅表现出性虐待行为，而且在其他的社会交流和社会关系中表现出欺骗的和控制性的行为策略。对这种个体差异的察觉同样关系到这类社会适应问题的解决。

差异察觉适应性机制的一种有效应用就是对他人习惯性的福利权衡比率的察觉。所谓福利权衡比率（welfare tradeoff ratios，WTR），是指相比于其他人，一个人对自己利益的重视程度（Tooby, Cosmides, Sell, Lieberman, & Sznycer, 2008；Sell, Tooby, & Cosmides, 2009）。福利权衡比率被假设为一种内在的适应调节机制，可以调节个人特征与外在行为之间的关系。譬如，愤怒行为作为福利权衡比率的一个观测指标，可能就是一种适应机制，它被设计用来改变愤怒目标的态度和观点，从而有利于愤怒者（Sell, Tooby, & Cosmides, 2009）。有两个实证案例可以证实这种观点（Sell, Cosmides, Tooby, Sznycer, Von Rueden, & Gurven, 2009）：第一，身体强壮作为一种稳定的个人特征，有利于个体占据有利的位置，有利于个体在社会冲突中保持优势，这种个人特征在竞争中容易让他人付出代价。因此，身体强壮的人更容易表现愤怒，并且更倾向于表现出使用暴力来解决个人冲突和社会冲突的态度。第二，身体吸引力是女性的一种重要的个人特征，这种个人特征与生育密切相关，因此可以被看作能够给女性带来好处的特征。有研究表明，具有身体吸引力的女性更容易表现出更多的愤怒情绪，以此表现自己更强的优越感。两个实证案例表明，男性身体强壮的特征和女性身体吸引力的特征会影响他们的福利权衡比率，相应地也影响他们的行为策略，这可以通过他们习惯性的愤怒行为策略表现出来。在一些利益冲突和人际关系纠纷中，一个人习惯性的福利权衡比率可以比较明显地反映他的某些人格特征，这为观察者察觉和评价他人的人格特征提供了有效的观测指标。

一个影响福利权衡比率的重要人格特质就是自恋（narcissism）。自恋有两个主要特征。第一个特征是强烈的个人优越感和以自我为中心。自恋人格的行为表现包括：只知道索取而不思回报，不考虑他人的感受而强行施惠，理所当然地认为他人应该帮助自己，拒绝分享，喜欢插队（Buss & Chiodo, 1991）。自恋者通常缺乏同情心。他们不理会朋友的感受，倾听别人讲话时表现得不耐烦。第二个特征就是利用他人，把他人看作达到自己目的，满足自己愿望的工具，一旦对方没有价值就会把他一脚踢开（Buss & Chiodo, 1991）。自恋者的社会声誉通常不好，外表也与众不同，譬如喜欢名贵服装，对女性自恋者来说，她们所穿裙子的开衩程度可以作为一个判断的指标（Vazire, Naumann, Rentfrow, & Gosling, 2008）。

人格评价适应机制通过观测自恋者的自恋特质水平（包括个人优越感、缺乏同情心、自私和利用他人）可以在社会关系和社会交流中找到与这些利益冲突有关的社会适应问题的答案。基于这种人格评价适应机制，我们可以在朋友选择、配偶选择、合作伙伴的选择，以及一些亲属关系和工作关系中比较准确地识别那些自恋者。譬如，配偶关系中的自恋者会过分占有共同资源，剥夺配偶的权利，更容易背叛婚姻，更容易出现婚外情（Buss & Shackelford，1997）。

另一种与福利权衡比率密切相关的人格特质是宜人性（agreeableness）。它是大五人格因素模型中的一个基本人格维度。宜人性人格特质有以下一些行为表现：自愿为配偶和朋友做晚餐，非常愿意为朋友和亲人提供帮助，当朋友遇到困难时会主动提供援助，当没有人愿意站出来的时候会自愿站出来承担责任，同情朋友和他人的痛苦，会自愿为集体和公益活动提供赞助（Botwin & Buss，1989；Buss，1991a；Denissen & Penke，2008a）。宜人性的这些品质反映了合作的和利他的人格倾向。基于这些人格倾向，我们有理由假设，具有宜人性品质的个体倾向于表现出更加重视他人福利的权衡比率。

总之，个体的福利权衡比率会与其特定的人格特质密切相关，譬如自恋和宜人性。我们可以通过福利权衡比率策略察觉个体的人格特质，评价人们的个体差异（Naumann, Vazire, Rentfrow, & Gosling, 2009; Yamagishi, Tanida, Mashima, Shimoma, & Kanazawa, 2003）。

三、社会适应问题及相应的个体差异察觉机制

如上所述，人类是群居性动物，人类成员的生存、繁殖和

发展离不开与群体中其他人相互合作、相互交流和相互影响的社会互动过程以及社会关系。同时，对个体来说，与他人的社会互动和社会关系必须建立在对他人个体差异的察觉和认识基础上，因此他人的个体差异可能会给我们带来社会适应问题。巴斯（Buss，2011）认为，人类进化了察觉和评价个体差异的适应机制，以解决相应的适应问题。由他人的个体差异带来的社会适应问题主要表现在个体与他人的各种具体的社会关系之中。不同类型的人际关系承担的社会功能不同，从而带来的适应问题也有所不同。因此，个体差异的察觉和评价适应机制始终在各种具体的社会适应问题中扮演着问题解决的角色。巴斯（Buss，2011）认为，根据已有的分类标准，我们至少可以把与社会适应有关的重要人际关系分为合作关系、朋友关系、配偶关系、竞争关系、等级关系和亲属关系等方面，于是我们面临的社会适应问题也应该表现在这些关系领域。个体差异的察觉和评价机制分别在这些社会适应问题中扮演怎样的角色呢？下面我们分别进行分析和讨论。

（一）合作关系

在远古时期，为了适应残酷的自然环境，人们需要组成群体。去野外捕食大型动物和抵御外来侵略的时候，人们更加需要结伴而行（Tooby & DeVore，1987）。毫无疑问，人类是一种异乎寻常的合作性物种，人类成员的抱团合作能够带来许多益处。在人类进化过程中，为了完成生存和繁殖的任务，每个群体都会包含一定比例的男性和女性。由于男性和女性在执行生存和繁殖任务中的功能分工不同，因此每个群体又会分成男性团体和女性团体。男性团体的功能表现为：袭击其他团体以获得有生育能力的女性或者其他的繁殖资源，保护自己所在团体的资源并抵御其他团体的袭击，进行大型的捕猎活动，在团体中提高自身的地位等级（Buss，2007）。很明显，男性团体的独特功能需要男性拥有强壮的身体素质和勇敢的心理品质。于是，我们有理由假设，进化选择会让团体成员发展出识别和挑选男性特质的机制，从而有助于组成强大的团体。女性团体的功能却有所不同。为了养育孩子女性需要相互帮助，从而形成合作团体（Tooby & DeVore，1987）。女性团体的主要目标是为养育孩子提供帮助，因此需要一些不同的人格特质，并且形成不同的合作要求。

巴斯（Buss，2011）通过询问男性和女性如何评价团体成员中148个潜在特征来探究这个问题。团体被定义为具有共同目标的一群人。每个特征会被评分，评分的范围为－4分（在群体成员中非常不满意）到＋4分（在群体成员中非常满意）。这个拥有148个题项的特质量表既包含了大五人格因素的大多数成分，也包含了进化假设中一系列的特征，譬如配偶关系、朋友关系和合作关系等。"在面对危险时表现勇敢"这样的题项主要测试男性团体需要的两项功能：（1）攻击性功能，即为获取繁殖资源而与其他团体作斗争；（2）防御性功能，即避免自己的团体受到攻击,以保护自己团体的资源。

调查结果表明,男性和女性都对合作伙伴的以下特征感到满意:努力、聪明、善良、心胸开阔、能激励他人、知识广博、幽默、值得依赖(Cottrell, Neuberg, & Li, 2007)。不过,在合作伙伴的功能方面存在明显的性别差异。男性对合作伙伴的以下特征更为满意:面对危险时表现得勇敢,身体强壮,是一个好的勇士,伙伴受伤时能够给予保护,能够忍受身体上的疼痛,能够保护其他人免受身体上的攻击,能够领导他人。男性和女性都对男性合作伙伴的以下特征不满意:不擅长体育活动,身体羸弱。

结果还表明,女性尤其看重团体成员的责任心和社会观察力。为了给孩子的抚养提供多重帮助,这些特质被认为对女性团体非常重要。此外,女性比男性更厌恶团体成员的性滥交,例如与多个异性伙伴发生性行为。性滥交的女性更不容易受到女性团体成员的欢迎,因为这与其他团体成员的长期配偶策略相冲突。性滥交的女性不仅侵占了其他女性的配偶资源,而且降低了男性维持长期配偶关系的意愿。简言之,尽管男性和女性都对团体成员的某些特质非常重视,例如可靠性和智力,但是男性和女性在寻找团体成员时在特质的选择方面还是有明显差异的,他们会结合团体的不同适应功能和团体面临的问题选择具有不同特质的团体成员。

这项调查研究样本主要来自美国大学生,当然其他文化中的研究样本还有待收集。尽管如此，非常有趣的是，即使是在现代的美国大学，人们似乎已经远离发生在远古时代的小范围战争，但人们依然会基于这样一些稳定的特质来选择合作伙伴，这些稳定的特质可以帮助他们在团体竞争中取得胜利并进行身体上的防卫。当然，合作伙伴还会面临其他的适应性问题，例如背叛和搭便车，这些适应性问题会破坏合作关系。

背叛更可能发生在战争时期（Chagnon，1983）。进行袭击时，合作伙伴准备和竞争对手展开斗争，此时个体可能会说他身体虚弱或身体有疾病，必须在危险的袭击开始之前离开战斗队伍。背叛会危及整个团体，部分人的背叛会导致团体规模变小，战斗力量变弱，从而导致可能失败的战争后果（Wrangham，1999）。

个体面临的另一个适应性问题就是团体会受到搭便车者的影响而遭受潜在的损失。那些在团体的成功中获得益处的个体并没有为团体的成功作出同等程度的贡献（Price，2005）。例如，在以打猎为主的团体中，当遇见一个很危险但是让人很满意的动物时，有些人可能会偷偷地从危险中退出，让团体中的其他成员去冒险，结果却是他们完全共享别人狩猎来的食物。在这里，可靠性和勤奋等人格特质在选择合作伙伴时也许可以作为解决背叛和搭便车问题的一种方案。其他的解决方案主要包括一些对搭便车者的惩罚性措施（Price，2005），以及开除那些侵犯团体利益的人（Williams，Forgas，& von Hippel，2005）。

总而言之，在合作关系中，那些具有可靠性、勤奋和勇敢等稳定特质的个体相对于具有其他特质的个体可能更为可靠。随着时间的反复验证，自然选择通过差异察觉适应性机制来确定和认可某些团体成员，而这些团体成员往往具有优秀的特质以帮助解决团体中的问题，实现团体的目标。

（二）竞争关系

评估对手（或者敌人）的强大程度对于作出决定非常重要。基于这种评估，我们会作出决定，在面对强敌时我们是和竞争对手正面冲突，还是释放顺从的信号与他们和解。塞尔和他的学生（Sell, Cosmides, & Tooby, 2009）提供了令人信服的研究证据，即人类具有评估他人（尤其是竞争对手）身体强壮性的认知机制。在实验中给被试呈现一些男性的照片，让他们对这些照片中人物的身体强壮性作出评估。结果显示，他们能够准确地评估照片中人物的身体强壮性。甚至当只呈现脖子以上的面部时被试也能准确而客观地评估上半部分身体的强壮性。这些发现为差异察觉适应性机制提供了证据，人们具有准确地评估他人身体强壮性的能力。这种身体强壮性的差异察觉能力能够帮助解决与攻击性社会交往有关的问题。

类似的逻辑同样适用于对竞争对手人格特质的评估。相比于那些具有较低攻击性和较高胆怯性的竞争对手，当竞争对手具有较强的攻击性和较低的胆怯性时，我们可能面临更大的身体上的危险。我们可以根据竞争对手稳定的智力水平预测他们在未来的攻击策略中是否会运用复杂的和狡猾的策略。不过，相比于对竞争对手身体力量的评估，对他们内在特质带来的潜在威胁的评估可能要困难得多。

由于性别以及适应性环境不同，对竞争对手的相关特质的评估标准可能有所不同。譬如，当竞争中涉及身体上的对抗和比拼时，勇敢和无所畏惧等特质就是男性评价强大对手的标准。而情绪智力、宜人性、身体吸引力、脾气，以及散播流言的能力等特质通常被看作女性对手的评价标准。马基雅维利主义和精神变态等特质则在男性和女性中都被认为是强大的和狠毒的对手的评价标准。简言之，人格评价适应性机制能够有效地识别和警觉有关社会竞争对手和敌人的社会适应问题。

（三）等级关系

人类成员生活在群体之中，所有的群体都包含等级关系，有的群体包含正式的等级关系，有的群体包含非正式的等级关系，有的群体则包含二者混合的等级关系。进化心理学认为，个体在等级关系中的地位与其能够获得的相关资源是密切相关的。相比而言，在群体等级关系中处于较高地位的个体可能会获得更多的食物、更大的领地范围，得到更多的健康照顾和更多的性伴侣（Buss，2007）。因此，在群体中绝大多数成员都有追求较高等级地位的内在动机和行动，其根本原因也是为了获取更多的生存资源和更多的繁殖机会（Buss，2007）。不过，在既定条件下，处于不同社会等级地位的个体会在进化适应环境中面临不同的适应性问题，相应地也会采取不同的适应性策略。譬如，在雄性猩猩中，群体地位较低的猩猩获得的交配机会较少，于是他们倾向于采取鬼鬼祟祟的交配策略。首领猩猩则会获得最多的交配机会，地位较高的猩猩会寻求机会挑战和替代首领猩猩（De Waal，1982）。

在人类群体中，男性在资源分配决策中会高度重视相关的地位特征（Ermer，Cosmides，& Tooby，2008）。当某个男性被认为与其他男性具有同等的地位时，他会冒险收复失去的资源，但当他被认为不具有与其他男性同等的地位时，他就不会这样做。这充分证明，男性对相关的等级地位非常敏感，因此他们会作出相应的冒险行为。这些效应主要发生在男性身上，在女性身上很少见。由此可以得出这种结论，即男性比女性更加重视等级地位。

在群体环境中，对他人人格特质的评价有利于我们解决有关等级地位的适应性问题。一些个体具有支配倾向，而另一些个体具有顺从的特质。这些人格特质可以被用来预测他们可观察的支配性的或者顺从性的行为（Buss & Craik，1983）。譬如，具有较强支配性的个体喜欢为团体制定目标，勇于承担事故后的处理责任，总是要求其他人为自己服务，更容易在集体项目中担任主要负责人，更乐于解决团体成员之间的争论。具有顺从特性的个体则倾向于同意他人的计划，即使他们对这些计划缺乏信心，他们倾向于接受别人的批评而不为自己辩解，因为一个小错误而反复道歉，在商店中被少找了零钱也不说什么，其他人插队时他们也沉默不语，表现出忍耐的态度（Buss & Craik，1983）。

以上阐述表明，人们拥有与其等级地位相关的人格特质，高地位者通常拥有支配性人格特质，低地位者通常拥有顺从性人格特质。对这些与等级地位相关的人格特质的准确评价可以为我们提供如何解决等级关系中适应性问题的信息。譬如，当个体身处等级关系中，想从他人那里获取资源时，如果以顺从者为目标而不是以高度支配者为目标，那么成功获取资源的可能性要大得多。事实上，实证研究表明，这种现象也存在于卷尾猴群体中，它们倾向于以那些处于较低地位的猴子为目标来攫取食物（De Waal，1992）。我们通常会对一个新成员支配性和顺从性的人格特质进行评估，以此来判断他是否会在群体等级关系中对自身的地位构成威胁。简言之，对人格特质的准确评估可以为我们提供这样的信息，即在未来的群体等级关系中，谁可能地位上升，谁可能地位下降。

此外，人格特质也可以为那些想要实现地位上升的个体选择联盟伙伴提供功能信息。具有较高支配性的个体更有可能在未来实现地位的上升，其他人则可能不会，于是与这种人结成联盟有助于自身获取较高的等级地位。总之，人们可以通过对人格特质的精确评估作出较优的决策，决定是否应该为了获得较高的等级地位而与这些被评估者结成联盟（Gough，1996）。

(四) 友谊关系

有研究证据表明，人类具有建立友谊的适应性机制，这种友谊关系包括遵守诺言的真正的朋友关系和基于互惠的联盟(Tooby & Cosmides, 1996)。真正的朋友之间可以提供很多资源以解决核心的适应性问题，譬如提供食物、提供保护、共同抵御侵犯者、生病期间提供帮助、帮助寻找和介绍伴侣、帮助抚养孩子等。但是，朋友也可能会带来新的麻烦和损失，产生新的适应性问题。他们会干扰现有问题的成功解决。朋友可能会成为我们获得满意伴侣的竞争者，也可能会抢走我们的伴侣（也就是我们通常说的"小三"）。朋友也可能会将我们的私密信息告诉其他人或者传播谣言来背叛友谊(Bleske & Shackelford, 2001)。如果对人格特质的准确识别能够为朋友选择的潜在益处和可能的损失提供比较可靠的信息线索，那么人格特质的识别会在朋友选择中扮演重要角色。譬如，如果我们能够识别和评价一个朋友是可靠的和忠诚的，我们就不担心他会背叛自己，即使偶尔的误会和冲突也不会使我们放弃这种重要的友谊关系，因为这种基于重要人格特质判断的友谊关系给我们带来的益处可能要远远大于可能的损失。

有调查研究表明，男性和女性在选择朋友时都会考虑一些特定的人格特质，如乐于助人、善良、可依赖性、努力、开放性、聪明、知识渊博，这些特征属于大五人格特质中宜人性、尽责性、开放性等维度(Buss, 2011)。有研究者(Bleske-Rechek & Buss，2001）发现，对不忠诚、缺乏信任感、不友善等特质的识别和揭露是我们放弃友谊的重要原因。总之，人格特质在朋友选择和失去中扮演了重要的角色。在人类进化历史中，友谊关系也是一种古老的人际关系，由良好友谊关系带来的适应收益和不良友谊关系带来的适应损失也是人们在进化适应环境中反复面临的适应性问题。在这个过程中，对人格特质的识别对于能否建立良好的友谊关系非常重要，因此进化选择力量也会相应地设计出友谊关系中对他人人格特质的识别与评价机制。

在友谊关系中，朋友的人格特质既可能给这种关系带来收益，也可能带来损失（Nettle，2006）。譬如，高度的责任心体现了可依赖性、努力、即时满足的延迟，然而有责任心的合作伙伴也可能表现刻板，过分延迟满足，从而错过收获友谊的时机，并且丧失增强友谊稳固性的机会（Nettle，2006）。另外，这些有责任心的合作伙伴有时候可能不够灵活，从而不能及时调整步调以适应未来多变的社会环境。简言之，尽管宜人性和尽责性等特质在友谊关系中非常重要，但是在有些情形下，这些特质也会给双方带来损失，从而不利于友谊关系的发展。这种人格特质在友谊关系中的收益和损失的权衡状况为这些特质的个体差异的维持提供了进化选择的合理性。

（五）亲属关系

基因相关的亲属关系可以帮助个体解决一系列的适应性问

题。譬如，父母会在孩子生病期间照顾孩子，在孩子饿了的时候提供食物，其他亲属则可以提供有价值的狩猎和采集信息，提供等级谈判的策略，甚至提供寻找配偶的有效方法。兄弟姐妹之间可以为抵御袭击而相互提供支持，在面对有虐待倾向的父母或者继父母不好时相互提供保护，更重要的是为社会适应问题提供重要的信息。

亲属之间基因相关，亲属关系同样会带来成本，造成损失。父母—后代冲突理论（Trivers，1974）认为，通常孩子已经进化了一种适应性机制，就是理所当然地认为父母会为他们提供更多的资源，这比父母愿意提供的要多得多。相应地，父母也形成了一种适应性机制，就是理所当然地认为他们可以控制自己的孩子，这对孩子来说不一定是好的。父亲为了寻求新的配偶不愿意将他的资源分配给孩子，或者只愿意在那些他们认为是亲生的孩子身上作出投资。父母在资源分配上通常会表现出不公，偏袒一个孩子，歧视其他的孩子，这样会给那些并未获得支持的孩子带来极大的不公。父母会对不同的孩子产生不同的福利权衡比率，他们会对每个孩子的能力、特质、兴趣作出区分，进而从自己的适应收益计算角度作出区别对待。

孩子同样会为父母制造适应性问题，或者帮助父母解决适应性问题。那些容易生病，需要照顾的孩子会获得父母不恰当份额的资源。那些需要付出很大代价才能照顾好的孩子可能会消耗父母的繁殖资源。相反，孩子也可以被父母用来解决适应

第7章
个体差异察觉机制的进化观

性问题。他们会被父母强迫干农活,女儿会被用来许配给那些几乎可以成为她父亲的男人做妻子,从女儿的角度来看,这可能并不是最佳的配偶关系。父母会控制他们的孩子从而扼杀孩子的兴趣和愿望。

为了争夺父母的资源,兄弟姐妹之间有时也会相互算计。他们会通过告状或者隐瞒来影响父母,从而有利于他们自己。当看中同样的配偶时,他们之间可能发生残酷的竞争,甚至不顾惜血肉亲情。简言之,兄弟姐妹之间的竞争可以扩大到整个与繁殖有关的资源领域。鉴于此,在其他条件不变的情况下,每个人都期望自己从父母那里获得的资源、福利是他们兄弟姐妹的两倍,是他们堂兄弟姐妹、表兄弟姐妹的四倍。

如果人格特质确实与亲属之间适应性问题的产生和解决有关,那么对亲属人格特质的准确评估有利于我们更好地作出决定。那些情绪不稳定的、不可靠的父母可能被认为很难提供稳定的资源、有效的保护和照顾。那些能够准确评估父母的可靠性水平和情绪稳定性水平的孩子能够作出更为明智的决定,即在食物短缺期间,遇到危险和疾病时能否指望父母,或者在父母不可靠和情绪不稳定时是否需要伙伴作为坚强的后盾。认知能力和社会交往能力较弱的父母可能会对社会环境给予不准确的或者错误的建议。由于对父母人格特质的认识能够预测父母的生活史策略,譬如离婚、抛弃家庭和背弃承诺等,因此这些认识能够帮助孩子预测未来可能面临的社会适应问题,并寻找解决问题的策略,例如寻找靠山等。同时,准确评估这些人格特质能够帮助孩子更好地作出决定,例如谁的建议可以被采纳,谁的建议可以被忽略。

儿童的人格特质也能为父母提供有价值的信息,例如,父母可以了解哪些孩子能够在社会等级中成长,哪些女孩最终能有一个好的归宿。鉴于父母只能给后代提供有限的资源,因此父母一定要合理地分配这些资源,将资源更多地分配给那些具有支配性、有责任心、聪明的男孩,这些特质意味着在等级竞争中更容易成功,因此这些特质更有可能驱使男孩施行一夫多妻制,从而获得更多的繁殖机会(Lund et al.,2007)。

兄弟姐妹的人格特质与适应性问题的产生和解决也存在密切的关系。例如,具有较高水平外倾性的个体会在社会交往中表现出更多活力,并且能够吸引更多可能的伴侣。具有高水平宜人性的个体因为具有更多的同情心,更值得信赖,并且表现出以他人为定向的福利权衡比率,因此我们有足够的信心可以信赖他们,他们不会轻易以一种破坏性的方式泄漏我们的私人信息,同时会帮助我们抚养或者保护孩子。相反,具有较低水平宜人性、尽责性以及情绪稳定性的兄弟姐妹会带来更大的代价而不是收益。自私的福利权衡比率体现出非宜人性,不可靠性和不稳定性体现出无责任心,当家庭面临危险时无能为力体现出情绪的不稳定性。在兄弟姐妹中区分这些特质可以让我们在与他们相处时减少损失。简言之,人格评价适应机制对我们成功地解决亲属之间的适应性问题非常重要。

(六) 配偶关系

从某种意义上说,配偶关系是我们现实生活中最重要的人际关系。健康良好的配偶关系会给个体带来很多具体的收益,糟糕的配偶关系则会给个体带来巨大的损失。因此,与配偶关系密切相关的社会适应问题一直是大家关注的焦点。

健康良好的配偶关系带来的收益包括:提供繁殖资源,执行繁殖功能;提供生存资源保障和健康资源保障;对后代进行投资;遇到困难时提供帮助。但是,配偶也可能带来巨大的损失(Buss,1989a,1991b)。他们会过度占用资源,过分依赖对方,过度限制人身自由,非理性地相互伤害。当然最大的损失是对配偶关系的背叛,表现为性不忠和情感不忠。

可能正是因为配偶关系是事关个体生存和繁殖功能的适应性问题,所以进化选择力量自然也设计了解决这个重要适应性问题的适应性机制。其中,择偶过程中对潜在配偶个体差异的察觉机制应该就是这种适应性机制的重要组成部分。

巴斯和他的合作者进行了大量有关择偶偏好的研究,其中就包括对潜在配偶的人格特质偏好的研究。他们(Buss & Barnes,1986)发现,几乎所有的被试(包括男性和女性)都高度评价的潜在配偶的人格特质包括:诚实、体贴、充满深情、值得依赖、聪明、善良、善解人意、忠诚、自信。另外一项研究(Botwin,Buss,& Shackelford,1997)表明,在择偶偏好中,大五人格因素(外倾性、宜人性、尽责性、情绪稳定性和开放性)都是被试偏好选择的特质。另外,一项包含37种文化中的被试的调查研究(Buss et al., 1990)发现,配偶令人满意的人格特质主要包括可靠性特质、情绪稳定性特质、成熟而令人愉快的特质。尽管择偶偏好并不总是立即转化成真正的择偶决策,作出择偶决策会受到自身的价值、性繁殖率和已安排婚姻的限制,但是大量的证据表明择偶偏好通常会影响最终的择偶决策(Buss & Schmitt, 1993; Luo & Zhang, 2009)。

有研究(Lukaszewski & Roney, 2010)表明,人格特质的择偶偏好是与满意的特殊关系类型相联系的。人们更喜欢那些善良的、值得信任的配偶,但前提条件是这些特质只针对他们自己或者他们的朋友和家人,而对与自己同性别的其他人,人们更期望自己的配偶在这些特质上有较低的水平。从适应性角度来看,在某种程度上,善良的品质与慷慨的、利益输送的行为有关,因此人们更期望配偶的这种善良只针对他们自己或者他们的朋友和家人,而不是不加选择地针对所有的人。总之,人格特质的择偶偏好对于长期配偶关系是很重要的。同时,人们也期望这种偏好的特质在指向自己和其他人时应该有所区别。

在择偶过程中,人们确实具有人格特质的择偶偏好,那么这些对潜在配偶的人格特质的偏好可以带来哪些适应性收益呢?潜在配偶的人格特质可以帮助解决哪些适应性问题呢?我们以人们偏好的大五人格特质为例进行说明。

宜人性这种特质反映了一种合作的策略（Buss, 1991a）以及一种利他的倾向（Denissen & Penke, 2008a）。在宜人性上得分较高的人在公共利益博弈中会表现出更多的利他行为（Koole, Jager, Van den Berg, Flek, & Hofstee, 2001）。有证据表明（Yamagishi et al., 2003），合作者和欺骗者的表现会不一样。合作策略和利他倾向是很好的预测指标，合作水平和利他倾向高的配偶更值得信赖，更愿意作出个人牺牲，更愿意将资源和时间投资在他们的配偶和孩子身上。总之，宜人性是一个很好的预测指标，通过这种特质我们可以预测一个人是不是一个好的长期配偶和一个好的父亲或母亲（Miller, 2007）。

低宜人性的个体，由于他们具有自私的福利权衡比率，因此他们可能在长期的配偶关系中给对方造成多种损失，并带来一系列的适应性问题（Buss, 1991b）。他们倾向于使用言语暴力和身体行为暴力，他们比较自私并且以自我为中心，他们容易表现性不忠（Schmitt, 2004）。性不忠的男性会将资源分配给其他的女性，性不忠的女性会由于无法确定谁是孩子的生父而给男方带来问题。总之，低宜人性的个体会给他们的配偶带来一系列的问题，高宜人性的个体则会给他们的配偶带来许多的益处。

尽责性特质反映了一个人的工作能力、遵守承诺的水平（Buss, 1991a, 1996）、婚姻中的可信赖程度（Denissen &

Penke，2008a)、在追求目标的过程中是否不屈不挠等特征。尽责性同样是一个很好的预测指标，高水平的尽责性能够预测较高的受教育程度、稳定的工作保障、更好的经济保障、更高的职业地位、社会关系中更高的承诺水平（Larsen & Buss，2010)。那些具有高水平尽责性的人会长时间努力工作以获取较高的工资待遇和等级地位（Lund et al.，2007)。总之，尽责性高的个体经得起时间的考验，最终会具有获得经济资源的能力，并且能够给配偶和孩子兑现这些承诺（Buss & Shackelford，1997；Schmitt，2004)。具有较低水平尽责性的个体则更可能有背叛行为，离婚的可能性会更高（Kelly & Conley，1987)。

  在长期配偶关系中情绪稳定性也受到人们的高度重视。情绪稳定性可以被理解为处理压力状态的能力（Buss，1991b)。情绪稳定性水平较高的个体可能会遭受较小的情绪波动，在一天中更少体验到疲劳。相比于情绪不稳定的个体，他们报告有更好的健康状况，更少的身体症状（Larsen & Buss，2010)。那些具有较低水平情绪稳定性的个体会给他们的长期配偶造成许多的损失，并且会从配偶身上消耗许多的繁殖资源。他们倾向于感到沮丧和焦虑，尤其是社会焦虑。情绪不稳定的个体报告他们的配偶占有欲强，容易忌妒，喜欢依赖他人，并且会从配偶那里滥用有价值的心理和身体资源（Buss，1991b)。对情绪稳定性水平较低的个体来说，时间和精力都被用来平息他们的焦虑、固执、贪婪和忌妒，同时他们滥用配偶的时间和精力,这样他们的配偶就不能将时间和精力投入其他适应性问题的解决之中。不过,从另一方面讲,情绪不稳定的个体通常会对他们的亲人给予更多的关注,也会对危险因素保持高度警觉,这会给他们的亲人和他们自己带来好处(Nettle,2006)。

总之,有许多引人注目的实证研究证实,人格特质,尤其是宜人性、尽责性、情绪稳定性与涉及配偶关系的社会适应问题存在可靠的联系。在这些特质上得分高的人能够提供大量的繁殖资源,他们能够成为好的父母或者好的伴侣(Miller,2007)。在这些特质上得分低的人则会造成大量的繁殖代价,消耗资源,产生适应性问题。既然在配偶关系中,某些人格特质与个体的适应收益或代价密切相关,那么作为与人类的生存和繁殖关系最为密切的一种人际关系,配偶关系带来的适应性问题也会导致一种进化选择的力量,从而设计出解决这些适应性问题的适应性机制,而在配偶关系中对配偶人格特质的察觉和评价机制可能就是这样一种重要的适应性机制。

四、个体差异的自我察觉机制:自我评价的适应性

由于他人的个体差异会在我们建立各种人际关系时成为我们需要解决的社会适应问题,因此进化选择的力量为我们设计了他人个体差异的察觉机制。这种适应性机制帮助我们解决各种人际关系中他人人格特质可能带来的适应性问题。同时,人

类可能也进化了对自身人格特质进行自我察觉和自我评估的适应性机制，用以解决相关的适应性问题。那么，与自身人格特质个体差异有关的适应性问题有哪些呢？其实，对人类成员来说，社会适应问题基本上来自个体与社会环境的交互作用。一方面，我们能够识别和加工社会环境的信息线索（包括他人的个体差异），从而采取相应的行为策略，解决来自环境的适应性问题。另一方面，我们在面对外在环境对自我构成的挑战而采取相应的行为策略时，需要考虑自身的能力和资源储备量，忽视自身资源和能力的评估也会带来相应的适应性问题（陈建文，2009）。譬如，面对一个对手的挑战时，我们需要对对手的强大程度作出评估，同时需要对自身的抵抗能力作出自我评估，然后作出是应战还是逃跑的决策。如果没有自我评估，只有单方面的对手评估，那么我们可能同样面临失败的结局。很显然，在这里对自身能力和资源的评估具有适应功能，自我评估也是一种解决适应问题的机制。

进化心理学家创造了"反应性遗传"（reactive heritability）这个概念来描述个体差异的自我评价机制（Buss，2007）。不言而喻，个体在身体大小、身体力量和运动能力方面表现出遗传性的个体差异。我们对这些遗传特性的自我评价可以成为输入信息，引导进化而来的决策机制选择相应的行为策略。如果个体对自身作出高大勇猛、健壮有力的自我评估，那么他通常会在竞争中采取攻击性的策略；相反，如果个体对自身身体力量不是那么有信心,那么他通常会采取合作性的策略。因此,这种对自身身体力量的精确的自我评估可以帮助个体采取合适的行为策略,解决相应的社会适应问题。巴斯(Buss,2007)认为,基于"反应性遗传"的观点,如果这种自我评估机制能够帮助个体作出明智的决策,从而解决相应的适应性问题,那么自然选择倾向于让这种自我评估机制得到进化。由此看来,进化形成的心理机制不仅包括对他人个体差异的察觉机制,而且包括对自身个体差异的自我评价机制。

我们知道,自身的遗传变异不仅包括身体特征方面,而且包括人格特质方面。我们既可以对身体上的遗传特性进行精确的自我评估,也可以对自身人格特质方面的遗传变异进行较为精确的自我评估。而且,这种对人格特质的自我评估具有适应功能,可以解决相应的适应性问题。譬如,面对竞争情境时,是否采取进攻的策略,不仅依赖自身的身体状况,而且依赖是否拥有勇敢和无畏这些稳定的人格特质。如果一个人外表看起来很强大,但是内心非常软弱胆小,而且他自己也是如此自我评价的,那么这样的人肯定不会表现得强大有力,而只是徒有其表。

这种对自身特性的自我评价机制作为一种解决社会适应问题的适应性机制,可能是人类(可能也包括少数接近人类的高级动物,譬如大猩猩)进化史上所独有的。实际上这也是我们通常所说的自知之明。当面对社会适应问题时,我们既需要认清环境，也需要认清自己，这样才能达到自身与环境的恰当匹配，最后较为顺利地解决适应性问题。譬如，当我们寻找约会对象时，会根据约会对象的各种线索，发现对方的繁殖价值，同时我们需要对自身的交配价值作出评估，尽量实现自身交配价值与对方交配价值的匹配，这样才能提高约会成功率。

当然，这种自我评价的适应性机制并不意味着人类的自我评价都是完全准确的，相反，人们常常在自我评价方面发生很多偏差，其中主要是积极的自我评价偏差。譬如，在吸引配偶的早期阶段，尤其是在一些短期的约会行为中，人们往往会夸大自己某些方面令人满意的品质（Buss，2007）。这些自我夸大的评价过程容易导致某种程度的自我欺骗，从而使自己陷入新的社会适应问题之中（Trivers，2000）。我们认为，人格特质的自我评价机制不是一次性的，而是在不断形成和发展中。人们可能需要通过反复的自我评价的实践活动，才能达到精确的自我评价，从而发挥相应的适应功能。

总之，正如对他人人格特质的评价是一种适应性机制，有利于某些社会适应问题的解决，人格特质的自我评价也是一种适应性机制，能较好地帮助我们解决某些社会适应问题。如果说对他人个体差异的评价机制使我们变得更加敏锐和聪明，那么人格特质的自我评价机制可以使我们变得更加明智，更加具有自知之明，更加头脑清醒。

五、总结与展望

本章主要阐述了个体差异察觉的适应性机制。已有大量证据（Sugiyama，2005；Fox，1997）证明，关于身体特征（如身体吸引力和身体强壮性）的个体差异，人类已经进化出差异察觉的适应性机制（Camperio Ciani, Capiluppi, Veronese, & Sartori，2007；Hawley，1999；Keller & Miller，2006；Nettle，2006；Penke, Denissen, & Miller，2007；Wilson，1994；Wolf et al.，2007）。此外，人类也应该进化了对人格特质的个体差异察觉的适应性机制（Buss，1996），其理由在于，在人类的进化过程中，人格特质与社会适应问题的产生和解决一直存在某种关联。本章整合相关的可靠证据来支持以上假设，即在个体形成的各种社会关系中，个体对关系中他人人格特质的察觉和评价在很大程度上影响个体在这些社会关系中的收益和损失，影响个体对这些可能构成其适应性问题的社会关系的适应。

本章讨论了许多社会关系中的人格特质差异的察觉和评价机制与适应收益获得或适应代价产生之间存在的关联。一些观点是假设性的，需要进一步验证。哪种人格特质在短期配偶关系和长期配偶关系中具有不同的价值？在消耗性的长期社会冲突中，尽责性与身体力量都会发挥适应功能吗？在真诚的诺言和表面的互惠交换中，哪种人格特质对友谊更为重要？在不同类型的关系中，对基本人格特质（大五人格因素）的分析能够从更深层次检验人格特质与成本、收益之间的联系吗？这些问题还需要研究者进一步探讨。从这个层面来说，本章只对未来的研究起到一个抛砖引玉的作用，本章的讨论只强调了该领域中的一些基础性问题。

本章也讨论了人格特质与个体通常持有的福利权衡比率的关系。个人的福利权衡比率相对来说是一个比较容易被观测的行为指标，基于某些人格特质（譬如自恋人格和宜人性人格）与个体持有的福利权衡比率的关系，我们可以通过观测其福利权衡比率来评价个体的人格特质倾向，从而为处理人际关系的适应性问题服务。不过，对于人格特质与福利权衡比率的关联还有许多问题需要进一步研究。譬如：那些具有较高水平自恋倾向的人，是他们通常具有自私倾向的福利权衡比率，还是他们表现出来的积极的外部性并不能抵消他们自私的福利权衡比率？那些具有高水平宜人性的个体是真的具有无私的福利权衡比率，还是他们拥有利他主义倾向？他们如此轻易地就能够提供帮助，是否传递了一个信号，即他们潜在地拥有较多的资源？个体持有的福利权衡比率可能会对各种社会关系产生深远的影响，不过这也需要进一步的实证研究。

一般情况下，对他人人格特质的评价还是比较准确的，在大多数情况下，这种人格评价机制可以帮助解决各种社会关系中的适应性问题。不过，也有一些理论观点认为，适应性的人格评价可能是不准确的。譬如，错误管理理论（error management theory)认为,当一个女性评价陌生男性人格特征的时候,可能会产生适应性的偏见而错误地评价其具有高水平的攻击性,这样做是为了避免将其错误地评价为具有宜人性特质后可能带来的损失(Haselton & Buss,2000)。这种错误管理思维是一种追求损失最小化的策略。

对他人人格特质评价的不准确性也可能来自被评价者的自我表现(self-presentation)。自我表现是社会心理学所说的印象管理策略。所谓自我表现,就是在一些人际关系和群体组织中,有些个体为了获得适应性的好处,会刻意隐瞒自己的不良特征并且夸大拥有的较为理想的特征(Buss & Chiodo,1991;John & Robins,1994)。譬如,当试图进入一个合作组织时,男性可能会夸大他的勇敢无畏。又譬如,为了在早期阶段吸引配偶,女性可能会抑制她的情绪不稳定性,男性则可能会夸大他的抱负。

人类也可能进化出反制自我表现的差异察觉机制。一般情况下,差异察觉者可能会选择性地低估那些自我表现者的不可靠信息,譬如,女性在约会过程中可能会对男性夸张的甜言蜜语和张扬的深情表白持怀疑的态度(Haselton & Buss,2000)。人格评估的适应性机制应该能够纠正自我表现产生的偏差。人格评估的纠错机制也会在社会舆论情境中发挥作用。譬如,人们在评估重要他人(如亲密的朋友、重要的亲人和伴侣)的信息时会带有积极的偏见,信息接收者应该有选择性地对某些信息打一定折扣，或者根据这些声誉性信息的来源评估这些信息的准确性。配偶竞争者会以一种人格贬损的方式传递关于他们竞争对手的信息，信息接收者也可能会纠正这些带有偏见的信息（Buss & Dedden, 1990）。

不得不说，人格评价的适应性机制还有很大的研究空间。在未来的研究中，我们需要找到人们用来评价个体差异的许多具体的信息来源，譬如，动作频率（Buss & Craik, 1983）、非言语信息（Naumann et al., 2009）、习惯和社会声誉（Gosling, Ko, Mannarelli, & Morris, 2002; Craik, 2008）。人格评价的适应性不仅涉及与特质相关的特定问题的变化，而且要探索在特定问题变化的过程中哪些线索起主导作用，哪些线索要打折扣。另外，我们必须探索个体如何整合冲突线索，如当一个敌对的和激进的社会声誉冲突伴随着高频率的宜人性行为时，我们该如何进行人格评价。

在不同的社会关系以及相关的适应性问题中，未来的研究还必须确定人格特质功能的普遍性或特殊性。譬如，可靠性可能对合作性的盟友、友谊、配偶、亲戚甚至等级关系比较重要。相反，性不忠这种特征可能在长期配偶关系中比较重要，但在友谊关系中并不那么重要。有研究发现（Buss, 2011），大五人格结构模型中的人格特质在许多不同的关系中同等重要，这表明人格特质的适应功能具有跨领域的普遍性。此外，在不同的关系类型以及性别中，这些一般性的特质也表现出一定程度的区分满意度。另外，考虑到对特殊的社会适应问题的处理，这些一般性人格特质的具体成分又表现出更大的领域特殊性，譬如，情绪稳定性维度中的焦虑成分，与它最相关的适应性问题可能是对威胁的警觉。相比之下，在合作和竞争领域中，愤怒和敌意也许发挥了更大的作用。

参考文献

陈建文. (2009). 人格与社会适应. 合肥：安徽教育出版社.

朱新秤. (2012). 进化心理学. 北京：开明出版社.

Arnqvist, G., & Rowe, L. (2005). *Sexual conflict*. Princeton, NJ: Princeton University Press.

Bleske-Rechek, A.L., & Buss, D.M. (2001). Opposite sex friendship: Sex differences and similarities in initiation, selection, and dissolution. *Personality and Social Psychology Bulletin*, 27, 1310—1323.

Bleske-Rechek, A.L., Remiker, M.W., & Baker, J.P. (2008). Narcissistic men and women think they are so hot…but they are not. *Personality and Individual Differences*, 45, 420—424.

Bleske, A.L., & Shackelford, T.K. (2001). Poaching, promiscuity, and deceit: Combating mating rivalry in same-sex friendships. *Personal Relationships*, 8, 407—424.

Borkenau, P., Mauer, N., Riemann, R., Spinath, F.M., & Angleitner, A. (2004). Thin slices of behavior as cues of personality and intelligence. *Journal of Personality and Social Psychology*, 86, 599—614.

Botwin, M., & Buss, D.M. (1989). The structure of act report data: Is the five factor model of personality recaptured? *Journal of Personality and Social Psychology*, 56, 988—1001.

Botwin, M., Buss, D.M., & Shackelford, T.K. (1997). Personality and mate preferences: Five factors in mate selection and marital satisfaction. *Journal of Personality*, *65*, 107—136.

Buss, D.M. (1986). Can social science be anchored in evolutionary biology? *Revue Europeene des Sciences Sociales*, *24*, 41—50.

Buss, D.M. (1989a). Conflict between the sexes: Strategic interference and the evocation of anger and upset. *Journal of Personality and Social Psychology*, *56*, 735—747.

Buss, D.M. (1989b). Sex differences in human mate preferences: Evolutionary hypotheses testing in 37 cultures. *Behavioral and Brain Sciences*, *12*, 1—49.

Buss, D.M. (1991a). Evolutionary personality psychology. *Annual Review of Psychology*. Palo Alto, CA: Annual Reviews, Inc.

Buss, D.M. (1991b). Conflict in married couples: Personality predictors of anger and upset. *Journal of Personality*, *59*, 663—688.

Buss, D.M. (1996). Social adaptation and five major factors of personality. In J.S. Wiggins (Ed.), *The five-factor model of personality: Theoretical perspectives* (pp.180—207). New York: Guilford.

Buss, D.M., Abbott, M., Angleitner, A., Biaggio, A., Blanco-Villasenor, A., BruchonSchweitzer, M., et al. (1990). International preferences in selecting mates: A study of 37 societies. *Journal of Cross Cultural Psychology*, *21*, 5—47.

Buss, D.M., & Barnes, M.L. (1986). Preferences in human mate selection. *Journal of Personality and Social Psychology*, *50*, 559—570.

Buss, D.M., & Chiodo, L.A. (1991). Narcissistic acts in everyday life. *Journal of Personality*, *59*, 179—216.

Buss, D.M., & Craik, K.H. (1983). The act frequency approach to personality. *Psychological Review*, *90*, 105—126.

Buss, D.M., & Dedden, L. (1990). Derogation of competitors. *Journal of Social and Personal Relationships*, *7*, 395—422.

Buss, D.M., & Schmitt, D.P. (1993). Sexual strategies theory: An evolutionary perspective on human mating. *Psychological Review*, *100*, 204—232.

Buss, D.M., & Shackelford, T.K. (1997). Susceptibility to infidelity in the first year of marriage. *Journal of Research in Personality*, *31*, 1—29.

Buss, D.M.熊哲宏,张勇,晏倩译. (2007).进化心理学.上海:华东师范大学出版社.

Buss, D.M. (2011). Personality and the adaptative landscape: The role of indivudual defferences in reating and solving social adaptive problems. In D.M. Buss & P.H. Hawley (Eds.), *The evolution of personality and indivudual differences* (pp. 29—57). New York: Oxford University Press.

Camperio Ciani, A. S., Capiluppi, C., Veronese, A., & Sartori, G. (2007). The adaptive value of personality differences revealed by small island population dynamics. *European Journal of Personality*, *21*, 3—22.

Chagnon, N. (1983). *Yanomamo: The fierce people* (3rd ed.). New York: Holt, Rinehart, & Winston.

Cottrell, C.A., Neuberg, S.L., & Li, N.P. (2007). What do people desire in others? A sociofunctional perspective on the importance of different valued characteristics. *Journal of Personality and Social Psychology*, *92*, 208—231.

Craik, K.H. (2008). *Reputation: A network interpretation*. New York: Oxford University Press.

Denissen, J.J.A., & Penke, L. (2008a). Motivational individual reaction norms underlying the five-factor model of personality: First steps towards a theory-based conceptual framework. *Journal of Research in Personality*, *42*, 1285—1302.

Denissen, J.J.A., & Penke, L. (2008b). Neuroticism predicts reactions to cues of social inclusion. *European Journal of Personality*, *22*, 497—517.

De Waal, F. (1982). *Chimpanzee politics: Sex and power among apes*. Baltimore, MD: The Johns Hopkins University Press.

De Waal, F.B.M. (1992). Appeasement, celebration, and food sharing in the two *Pan* species. In P.Marler, T.Nishida, & W.McGrew (Eds.), *Topics in primatology: Human origins* (pp.37—50). Tokyo: University of Tokyo Press.

Ermer, E., Cosmides, L., & Tooby, J. (2008). Relative status regulates risky decision making about resources in men: Evidence for the co-evolution of motivation and cognition. *Evolution and Human Behavior*, *29*, 106—118.

Fiske, A.P. (1992). The four elementary forms of sociality: Framework for a unified theory of social relations. *Psychological Review*, *99*, 689—723.

FitzGibbon, C.D., & Fanshawe, J.H. (1988). Stotting in Thomson's gazelles: An honest signal of condition. *Behavioral Ecology and Sociobiology*, *23*, 69—74.

Fleeson, W., & Gallagher, P. (2009). The implications of big five standing for the distribution of trait manifestation in behavior: Fifteen experience-sampling studies and a meta-analysis. *Journal of Personality and Social Psychology*, *97*, 1097—1114.

Fox, A. (1997). *The assessment of fighting ability in humans*. Paper presented to the Ninth Annual Meeting of the Human Behavior and Evolution Society, University of Arizona, Tucson, Arizona (June 4—8).

Goldberg, L.R. (1990). An alternative "description of personality": The big-five factor structure. *Journal of Personality and Social Psychology*, *59*, 1216—1229.

Gosling, S.D., Ko, S.J., Mannarelli, T., & Morris, M.E. (2002). A room with a cue: Judgments of personality based on offices and bedrooms. *Journal of Personality and Social Psychology*, *82*, 379—398.

Gough, H.G. (1996). *California psychological inventory manual* (3rd ed.). Palo Alto, CA: Consulting Psychologists Press.

Haselton, M.G., & Buss, D.M. (2000). Error management theory: A new perspective on biases in cross-sex mind reading. *Journal of Personality and Social Psychology*, *78*, 81—91.

Haselton, M., Buss, D.M., Oubaid, V., & Angleitner, A. (2005). Sex, lies, and strategic interference: The psychology of deception between the sexes. *Personality and Social Psychology Bulletin*, *31*, 3—23.

Hawley, P.H. (1999). The ontogenesis of social dominance: A strategybased evolutionary perspective. *Developmental Review*, *19*, 97—132.

Hawley, P.H., Card, N.A., & Little, T.D. (2007). The allure of a mean friend: Relationship quality and processes of aggressive adolescents with prosocial skills. *International Journal of Behavioral Development*, *31*, 22—32.

John, O.P., & Robins, R.W. (1994). Accuracy and bias in self-perception: Individual differences in self-enhancement and the role of narcissism. *Journal of Personality and Social Psychology*, *66*, 206—219.

Keller, M.C., & Miller, G. (2006). Resolving the paradox of common, harmful, heritable mental disorders: Which evolutionary genetic models work best? *Behavioral and Brain Sciences*, *29*, 385—452.

Kelly, E.L., & Conley, J.J. (1987). Personality and compatibility: A prospective analysis of marital stability and marital satisfaction. *Journal of Personality and Social Psychology*, *52*, 27—40.

Koole, S.L., Jager, W., Van den Berg, A.E., Flek, C.A.J., & Hofstee, W.K.B. (2001). On the social nature of personality: Effects of extraversion, agreeableness, and feedback about collective resource use on cooperation in a resource dilemma. *Personality and Social Psychology Bulletin*, *27*, 289—301.

Lalumiere, M.L., Harris, G.T., Quinsey, V.L., & Rice, M.E. (2005). *The causes of rape*. Washington, D.C.: American Psychological Association.

Larsen, R.J., & Buss, D.M. (2010). *Personality psychology: Domains of knowledge about human nature*. New York: McGraw-Hill.

Little, B.R. (1983). Personal projects: A rationale and method for investigation. *Environment and Behavior*, *15*, 273—309.

Lund, O.C.H., Tamnes, C.K., Moestue, C., Buss, D.M., & Vollrath, M. (2007). Tactics of hierarchy negotiation. *Journal of Research in Personality*, *41*, 25—44.

Lukaszewski, A.W., & Roney, J.R. (2010). Kind toward whom? Mate preferences for personality traits are target specific. *Evolution and Human Behavior*, *31*, 29—38.

Luo, S., & Zhang, G. (2009). What leads to romantic attraction: Similarity, reciprocity, security, or beauty? Evidence from a speed-dating study. *Journal of Personality*, 77, 933—964.

MacDonald, K. (2005). Personality evolution and development. Csulb Edu.

Mealey, L. (1995). The sociobiology of sociopathy: An integrated evolutionary model. *Behavioral and Brain Sciences*, 18, 523—599.

Meston, C.M., & Buss, D.M. (2009). *Why women have sex*. New York: Holt.

Miller, G.F. (2007). Sexual selection for moral virtues. *The Quarterly Review of Biology*, 82, 97—125.

Naumann, L.P., Vazire, S., Rentfrow, P.J., & Gosling, S.D. (2009). Personality judgments based on physical appearance. *Personality and Social Psychology Bulletin*, 35, 1661—1671.

Navarrete, C.D., & Fessler, D.M.T. (2006). Disease avoidance and ethnocentrism: The effects of disease vulnerability and disgust sensitivity on intergroup attitudes. *Evolution and Human Behavior*, 27 (4), 270—282.

Nettle, D. (2006). The evolution of personality variation in humans and other animals. *American Psychologist*, 20, 622—631.

Nettle, D. (2011). Evolutionary perspectives on the five-factor model of personality. In D.M.Buss & P.H.Hawley (Eds.), *The evolution of personality and individual differences* (pp.5—28). Now York: Oxford University Press.

Öhman, A., Lundqvist, D., & Esteves, F. (2001). The face in the crowd revisited: A threat advantage with schematic stimuli. *Journal of Personality and Social Psychology*, 80, 381—396.

Ozer, D., & Benet-Martinez, V. (2006). Personality and the prediction of consequential outcomes. *Annual Review of Psychology*, 57, 401—421.

Penke, L., Denissen, J.J.A., & Miller, G.F. (2007). The evolutionary genetics of personality. *European Journal of Personality*, 21, 549—587.

Price, M.E. (2005). Punitive sentiment among the shuar and in industrialized societies: Cross-cultural similarities. *Evolution and Human*

Behavior, 26, 279—287.

Schmitt, D.P. (2004). The big five related to risky sexual behaviour across 10 world regions: Differential personality associations of sexual promiscuity and relationship infidelity. *European Journal of Personality*, 18 (4), 301—319.

Sell, A., Cosmides, L., Tooby, J., Sznycer, D., Von Rueden, C., & Gurven, M. (2009). Human adaptations for the visual assessment of strength and fighting ability from the body and face. *Proceedings of the Royal Society of London*, B., 276, 575—584.

Sell, A., Tooby, J., & Cosmides, L. (2009). Formidability and the logic of human anger. *PNAS*, 106, 15073—15078.

Shackelford, T.K., & Buss, D.M. (1996). Betrayal in mateships, friendships, and coalitions. *Personality and Social Psychology Bulletin*, 22, 1151—1164.

Sugiyama, L. (2005). Physical attractiveness in adaptationist perspective. In D.M. Buss (Ed.), *The handbook of evolutionary psychology* (pp.292—343). Hoboken, NJ, US: Wiley.

Tooby, J., & Cosmides, L. (1996). Friendship and the banker's paradox: Other pathways to the evolution of adaptations for altruism. *Proceedings of the British Academy*, 88, 119—143.

Tooby, J., Cosmides, L., Sell, A., Lieberman, D., & Sznycer, D. (2008). Internal regulatory variables and the design of human motivation: A computational and evolutionary approach. In A.J. Elliot (Ed.), *Handbook of approach and avoidance motivation* (pp.251—271). Mahwah, NJ: Lawrence Erlbaum Associates.

Tooby, J., & DeVore, I. (1987). The reconstruction of hominid behavioral evolution through strategic modeling. In W.G. Kinzey (Ed.), *The evolution of human behavior* (pp.183—237). New York: State University of New York Press.

Trivers, R. (1974). Parent-offspring conflict. *American Zoologist*, 14, 249—264.

Trivers, R. (2000). Elements of a scientific theory of self-deception.

Annals of the New York Academy of Sciences, 907, 114—131.

Vazire, S., Naumann, L.P., Rentfrow, P.J., & Gosling, S.D. (2008). Portrait of a narcissist: Manifestations of narcissism in physical appearance. *Journal of Research in Personality*, 42, 1439—1447.

Williams, K.D., Forgas, J.P., & Von Hippel, W. (2005). *The social outcast: Ostracism, social exclusion, rejection, and bullying*. New York: The Psychology Press.

Wilson, D.S. (1994). Adaptive genetic variation and human evolutionary psychology. *Ethology and Sociobiology*, 15, 219—235.

Wilson, M., & Daly, M. (2004). Do pretty women inspire men to discount the future? *Proceedings of the Royal Society of London B (Supplement)* 271, S177—S179.

Wrangham, R.W. (1999). Is military incompetence adaptive? *Evolution and Human Behavior*, 20, 3—17.

Wolf, M., Van Doorn, G.S., Leimer, O., & Weissing, F.J. (2007). Life-history trade-offs favour the evolution of animal personalities. *Nature*, 447, 581—584.

Yamagishi, T., Tanida, S., Mashima, R., Shimoma, E., & Kanazawa, S. (2003). You can judge a book by its cover: Evidence that cheaters may look different from cooperators. *Evolution and Human Behavior*, 24, 290—301.

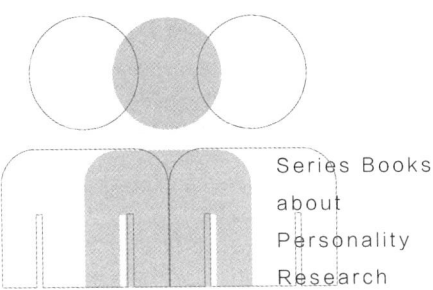

第8章

心理障碍的进化观

心理障碍是人格个体差异研究的主要领域之一。正如前面几章所阐述的，进化人格心理学试图从进化遗传变异的角度解释人格个体差异的来源，那么进化人格心理学也可以从进化遗传变异的角度探讨具有个体差异特征的心理障碍的机制和缘由。其实，人们的个体差异不仅表现在人格特质和认知能力上，而且表现在心理障碍的易感性、严重程度及其表现形式上。和一般的心理学研究一样，心理障碍的研究（精神病理学或者变态心理学）也缺乏试图解释问题根源的进化心理学研究取向（Buss，1995）。正是因为对心理障碍的问题根源和本质特征缺乏科学的认识，所以出现了各种基于外在行为症状描述和统计学分析的诊断手册。譬如，美国心理学会（APA）制定的《精神障碍诊断与统计手册》（DSM）和世界卫生组织（WHO）制定的《国际疾病分类》（ICD）。这两个手册有一个共同的特点，即通过症状描述的统计分析来界定心理障碍的类型，二者都缺乏系统深入的心理障碍病源学的理论基础。

临床心理学和精神病理学都试图探讨心理障碍和精神疾病的诊断和治疗问题。但是，由于学科的分野，心理障碍的研究常常被分为两个没多大关联的阵营："无心"（mindless）的生物精神病学（biopsychiatry）和"无脑"（brainless）的心理治疗学（psychotherapy）。前者几乎把每一种症状都归结为神经递质和脑部疾病问题，而不管这种脑神经研究与心理功能有多大的关联。后者则偏好某些心理学理论和具体的治疗实践技能，而不管这些理论和实践技能是否得到了实证研究的支持（Kennair，2011）。心理障碍的产生有其生物的、心理的和社会的等多方面的原因，因此我们需要采取整合的生物—心理—社会模式，并采用实证研究支持的综合性方法进行研究。这种多门学科协作、多重研究视角透视的综合研究方法不仅可以探讨疾病症状本身的问题，而且可以探讨疾病产生和治疗依赖的治疗关系问题。目前，大家对心理障碍领域研究多学科分裂问题的严重性认识不足，学科整合的动机也不强。有些研究者认为，进化学的研究取向可能有助于不同层次学科的整合（Gilbert，1995，1998；Kennair，2003；Nesse，2005）。

近年来，进化心理学已经在心理学领域显示出巨大的整合潜力（Buss，1995；Kennair，2002）。进化心理学的整合潜力在生物学、社会科学和人文科学中表现得非常明显（Buss，2007），其原因在于进化理论的跨学科相关性、进化心理学的跨学科研究方法，以及心理学分析水平的广泛相关性（譬如人类具有普遍性的认知心理加工机制）使得进化心理学具有元学科的特征。

本章首先基于进化心理学视角来探讨心理障碍的科学界定问题，然后相应地探讨心理障碍的分类问题。这既是进化精神病理学的基本理论问题，也是心理障碍领域的个体差异的定性和分类问题。在这里，研究者不关注某些具体的心理障碍的界定、诊断和治疗问题，而是探讨一般的精神病理学问题，即用进化心理学的理论和方法探讨心理障碍的概念本质问题。当然，本章也会涉及一些具体的心理障碍，这也是为了解释一般性原则和理论问题。

在过去的几十年里，进化精神病理学无论是在理论层面还是在实证研究层面都取得了丰富的原创性成果（Kennair, 2003）。但是，由于各自的研究方法不同，理论假设和理论基础不一样，因此进化精神病理学的研究领域也各不相同。为了整合进化精神病理学，该领域许多研究者都认为（Buss & Reeve, 2003; Gangestad & Simpson, 2007; Hagen, 2005），进化精神病理学应该首先弄清楚这些基本的进化心理学观点：（1）适应（adaptation）应该如何被定性，是作为讨论的前提还是作为一个需要继续讨论的问题？（2）适应包括适应机制和适应状态两个成分。心理障碍的讨论应该基于适应机制还是适应状态？（3）大脑无疑是心理障碍的物质载体，那么从进化的角度看，大脑的心理机制是模块性的还是通用性的？（4）与大脑机制相关的是，进化选择设计了领域特殊性机制还是通用性的一般机制？（5）从进化的角度看，应该基于人类共性还是个体差异来讨论心理障碍？基于这些问题，为了整合进化精神病理学领域的大量实证研究和理论建构，本章的后半部分试图借助进化心理学的元理论来建构进化精神病理学的整合框架，为精神病理学的功能性障碍分析提供理论基础（Wakefield, 1999）。

一、进化论视野下心理障碍的概念和标准

(一) 心理障碍的界定：韦克菲尔德的观点

在当前的变态心理学和精神病理学中，关于心理障碍的概念界定几乎没有达成共识，相应地，关于哪些行为、状态或者症状是特定心理障碍的较好描述也很难达成共识，当然也没有理清心理障碍的分类标准。心理障碍的诊断手册不断涌现出新版本，这些新版本的诊断标准和疾病分类的科学性也在不断得到提升，但是关于心理障碍的本质问题以及哪些行为表型是某种具体障碍的典型表现，目前的几种诊断手册都做得不是很好。可以看出，在这些描述性的手册中，心理障碍的诊断和分类的根本问题依然没有得到很好的解决。譬如，个人主观的消极体验（如沮丧）和主体间损伤（如反社会人格）被评估为一种疾病类型。此外，界定这些症状危害性的价值体系也是有问题的。有些疾病（如惊恐症）被勉强认可，有些疾病则被武断地从诊断手册中剔除。因此，我们需要借助进化论的观点对心理障碍的性质有个整体的理解（Kennair，2003；Nesse，2005），不过，正如韦克菲尔德（Jerome Wakefield）所说的那样，对心理障碍性质的理解仍然不能忽视价值判断的因素。

许多研究者试图从进化论的角度界定心理障碍的性质（Cosmides & Tooby，1999；Troisi & McGuire，2002），相对而言，韦克菲尔德（Wakefield，2007）的有害功能失调（harmful dysfunction）的概念是最具影响力和最具理论贡献的观点。它

为心理障碍提供了一个综合的解释。根据韦克菲尔德的观点，一种疾病就是一种有害的功能失调。在这里，"有害的"（harmful）是一个价值术语，指的是根据社会文化标准进行判断的一种负面情形；而"功能失调"（dysfunction）是一个代表科学事实的术语，指的是生物功能设计的失败。在现代健康科学领域，"功能失调"最终可以从进化生物学的角度进行定义，指内部机制无法执行通过自然选择进化出来的功能。

因此，当前的主流观点是心理障碍可以被定义为有害的功能失调。有评论家（Fulford & Thornton，2007）认为，价值判断是有害的功能失调定义中最重要的部分，但是持科学主义观点的研究者认为价值判断部分是有问题的。他们认为，心理障碍的界定应该完全建立在客观的（或者无价值判断的）科学基础上。从这种观点出发，韦克菲尔德功能失调的界定对病理学来说已经足够完备，因此应该抛弃所谓"有害的"这种主观性的价值评价标准。功能失调的观点暗示，可以不考虑所谓主观上的有害性或者社会经验上的有害性，并且功能失调是可以被检测出来的。此外，这种观点进一步暗示，所有被进化设计出来的，却不能发挥作用的机制都可以被认为是病态的。但是，这些观点很难禁得起临床实践的检验。从临床的角度来看，我们需要考虑这样一种情况，即如果我们能够发现一种无害的功能失调，并且不会把它当作病理性的东西来对待，那么我们就不应该把它界定为精神病理现象。譬如，以这种价值观来界定同性恋,它可能在人群中显示出高智力特征,并且不会对威胁和不忠产生强烈的暴力反应,因此从进化的观点看,同性恋是一种功能失调,却是一种无害的功能失调。也许从临床的角度来说,它不应该被界定为一种心理障碍。在某种程度上,某些心理机制不能像它在进化适应环境中进化出来的功能一样正常运转,我们也不必将相应的行为看作心理障碍。在界定心理障碍时,我们需要考察有害性和功能失调两个方面。因此,比较而言,韦克菲尔德的观点是比较全面的。

在这里,从进化的角度看,韦克菲尔德对心理障碍的界定,核心成分无疑是功能失调。不过,有研究者(Del Giudice & Ellis,2016)认为,基于进化心理学关于适应功能和功能失调的观点,有几点必须明确说明:(1)进化机制的范围比较广泛,大多数机体组织(譬如心脏、专门化的大脑区域、微小的细胞结构)和生化过程都是进化的机制。因此,相应的功能失调也有多种方式和原因,譬如有害的基因突变、机体的病毒感染、意外的机体损伤,以及进化防御机制的副作用等。(2)功能失调(dysfunction)与适应不良(maladaptation)不是同一个概念。功能失调涉及进化设计,这种功能失调的进化设计被认为是导致个体适应不良的重要原因,但是适应不良并不一定来自功能失调的进化设计,也可能有其他原因。另外,功能失调也并不一定会导致适应不良。有些功能失调的进化设计可能是中性的。可能有这样一些情况,有些功能失调的进化设计在生命中出现得很晚，因此不至于影响繁殖功能，或者环境因素导致这种进化设计的损害功能减少。譬如，近视无疑是一种功能失调，但经过适当校正，近视并不一定会导致适应不良。（3）功能失调是一个比较模糊的概念，功能失调和功能正常之间没有清晰的界限，进化的机制可能表现出不同程度的功能发挥（Wakefield，1999）。譬如，高血压和人格障碍的界限不是非常清晰。

毋庸置疑，有害功能失调的定义对未来进化取向的心理障碍研究具有纲要性的指导作用，它可以指导功能障碍的疾病分类系统的研究，还可以为各种功能障碍的明确界定提供理论指导。不过，基于有害功能失调分析来理解心理障碍不同于实际的临床角度。迄今为止，临床角度关于正常的功能性心理机制和精神病理学都没有进化心理学的立场，但是现在看来，进化心理学的立场是精神病理学界定心理障碍所必需的。

（二）心理障碍的判断标准

基于上述韦克菲尔德的心理障碍的概念界定，有研究者认为可以大致提出心理障碍的判断标准（Kennair，2011）。功能失调的客观判断是一个标准，有害的价值判断也是一个标准。不过有害的价值判断又可以分为主观感受标准和社会文化标准两个方面。因此，关于心理障碍的判断标准至少有以下三个指标：（1）适应性心理痛苦（adaptive psychological pain），

(2）社会不良行为（socially undesirable behavior），（3）功能失调（dysfunction or mechanism failure）。从纯粹的生物学功能角度来说，只有功能失调才是真正的心理障碍。这是由已有的功能失调导致的功能障碍。但是，根据上述韦克菲尔德（Wakefield，1999）的心理障碍的定义，只有那些有害的功能失调才被界定为心理障碍。心理痛苦和社会适应不良属于有害的范畴。当然，有害并不一定导致功能失调。在这里，借助韦克菲尔德的心理障碍的定义，可以对上述三个判断指标进行比较详细的解释，以便对心理障碍的判断标准进行深刻分析。

1. 适应性心理痛苦

临床医生定义的适应性心理痛苦在临床上具有明显的行为表型特征，在很大程度上是患者的主观感受。它通常会通过一些消极的情绪情感的体验和表达传递出来。不过，从进化心理学角度来分析，尽管这种消极的情绪情感会给当事人带来痛苦，但是在针对当时的情境和面临的适应性问题时，这种行为表型并不一定是适应不良的，相反可能具有对当时情境的适应价值（Hagen，1999；Watson & Andrews，2002）。正如进化心理学所认为的，所有的情绪（包括消极情绪）都是进化设计出来的适应机制。譬如，哈根（Hagen，1999）认为，产后抑郁症就是一种具有进化意义的适应性行为，它可能是由孕妇的丈夫缺乏相应的关注、投入引起的，产后抑郁症的症状表现可以促使丈夫发生改变，从而对已经出生的孩子进行更多的投资。这样看来，抑郁症状也具有适应性的工具功能。内瑟和威廉斯（Nesse & Williams, 1996）指出，有时候痛苦是一种进化的防御。基于进化的观点，有些研究者甚至认为，抑郁症本身也是适应性的，这种机制通过引起个体主观上的痛苦，来防止其他某些适应不良的后果。

马克斯（Marks, 1988）对血液恐惧症的解释也有类似的看法。患者一见血就头晕，这是由血压下降引起的。这种由血压下降引起的头晕（恐惧的症状）并不是典型的恐惧症状，相反，这种惊恐症状是激活战斗或逃跑机制的典型反应，它旨在使患者避免自身失血的危险，因此，这种血液恐惧症也是一种适应性的表现。从进化的角度看，许多引起心理痛苦的症状表现可能都是适应性的。

根据有害的功能失调的界定，适应性的心理痛苦是指那些主观上使个体感到痛苦的情绪状态，主要的症状类型是焦虑和抑郁。这些症状有可能不是真正的心理障碍，不属于精神病理学范畴。不过在临床上，如果患者有改变这种适应性的心理痛苦的主观愿望，那么它还是可以被列入可治疗状态（treatable conditions）（Cosmides & Tooby, 1999）。此外，这种情况是否需要进行治疗，也要看我们如何理解这种由症状引起的进化防御机制的功能，以及阻碍这种防御机制发挥相应功能的可能后果（Nesse & Williams, 1996）。

2. 社会不良行为

所谓社会不良行为，就是根据个体外在的社会标准和社会规范对其行为症状进行评价，并将其行为判断为不合适的、不规范的、损害社会和他人利益的行为。当前的诊断手册接受了这种社会评价的标准，也把这种社会不良行为纳入精神病理学范畴。不过，从当事人角度来看，他们也许并不认为自己的行为是病态的，或者适应不良的。他们可能认为自己的行为是自我整合的（与当事人的价值体系和个人愿望是一致的），甚至是愉快的。这种行为症状比较典型的案例有物质滥用和某些人格障碍（譬如反社会人格障碍）。相比而言，此处社会不良行为的"有害的"含义界定与上述适应性的心理痛苦的"有害的"含义界定是不一样的，甚至是冲突的。前面把适应性的心理痛苦界定为有害的，而这里的某些社会不良行为，可能并不会带来个体主观上的痛苦，相反可能在主观上是和谐愉悦的，但是这种社会不良行为还是被社会规范界定为有害的。

鉴于这种对"有害的"含义界定的分歧甚至冲突，我们需要一个有关心理障碍背景条件的清晰界定和理解。因为一种状态是否被界定为障碍，在很大程度上基于特定的背景以及对特定状态情形的理解。有研究者（Cosmides & Tooby，1999）将这种"有害的"含义的分歧称为"价值条件分歧"（value-condition divergence）。在一种价值条件下，某种行为可能完全是进化的适应功能产生的,但是在另一种价值条件下,这种行为又被认为是有害的、不可取的。

如上所述,有些社会不良行为也许在内在功能上是自我整合的。于是,自我整合功能就成为判断这些行为是不是心理障碍的一个重要标准。但是,非常遗憾的是,当前关于自我整合功能的心理学研究提供的理论价值非常有限,至今我们还无法理解自我整合功能的实质是什么。鉴于此,某些貌似涉及自我整合功能障碍的心理障碍就很难拥有有效的治疗途径,譬如反社会人格障碍。对个体来说,它可能是促进适应的,从进化的角度来看,它可能是正常的,不是一种障碍。但是对他人来说,这种人缺乏同情心,具有攻击性,这种人格障碍可能是一种需要加以改变的心理特征。因此,多数人站在社会文化标准的角度认为反社会人格是不可取的,需要加以纠正,甚至需要专业的治疗。不过,到目前为止,依然没有找到什么有效的方法和技术治疗这种反社会人格障碍。

此外,对物质滥用的界定同样存在很大的争议。在一种社会文化中,某些看起来不健康的、过量的热量摄入行为(包括高脂肪食品、酒精和其他高热量食品)可能是完全的适应性行为,它是在进化适应环境中形成的具有相当适应价值的内在基因设计的外在表型。但是,在当前的社会文化中,这些行为被理所当然地界定为某种心理障碍。类似的案例还有暴力性忌妒(violent jealous)。在进化史上,它可能也是适应性的,因为它可以提高繁殖成功率。但是,在当前的主流文化中,它是不可取的。按照进化视角有害的功能失调的精神病理学定义,上述这些案例都不是严格意义上的心理障碍。如果这种进化视角是相当有道理的,那么在临床上需要提醒医生区分严格意义上的心理障碍和社会不良功能(包括可治疗的状态)。

3. 功能失调

心理障碍最明显、最典型的例证就是进化的心理机制的功能障碍,这也被称为功能失调。由于遗传因素、成长发育的因素,以及当前和过去环境差异的因素,某种适应机制可能会得到不同的调整,这也是适应功能或者人格特质功能的个体差异的原因。但是,有哪些具体的因素改变适应行为,最终导致功能失调,这个问题我们目前了解得还很有限,因此功能失调的判断也并不像我们以为的那样容易。如此看来,诊断手册中标识的各种障碍可能并不都是功能失调的情况。许多在诊断手册中被判断为有害的功能失调的案例,可能是某种可治疗的状态(treatable conditions),甚至是某种功能适应状态。

我们必须看到,很少有心理障碍是由非常明确的功能失调引起的。而功能失调是否由环境刺激不足、发育障碍或者遗传缺陷造成,还很难确定。尽管如此,在理论上功能失调仍然是当前心理健康研究中关于心理障碍的最典型的解释。正如美国国家心理健康研究所(NIMH)对重度抑郁症的解释,心理障碍通常是由脑功能紊乱引起的。总之,从进化心理学角度,我们要审慎地分析,一种具有显著临床症状的行为表现是不是一种疾病,它是不是由功能失调造成的,它是不是适应性的或者适应性的结果。对于一种临床症状,我们确实需要考察适应性和功能障碍两个方面的可能性。

基于进化心理学的思路,我们可以对一些典型的临床症状案例进行简单分析。在心理障碍的案例中,精神分裂症是一种典型的功能失调,其症状表现为明显的适应功能障碍。双相情感障碍也是适应不良的,也表现出明显的功能障碍。另外,抑郁症和焦虑症是不是功能障碍还很难确定。尤其是某些焦虑症,它们的心理治疗效果非常快而且明显,这说明这些焦虑症不太可能是功能失调。人格障碍也很难被定性为功能失调,它只是降低了个体的社会适应性,而其内在自我状态可能是整合的。有些研究者甚至认为,某些特殊情况下的自杀行为也很难被明确地界定为功能失调,因为它可能增加内含适应性(De Catanzaro, 1995)。某些缺乏同情心的变态倾向也很难被界定为功能失调,因为它对当事人来说可能是适应性的,这种变态倾向可能是在特定生态条件下(譬如战争、饥荒)的一种社会适应策略。总之,许多功能障碍可能是存在的,但是我们在得出结论之前需要从进化适应功能的角度对它们进行重新分析和探讨。

二、不良状态的进化学分类

尽管韦克菲尔德的心理障碍概念的理论意义非常重要,但是在实际的临床应用中,有害的功能失调只是可治疗的不良身心状态的一部分(Cosmides & Tooby,1999)。有些看起来并不是功能失调的现象也可能被界定为需要治疗的不良状况。譬如,某些个体的欺骗策略可能是被进化选择设计出来的某些情境中低频率的适应性策略(Mealey,1995),但是也被认定为需要加以治疗的心理变态倾向。有学者(Del Giudice & Ellis,2016)认为,可以基于更宽泛的良好适应的标准,制定包括韦克菲尔德的心理障碍概念在内的可治疗的不良状态的分类系统(a taxonomy of undesirable conditions)(见图8.1)。基于这个分类系统,可能构成心理障碍的不良状态可以被分为功能失调机制和功能良好机制两大类。功能失调机制就是韦克菲尔德所指的有害功能障碍。功能良好机制则是指进化设计的良好适应机制也可能在现实的适应情境中导致适应不良的现象。而这种功能良好机制下的不良状态又可以被分为当前的适应不良结果和当前的适应良好结果。当前的适应不良结果是指良好的进化适应机制由于个体的原因可能导致适应不良的结果。当前的适应良好结果则是指进化机制发挥了适应功能,导致适应结果,但是在某种情况下,或者从某种角度来看,这种结果还是不良的,是需要治疗的。下面详细分析这些不良状态的类型。

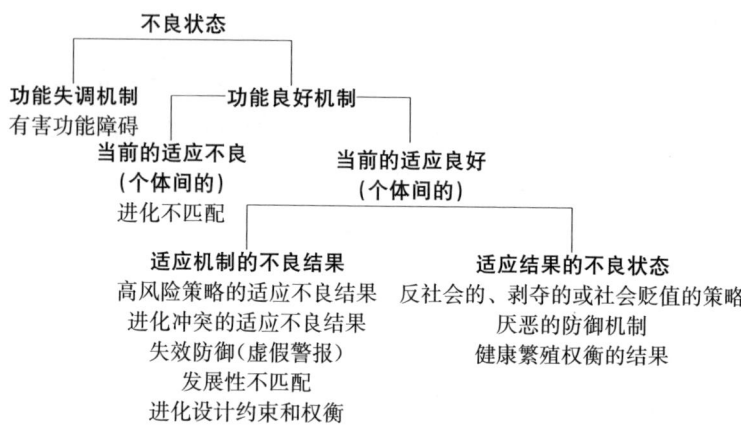

图 8.1　不良状态的进化学分类（Del Giudice & Ellis, 2016）

（一）功能失调机制

这里的功能失调机制（dysfunctional mechanisms）就是指韦克菲尔德的有害的功能失调的含义。功能失调机制是指那些不能发挥正常适应功能的进化机制，其原因可能包括环境的侵入性伤害（譬如大脑损伤）、有害的基因改变（譬如基因突变或者基因残缺）或者病毒感染等因素（Crespi, 2000, 2010）。在基因复制的遗传过程中，有害突变经常发生。基于突变—选择平衡机制，基因突变和自然选择的清除机制达到某种平衡，从而在适当范围内出现遗传变异。尤其当某些基因突变表现为隐性时，自然选择机制就很难清除这些有害的突变。有害突变的累积效应，即达到一定的突变负荷（mutation load），导致显性的功能失调，出现疾病特征。这种突变—选择平衡机制可以解释自闭症、精神分裂症、躁狂症和智力低下等心理问题的进化遗传来源（Keller & Miller，2006）。

暴露于病原体之中是另一种导致功能失调的重要原因。传染病（尤其是早期感染传染病）与许多心理疾病密切相关，譬如自闭症、精神分裂症、抑郁症等（Patterson，2011；Benros，Mortensen，& Eaton，2012）。在心理疾病的病理学上，病原体的作用与基因突变并不冲突。传染病和基因突变一样，能扰乱个体关键阶段的发展过程，相应地，病原体负荷和突变负荷最终聚合成同一种神经生物学机制路径，导致心理疾病危险因素的累积效应。除此之外，病原体还通过对防御机制进化的影响而对功能失调机制发挥间接的作用。在进化过程中，病原体总是与寄主进行共同进化的"军备竞赛"（coevolutionary arms races），一旦防御机制得到改进，病原体也会通过进化选择机制产生新的进攻方式。这种共同进化的军备竞赛机制倾向于产生更加复杂的防御机制（譬如复杂的免疫系统），而复杂的防御机制具有功能失调的易感性（Nesse，2001）。

（二）进化的不匹配（当前的适应不良）

基于自然选择机制，进化的有机体由于对环境适应功能的改善而不断实现其生存和繁殖的目标。不过，环境并不是静止的，相反，由于地质条件的改变，社会的发展和不同物种的共同进化，环境的改变从来没有停止。大量的、快速的环境变化可能导致先前的适应机制突然变成适应不良的机制，从而导致各种不良的后果,即导致进化的不匹配(evolutionary mismatch)。在人类社会中,由于文化和技术的发展,人类获得了改变自然环境和社会环境的巨大力量,这可能导致大量的进化不匹配。

当个体遭遇一种新奇的环境时(即完全不同于进化历史中反复出现的环境),进化不匹配现象可能会出现。在不同的程度上,进化不匹配可能是某些心理障碍的病源学因素。譬如,在现代社会中,女性被媒体推向身体吸引力的残酷竞争中,这无疑是一种完全不同于进化历史环境的新异的社会刺激。这种新异的社会刺激会挑战女性为获得吸引力和社会地位而进化的传统适应机制,从而构成女性进食障碍的重要来源因素(Abed,1998)。尽管这里强调进化不匹配的消极后果,但是从进化历史看,进化不匹配是不可避免的,实际上它也是进化过程的一个重要方面。从进化的含义来说,正是因为有进化不匹配现象,才出现进化的过程,否则进化就会停止。如此说来,进化不匹配导致的心理问题可能是人类进化发展必须付出的代价(Crespi,2010)。

(三) 适应机制的不良结果

如上所述,当进化机制不能执行进化功能时,功能失调的机制出现,从而导致需要加以治疗的不良状态。面对完全新异的环境条件,内在机制导致适应不良,出现进化不匹配现象。但是,即使以上两个条件都得到满足,即进化机制能够执行适应功能,并且不存在适应环境不匹配的现象,在个体层面上,适应不良结果仍然可能系统地出现。在个体层面上观察适应不良,考察进化机制的适应不良后果既是进化精神病理学的重要视角,也是进化人格心理学看待心理障碍的重要视角(Cosmides & Tooby,1999;Crespi,2010;Frankenhuis & Del Giudice,2012)。下面分析适应机制的不良结果的几种情况。

1. 高风险策略的适应不良结果

在个体水平上,高风险策略的进化设计是适应不良的重要来源。众所周知,许多适应行为都具有风险性。从进化的角度考虑,自然选择偏好那些承担一定风险的适应机制,一般情况下这些适应机制都会使适应的收益大于适应的代价。进一步分析,适应策略的收益总是与风险代价成正比的。高收益的适应策略一般也会具有高风险性,即这种策略在带来巨大收益的同时也可能面临巨大的损失。在进化过程中,当行为结果导致收益的边际递减效应时,自然选择会偏好风险回避。譬如,一个肥胖的动物会寻求低风险的觅食行为,因为额外的卡路里的增加只会轻微改善其生存条件。而当行为结果可能导致收益的边际递增效应时,自然选择就可能偏好风险寻求的策略。譬如,即使面临被攻击的风险,处于饥饿状态的动物也可能倾向于寻找资源丰富的生存环境,因为这种高风险行为策略可以使它们收益更多(Frankenhuis & Del Giudice,2012)。类似的逻辑也可以解释繁殖竞争的风险策略。

在个体的发展过程中,风险策略既可能导致适应良好,也可能导致适应不良,从而成为心理障碍的重要来源。譬如,某些外在化的行为被认为是社会竞争中高风险选择的表现。在有些情形下,儿童青少年的攻击行为(外在化行为)是为了寻求社会优势,赢得尊重,成为群体中的领袖;而在另一些情形下,这种行为可能被排斥和拒绝,也可能导致挫折和孤立,从而成为身体和心理伤害的重要因素(Del Giudice, Ellis, & Shirtcliff, 2011; Ellis et al., 2012; Martel, 2013)。很显然,即使这种策略起初是被进化设计以取得社会优势和社会地位的适应机制,但是这样的结果对有些个体来说可能是适应不良的。另外,分裂型人格也是这样的案例。分裂型人格可以帮助个体增强创造性从而有利于交配和繁殖成功,但是分裂型人格也具有导致精神分裂症的高风险(Nettle, 2001; Del Giudice, Angeleri, Brizio, & Elena, 2010)。

2. 进化冲突的适应不良结果

从进化的角度来看,由于生存和繁殖竞争,实际上个体之间的冲突是大量存在的。尽管合作和利他也会通过自然选择得到进化设计,但是也有这样的情况,即个体往往会牺牲他人生存和繁殖的利益来实现自己适应收益的最大化。一个非常有意思的进化冲突就是亲子冲突(parent-offspring conflict)(Trivers, 1974; Schlomer, Del Giudice, & Ellis, 2011)。通常情况下,每个子女期望从父母那里得到的投资(包括时间、食物、关注和保护）远远大于父母分配给每个子女的投资，从而导致亲子冲突。一个富有戏剧性的亲子冲突就是子宫中的母婴冲突（Haig，1993；Schlomer et al.，2011）。对于子宫中的胎儿，母亲只贡献了50%的基因，但是进化的选择机制创造了这样的适应机制，胎儿更加看重自己而不是母亲未来的孩子，这使胎儿能够操纵母亲的身体为自己提供更多的营养，这比母亲乐意提供的多得多，甚至以牺牲母亲的健康为代价。

在怀孕期间，胎盘往母体的血液中释放大量的荷尔蒙激素，这些激素影响母体的新陈代谢，提升母体血液的营养成分，增加胎内循环的营养供应。而胎盘激素释放与母体对抗措施的相互作用可能会导致一系列不良反应，譬如妊娠期高血压和高血糖。在某些极端情况下，母体与胎儿生理上的拉锯战可能导致调节异常，结果可能出现威胁生命的情况，譬如子痫前期（严重的母体高血压）。其实，母亲升高的产前身心压力水平也与新生婴儿的许多病理性风险因素密切相关，其中包括导致焦虑症、多动症、自闭症和精神分裂症等心理疾病的风险因素（Glover，2011）。此外，进化的冲突不仅发生在个体间，而且发生在个体内不同基因之间，这被称为基因组内部冲突（intragenomic conflict）（Burt & Trivers，2006）。这些基因组内部冲突可能是某些精神病理现象的重要来源之一。有研究者认为（Crespi & Badcock，2008），自闭症谱系特征与父系基因的过分表达有关，精神病谱系特征与母系基因的过分表达有关。

3. 失效防御

适应性防御是保护个体免遭身心伤害的进化机制。大多数消极情感（包括害怕、焦虑、厌恶、害羞等）都被界定为防御机制，它们在防止身体伤害、病毒感染、社会排斥等方面扮演着重要的角色（Nesse，2004a；Nesse & Jackson，2006）。防御机制的调节涉及漏报（false negatives）（当威胁出现时，不能激活防御机制）和误报（false positives）（当没有真正威胁时，激活防御机制）之间的权衡。实际上，防御机制常常被自然选择机制设计为接受高误报率以避免灾难性的漏报，这就是所谓的烟雾报警器原则（smoke detector principle）（Nesse，2005）。

烟雾报警器原则表明，防御机制常常引起过度反应，因而是失效的，有时候这种失效的过度反应会对个体造成伤害，从而成为需要治疗的不良状态的重要来源之一。需要明确的是，这些失效的过度反应并非功能失调，但它的确导致适应不良状态。有研究者认为，这些防御机制启动的失效的过度反应可能是某些情感障碍的病源学因素，譬如，恐惧症和焦虑症（Nesse，2005；Nesse & Jackson，2006）。

4. 发展性不匹配

在成长过程中，个体会利用环境线索引导他们的发展轨迹，从而提高其未来行为表型匹配未来环境状态的可能性，这就是所谓的条件性适应机制。条件性适应机制是一种发展可塑性机制,它有助于个体在将来的各种环境条件下都达到繁殖成功。但是,基于当前环境线索对未来的预测发生偏差时,条件性适应也会导致适应不良。也就是说,由于预测线索的偏差,条件性适应会引导一条不恰当的发展轨迹,从而导致个体发展出不能匹配未来环境的行为表型,出现发展性不匹配的情况。不过,即使未来适应的不匹配代价较高,只要发展可塑性的收益整体上大于可能带来的损失,那么自然选择还是倾向于设计出条件性适应机制。条件性适应机制带来的发展性不匹配现象可能只出现在少数个体身上。

5. 进化设计约束和权衡

有机体的进化设计会受到很多外在自然条件的约束,这在很大程度上限制了行为表现灵活性的范围,因此可能导致进化设计过程中不可避免的一些副作用,譬如,直立行走提高摔倒的可能性,较大尺寸的身体更容易感到饥饿。自然条件的约束也与进化的遗传结合起来,导致进化设计只能在先前的设计特征上进行改进,而不能重新设计,这也是所谓的路径依赖。另外,进化设计收益—代价的权衡也是普遍存在的:增强一个系统的适应功能往往会削弱另一个系统的功能,增强生命早期的系统功能往往会削弱生命晚期的系统功能,提升对一种疾病的防御能力往往会增强对另一种疾病的易感性。譬如,快乐基因(5-HTTLPR)的长等位基因可能有利于使个体免遭抑郁的侵害,但是可能增大罹患精神疾病的风险(Glenn,2011)。

(四) 适应结果的不良状态

从进化的角度来看,这个分类系统的最后一种类型(即适应结果的不良状态)也是最有意思的一种类型。如上所述,不良状态可以通过适应机制的适应不良结果表现出来。不过,还有这样一种情况,适应机制的适应良好结果有时也会被看作不良的状态,这也被称作"真诚的疾病"(bona fide disorders)(Nesse,2004a;Nesse & Jackson,2006)。从适应不良结果中区分出适应良好结果的不良状态是一项具有挑战性的工作,不过这也是理解某些相关的不良状态病理学的基本步骤(Nesse,2011)。这种适应结果的不良状态大概有以下三种类型。

1. 反社会的、剥夺性的或社会贬值的策略

在人类这种复杂的社会物种中,有许多达到繁殖成功的潜在路径,并非所有的路径都是合作的和亲社会的策略。那些具有反社会的、剥夺性的行为策略的个体也经常得到很多的回报,在严酷的、不可预期的社会环境中更是如此。当然,拥有反社会人格的个体会给自己和他人带来痛苦。有研究提到,某种精神变态类型也是一种适应策略,对个体来说会带来繁殖成功的适应结果,譬如,精神变态类型与数量型的繁殖成功(生活史理论中的 r 策略)密切相关(Barr & Quinsey,2004;Del Giudice,2014a;Glenn,Kurzban,& Raine,2011;Mealey,1995)。在女性中,边缘型人格障碍也有类似的适应结果(Brüne,Ghiassi,& Ribbert,2010)。还有许多人格障碍也是

这样，对个体来说，它们是进化适应机制的良好适应结果，但是这些人格障碍会给他人带来伤害和痛苦，在某种程度上它们是需要加以治疗的不良状态。

2. 厌恶的防御机制

如上所述，基于烟雾报警器原则，失效的防御由于引起不恰当的、过度的防御反应而可能导致适应不良，出现不良状态。不过，有些针对实际威胁和挑战情境的恰当的防御反应有时也是令人厌恶的不良状态。从本质上看，这种防御机制是进化而来的适应机制，它的启动是针对实际的威胁和挑战，其结果也是为了达到适应状态。但是，在他人看来，这种过度的防御反应还是令人厌恶的、需要加以治疗的不良状态。其典型案例就是抑郁情绪。许多研究者认为，抑郁是一种适应机制，旨在通过社会服从获得来自家庭和朋友的帮助（Sloman & Price, 1987; Watson & Andrews, 2002）。但是，当抑郁情绪状态可能带来一些适应功能障碍时，它也会被看作情绪调节功能失调的不良状态（Nesse, 2006; Nettle, 2004）。

3. 健康与繁殖的权衡

从进化的角度来看，自然选择机制倾向于追求个人适应效益的最大化，这在很大程度上是指追求繁殖效益的最大化。而这种适应机制可能会以牺牲个体的健康为代价。譬如，许多与年龄有关的健康问题可能就是因为我们在生命早期过度追求繁殖功能的实现，对女性来说更是如此（Nesse, 2001）。从进化适应的角度来看,青少年的冒险行为和冲动行为是具有适应价值的,它有利于个体在面对同性伙伴的竞争时获取更多的繁殖机会。但是,从发展心理学角度来看,这些冒险行为和冲动行为又是不利于个体健康发展的(Ellis et al.,2012;Nesse,2001)。

三、进化精神病理学模型建构

前面从概念界定和系统分类的角度对心理障碍及其相关的不良状态进行了比较详细的进化视角的探讨。由于进化视角涉及进化设计机制与心理障碍的关系,因此前面的探讨实际上也不同程度地涉及心理障碍根本原因的分析。不过,要从进化的角度系统分析心理疾病的个体差异及其来源,试图以进化心理学作为理论基础提出心理病理现象的系统的"远因解释"(ultimate causes explanation),这在很大程度上是进化精神病理学的研究领域。肯奈尔(Kennair,2011)认为,进化精神病理学要想系统地探讨心理障碍的病因学来源(尤其是远因来源),就必须整合相关的进化遗传学、行为遗传学、进化发展心理学等学科的理论观点和实证研究。这些学科都试图从不同的角度看待个体的遗传变异是如何进化而来的,这些进化而来的遗传变异又是如何在个体发展过程中与环境交互作用,并最终发展成个体的行为表型的。其实,这些与进化心理学密切相关的学科在探讨个体差异的进化来源时,也始终关注病理特征的进化机制。譬如,进化遗传学就试图通过突变—选择平衡机制和平衡选择机制解释精神分裂症和某些变态倾向的进化来源（Figueredo et al.，2005）。

从上述心理障碍的概念及其分类可以看出，心理学家已经从进化心理学角度开展了进化精神病理学的理论探讨和实证研究。不过，肯奈尔（Kennair，2011）认为，要进一步开展进化精神病理学学科的研究，还需要特别强调以下两点。

首先，进化心理学必须把心理障碍纳入研究范畴。毋庸讳言，进化心理学一直以来关注正常的心理机制和心理特征是如何进化而来的。进化心理学认为，和人类的生理机制及其功能一样，人类的心理机制也是在进化适应环境中发挥良好的适应功能，帮助人类解决进化适应环境中面临的适应性问题，从而才被进化力量选择出来，最终成为人类共同的心理现象。很显然，这种基本思路比较忽视人类异常心理现象的进化学解释。进化心理学要想把病理心理现象纳入研究范畴，就需要从进化的角度考察以下问题：这些病理心理现象是不是进化而来的？是如何进化而来的？它们是否具有进化的遗传变异基础？是不是个体的遗传变异在与环境交互作用的过程中造成异常的基因表达，从而导致异常的行为表型？从进化心理学角度建构进化精神病理学时需要对这些问题进行详尽研究和考察。

其次，作为进化精神病理学的元理论，进化心理学本身需要一个整合不同研究取向的共同的理论基础。不得不承认，当前进化心理学本身有许多不同的研究取向，也有一些不同的，甚至是相互冲突的理论观点。譬如，对人格个体差异现象及其来源的解释，不同的进化心理学家就有完全不同的解释。有的（Cosmides & Tooby，1999）认为，进化心理学应该只关注具有种属普遍性的进化心理机制，而个体差异可能只是进化过程中的随机偶然现象，或者是基因表达的随机偶然现象，不具有进化适应的意义。有的（Buss，2007）则认为，人格的个体差异也是进化而来的，进化的遗传变异也是一种普遍存在的现象。因此，进化心理学需要对个体差异的进化遗传变异来源有一个比较统一的认识，然后才能基于此解释病理心理特征作为一种个体差异现象是如何进化而来的。

基于以上考虑，肯奈尔（Kennair，2011）提出了一个试图从进化心理学角度考察病理心理现象的进化精神病理学模型。这个模型试图整合进化心理学、进化遗传学、进化发展心理学，甚至进化生物学的各种观点，从进化遗传的"远因"和环境影响的"近因"两个方面及其相互作用来系统地看待病理心理现象。这个模型当然也强调作为个体差异现象的病理心理特征的进化心理学理论视角的分析和实证数据的支持。下面我们着重分析肯奈尔提出的这个进化精神病理学模型（见图8.2）。

（一）个体的遗传潜能

在进化心理学及其相关学科中，对心理障碍个体遗传潜能（genetic potential）来源的解释很多。可以说，那些解释人格个体差异的进化变异来源的进化学观点都可以被用来解释心理

第8章 心理障碍的进化观

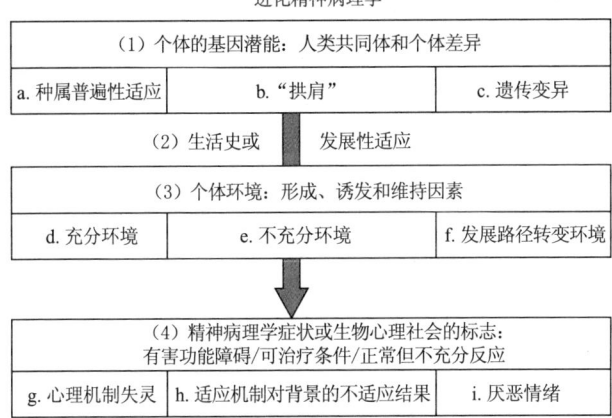

图 8.2　进化精神病理学模型（Kennair，2003）

上图说明了精神病理学如何被认为是由充分和不充分的环境相互作用引起的发展性适应（发展规律和物种生命史）造成的正常和异常遗传学的结果。因此，从进化的角度来看，精神病理学的来源是功能性的逆向进化适应，或与我们现代环境不匹配的适应，以及机制故障。有关所使用概念的说明，请参阅文本。

障碍的进化遗传变异来源。因为在这些有关个体差异的观点中，心理障碍通常被看作个体差异的某些状态或某些水平。譬如，正如前面章节所提到的，大五人格因素模型中的基本人格维度都是进化而来的，这些人格因素是具有种属普遍性的适应性心理机制，每个维度上的个体差异也是进化而来的，也具有进化适应的价值。不过，这些个体差异的遗传变异来源不是基于简单的自然选择机制进化而来的，而是基于自然选择机制与突变—选择平衡机制、平衡选择机制的相互作用的复杂进化机制进化而来的。这些进化的遗传变异既为个体的正常功能适应提供遗传基础，也为适应不良功能的设计特征提供遗传可能性。持这种观点的进化心理学家认为，人格维度上的极端水平，很有可能就是某种病理心理特征。譬如，极端的高尽责性可能具有强迫性人格障碍的典型症状，极端的低尽责性则可能具有反社会人格障碍的典型症状。

不过，进化心理学对心理障碍的解释也有另外一种观点。有研究者（Buss，2007）认为，个体的遗传潜能包括人类的普遍适应性和这些适应性的副产品（by-products）。心理障碍可能是适应性副产品的产物。这些副产品不具备功能性设计的特征，当然也不能解决适应性问题。它们之所以与那些具备功能性设计的特征关系密切（carry along），是因为它们碰巧与适应器结合在一起。譬如，克罗（Crow，2000）关于精神分裂症的进化论观点就是一个典型的例子。他认为，精神分裂症不是自然选择的适应性特征，而是某些适应性功能设计特征的副产品。我们可以看到这样一种普遍现象，精神分裂症患者几乎没有繁殖的功能，为什么进化选择的力量没有把精神分裂症从人类基因库中剔除呢？甚至在几乎所有的民族中，精神分裂症有着大致相同的出现频率。克罗认为，为人类提供语言能力和脑偏侧优势的物种进化事件可能是精神分裂症一直存在的原因。人类进化出具有种属普遍性的语言能力机制，而其副产品就是刚好与语言能力适应器结合在一起的精神分裂症。

以上阐述，无论是克罗的适应副产品取向还是进化遗传学的遗传变异取向，都集中讨论了进化机制的功能障碍问题，也就是韦克菲尔德所说的有害功能障碍或者机制失调的问题，这也可以被理解为进化设计的缺陷（defects）。某些进化过程（譬如突变）会导致进化设计的某些生理机制和心理机制适应功能的部分缺失或者完全缺失。这些功能障碍一旦被遗传，几乎会直接导致某些身心障碍。除此之外，大多数遗传变异或者进化的种属普遍性机制在进化设计上是没有问题的，它们已经奠定了适应良好的遗传基础，但是，即使是这些设计良好的适应机制也可能导致现实中的适应不良和心理障碍。这就要考虑遗传基础与环境因素的交互作用了。遗传因素和环境因素的交互作用是形成正常人格特征的作用机制，也是导致心理障碍的作用机制。进化设计良好的机制也可能在现实适应情境中导致适应不良，其原因可能是多方面的，有些可能是防御机制的问题，有些可能是进化适应环境与现实环境不匹配的问题，还有些可能是发展过程中个体特异性的问题。下面我们结合发展可塑性和环境影响来进一步讨论心理障碍的进化来源问题。

（二）发展性适应

和普通心理学一样，进化心理学起初关注成年人的心理现象。毫无疑问，成年人的心理特征比较成熟和稳定，个体差异也非常充分和明确，这使成年人成为进化心理学研究的较优样本。当然，另一个理由就是成年人具有繁殖功能。不过，最近发展起来的进化发展心理学试图改变这种局面。其实，人类进化而来的心理机制的适应功能是在个体发展过程中逐渐拓展的。这种逐渐拓展其适应功能的过程也许是考察进化而来的或者与进化来源密切相关的病理心理现象的重要契机。相比而言，人类成员的成长发展周期要比其他动物长得多。人类复杂的社会系统需要个体经历多年的社会学习和成长过程（Flinn & Ward，2005）。同时，这种复杂并且较长的发展过程可能为个体的进化适应性设计特征在现实环境中的行为表达提供许多不适应的、病变的意外情况。

从个体发展的角度探讨精神病理现象（即发展精神病理学）是心理障碍研究的一种基本方法（Rutter，2006）。大多数障碍类型——从精神分裂症到社交恐惧症——都在个体的成长过程中或生活史经历中具有某种征兆，其特征是大量的激素变化（即青春期），并伴有脑功能重组现象。这些发展特点表明，心理障碍在很大程度上是可以被预测的。

在最近十几年里，人们对进化发展心理学的兴趣越来越浓（Burgess & MacDonald，2005；Ellis & Bjorklund，2005）。这种研究工作对进化心理学的理论分析水平的提高和概念体系的拓展有很大的帮助。人类成员既有一个相同的生活史格局，也有一个大致相似的发展可塑性生命周期。因此，人类成员之间的差异性和相似性不仅来自遗传因素和环境因素，而且来自发展和成熟的过程，即来自发展可塑性因素。毫无疑问，对上述这些方面的综合考虑，有助于发展心理学、行为遗传学和进化心理学的融合，从而有利于进化发展心理学的发展。

对心理障碍的研究可以拓展进化发展精神病理学（evolutionary developmental psychopathology）的研究视角，即从进化发展心理学的视角探讨病理心理现象（Pitchford，2002）。尽管进化心理学对发展心理学的兴趣越来越浓，但是几乎没有这方面的实证研究（Ellis & Essex，2007）。近年来有关进化理论研究的趋势表明，无论是一般的进化心理学还是精神病理学层次的进化心理学，都在密切关注发展方面的因素，其中包括生活史理论的因素（Kaplan & Gangestad，2004）。

那么，从进化发展心理学角度探讨病理心理现象，我们至少需要考虑这样一些比较明确的发展因素：在个体发展过程中，不同时期出现的特定障碍是不同的，这取决于个体的年龄和成长背景。同样的行为发生在 5 岁儿童身上时可能是典型的社会规则和礼仪的学习行为，但发生在青少年身上就可能是病态的强迫症。一些障碍会随着年龄的增长而逐渐消失（如边缘型人格障碍），而一些障碍会变得更显著（如抑郁症）。某些心理疾病从最初的迹象到最终的疾病成型，是一个缓慢发展的过程，譬如，害羞的儿童经历漫长的成长过程，最终变成拥有社交恐惧和回避型障碍的成年人。不同心理障碍的稳定性和变化性也是不一样的。有些障碍（如广泛性焦虑障碍）在人的一生中都存在，因此是稳定的；有些障碍（如多动症）则只出现在人生的早期阶段。此外，不同个体的障碍可能会有不同的发展路径，同样的障碍也会因为个体不同的年龄而有所不同，就像正常人格特质的发展性差异。

（三）环境的影响

进化心理学认为，进化力量设计了普遍的人性，而环境因素影响进化遗传设计的显性表达，从而导致大量的表型变异（Tooby & Cosmides，1990）。环境影响不是"另起炉灶"，而是基于进化遗传设计可塑性的最终达成。在这里，著名的BSD（Belsky-Steinberger-Draper）假说可以解释环境影响的效应，它说明了个体的发展路径是如何通过特定的环境线索与普遍的人性设计的交互作用而发生改变的。BSD假说表明，缺乏父亲亲代投资（父亲存在与否以及相关投资的可靠性）的女孩在性成熟、参与性活动和怀孕等方面要早于拥有父亲亲代投资的女孩，其原因在于早期经验中父亲的投资情况调整了女孩性成熟方面的适应性功能设计，从而影响女孩性成熟的发展路径。多数进化心理学家都认为，环境对个体发展产生的重要影响，最终都要以进化设计的内隐心理机制为基础。以上述BSD假说为例，内隐心理机制被专门设计用来接收特定的输入信息（父亲的亲代投资情况），然后通过一系列决策规则加工这些信息，建立相应的心理模型，最后选取某种择偶策略作为心理机制的输出信息，从而建立起相应的性成熟发展路径。

当环境和遗传因素都被用于解释行为变异时，交配模式（mating model）似乎是较好的解释案例（Rowe，2002）。有性繁殖的交配模式包括同型交配模式和异型交配模式（有关的详细阐述见第3章）。个体最终选择哪种交配模式，取决于他的生活史策略。而个体的生活史策略又是基于对自身可得性遗传信息（即提出的反应性遗传）和环境资源信息的综合评估（利弊权衡）来确定的。在这里，需要将二者结合起来，不仅有环境的影响，而且有遗传的作用，甚至还有发展可塑性（生活史策略）的作用（Kennair，2005；Pitchford，2002）。从生活史和进化发展的视角来看，由于特定生态因素的重要性，不同的生活环境会导致个体产生不同的适应性。

在人格特质的行为遗传学研究中，遗传学观点总是强调基因至少能够在中等程度上解释人格的变异，当然这种观点也得到了实证研究的支持，不过环境因素对人格特质的影响也是非常明显的。有研究者（Turkheimer，2000）总结了环境因素对人格特质的影响：在相同的家庭成长环境中，遗传基因能更好地解释变异，但是排除相同的家庭环境（共享环境）因素，环境因素的影响也能解释大部分的变异。整体来看，遗传使兄弟姐妹的人格特质具有相似性，环境因素则使他们产生差异。从进化的角度来看，相比于类似的物种，人类的遗传变异是有限的。父母与他们的孩子具有50%的基因相似性。在小群体的进化适应环境中，近亲之间的交配更多，因此基因相似性变得更大。正如大多数行为遗传学理论认为的那样，如果遗传基因让我们具有相似性，那么父母和兄弟姐妹使我们更具相似性，于是就会有较少的表型差异。但是，如果表型变异是有益的，那么进化选择将会提高人们被环境因素影响的可能性，并且降低共享环境的效应。

上述这些行为遗传学观点也可以被用到精神病理学中以便对心理障碍的来源进行解释，即遗传变异因素是重要的，但是特异性的环境因素也是必不可少的。波尔顿和孟席斯（Poulton & Menzies，2002），以及肯德勒、迈尔斯和普雷斯科特（Kendler，Myers，& Prescott，2002）对恐惧症病因的精神病理学的主流思想提出质疑。通过总结多年的纵向研究，他们推断，似乎非遗传关联性的观点更能解释恐惧症是如何形成的。肯德勒、迈尔斯和普雷斯科特（Kendler，Myers，& Prescott，2002）也对恐惧症病因的应激易感素质模型提出了挑战。他们认为，很少有实证研究支持疾病是由基因的易损性和严重的创伤性经历或压力等因素的相互影响造成的这种观点。这么多年来，大多数临床医生都认为焦虑障碍是由特定的经历导致的，如此说来，这些障碍有着最明显的生成途径。虽然非共享环境因素能解释大部分有关人类发展性焦虑障碍的变异，但是我们并不能充分理解特定的环境因素是如何解释特定障碍的。对大多数心理疾病而言也是如此。不过在进化心理学看来，既然我们能够解释个体差异是如何进化发展的，心理机制的个体差异是如何维持下来的，那么我们也能解释正常的心理适应机制的发展在什么环境下可能被改变，甚至被破坏。

第8章
心理障碍的进化观

毫无疑问,主流的进化心理学关于表型可塑性以及环境因素对发展路径的影响的观点可以为精神病理学研究提供重要的启示(Buss & Greiling,1999)。除了基因的重要性,非共享环境因素对大部分的变异作出了解释(Turkheimer,2000)。有时候尽管基因是相同的,但不同的环境会导致不同的表型以及精神病理学的综合征(Kendler,2004)。

另外,认识到当前环境与进化心理适应机制的不协调也是很重要的,这些进化适应机制是在完全不同的远古环境中(即进化适应环境中)形成的(Nesse,2005)。这意味着这种适应机制可能不会接收到预期的、确定的环境输入信息和刺激,这使得这些适应机制在当前环境中以非适应的方式处理信息,或者说,适应性发展可能会受到干扰(Buss & Greiling,1999;Kennair,2003;Nesse,2005)。虽然很少有证据能够绝对证明,现代社会环境导致心理障碍的增加,但是已经有一些证据表明,在现代社会环境中,抑郁症患者正在不断增加,尤其在女性群体之中(Nesse,2005)。主流生活方式的快速变化表明,当前主流社会的改变正在加剧这种不协调。譬如,有研究者(Sandseter & Kennair,2010)指出,为了避免幼儿园中风险的发生,过分谨慎的安全制度和设施可能会导致焦虑的增加,因为这使得儿童应对环境的能力被大大削弱了,同时他们与社会生态常规互动的学习机会也变得更少了。

社会选择对人类心理的进化至关重要。人类最重要的进化选择力量来自古人类,因此我们复制并保存了与进化心理机制最相关的环境特征,其中包括古人类产生的社会和关系行为。自从人类从非洲大陆迁徙出来,我们的大多数关系和社会背景都是相对稳定的,这种进化适应环境的假设对于适应机制的进化是必要的,也是合理的。正如巴斯(Buss,1996)所提出的,当考虑人格特质的进化时,古人类的特质为我们最重要的和最稳定的适应性问题奠定了基础,同时通过合作为我们面临的适应性问题提供了一些最有效的解决方案。在广义上说,环境不仅涉及心理社会层面,而且包括生物的和化学的层面。环境可以被界定为从基因、化学物质和营养物质到社会和政治因素的各个层面的生物—心理—社会背景。人们必须考虑这些因素如何影响个体适应性的发展。进化心理学通常对环境因素,尤其是社会环境因素较为敏感。其实,我们可能需要对生物化学因素给予更多的关注(Mysterud & Poleszynski, 2003)。研究者也注意到,适应机制与环境之间的不匹配不一定会产生负面影响。譬如,在现代环境中,食用糖随时可得,这可能会导致龋齿、病理性肥胖和糖尿病,但在人类进化发展过程中,卡路里(calory)摄入量的增加可能会促进人脑的发育,从而促进人类智力的发展(弗林效应)。于是,有研究者(Kennair, 2011)认为,基于个体发展对进化适应环境的敏感性,可以设想这样一种育儿情境:让婴儿按照自己的方式休息和娱乐,这也许不同于当前文化习俗中的育儿实践,但这种育儿方式的效果也许具有进化的意义。它可以降低婴儿患病的可能性,也可能导致更多的个性化特征,从而使婴儿能更好地适应当今复杂的社会。

以上从三个方面阐述了肯奈尔的进化精神病理学模型。总之,这个模型试图把一般的进化心理学的理论和研究整合到进化精神病理学框架中。其实,这个模型本身并不提供任何具体的预测和判断标准。它旨在阐明与心理障碍有关的几个重要的生物—心理—社会背景因素以及几个重要的分析水平,其中包括普遍性的适应机制与遗传性的个体差异,发展可塑性和生活史特征,环境因素以及它是如何影响疾病状态和症状的,疾病是适应性的还是由适应不良引起的。此外,与韦克菲尔德的定义相关,这个模型也试图阐明功能障碍的条件因素和表型特征。

四、 总结与展望

到目前为止,进化精神病理学在很大程度上是一种理论探讨,相对来说还比较缺乏实证研究,它聚焦于在理论上如何理解和解释心理障碍的实质及其进化来源。和进化人格心理学(Buss, 1991)一样,进化精神病理学的理论阐释超前于实证数据的收集和分析(Figueredo et al., 2005)。如果进化精神病理学需要进一步发展,那么该学科需要进行大量的实证研究,与之相关的进化人格心理学也是如此。

进化精神病理学的实证研究也需要进化心理学元理论的指导。没有这样一种理论框架的指导，实证研究的知识积累很难有序完成。在缺乏理论指导的情况下，实证研究只是零散的数据和经验的堆砌。另外，没有理论的指导，该领域研究者的学术交流也会变得很困难，他们在理论基础、研究方法和实证研究上也无法进行真正的学科整合。

进化心理学可以为进化精神病理学提供一套作为元理论的、严谨的指导原则。因为进化心理学主要关注进化的心理适应机制而不是某些表型性状或者具体的适应能力，它试图基于进化适应环境来分析可能存在哪些进化适应机制，同时试图使用已经形成的中层进化理论建构现代社会中关于人类本性的假设（Buss，2007）。有了相应的进化心理学的理论框架，心理障碍的研究也容易被整合，并可能取得丰富的成果。同时，这对相关的心理学研究者投入临床实践研究也会产生很大的吸引力。

虽然进化心理学起初集中关注普遍人性的研究（Tooby & Cosmides，1990），但是近年来随着进化心理学与进化遗传学等学科交叉研究越来越多，进化心理学也开始关注人格特质的个体差异研究。许多研究者也认识到，进化心理学领域需要包括人类共性和个体差异两个部分（Buss，2007；Scarr，1995），而进化人格心理学尤其关注个体差异领域。与之相关的进化精神病理学则需要关于个体差异来源的进化人格心理学的理论

第8章
心理障碍的进化观

指导。

另外,一个广泛的、综合性的、集生物—心理—社会因素为一体的研究方法也可以说服临床医生和其他理论研究者接受进化心理学的基本观点和进化的研究取向。总之,本书阐述的这些作为进化心理学核心内容的进化心理机制,应该成为未来进化精神病理学的关注焦点。同时,进化心理学也需要更好地理解这些心理机制是如何发展的,是如何被不同环境和遗传变异影响的,以及是如何被破坏或造成社会和情绪功能失调的。

未来若干年,进化心理学仍然会是一个很有活力的研究取向,进化心理学理论也会更加成熟,并且不断向新的研究领域拓展。毫无疑问,进化心理学的优势就在于它是一个涵盖和指导许多学科领域的元理论,而且有自己明确的研究领域。今后,它在关于人性的进化以及相伴随的心理机制的研究领域会提供更多的理论知识。从广义上说,进化精神病理学是比较老旧的研究取向,包括弗洛伊德(Sigmund Freud)、鲍尔比(John Bowlby)、迈耶(Adolf Meyer)等在内的许多理论家,都在使用精神病理学的不同进化方法来进行精神病理学研究,这几乎覆盖了整个心理障碍的研究领域。但是,之前一直没有一个整合的研究框架和理论或者一个关于人性的进化模型来统合这些不同方向的研究。因此,在这个领域里没有形成团体的力量,对心理机制这个根本问题也缺乏关注。而且,在一般精神病学和临床心理学中,对于什么是心理障碍还没有达成共识。很显然，过去的进化精神病理学领域是比较糟糕的。将来，进化心理学的指导也许可以改变传统的进化精神病理学的分裂状况。

对共同人性的解释是进化心理学的基本方面，但是进化心理学关于个体差异的进化来源的观点可能是与进化精神病理学最相关的知识领域和研究取向。进化精神病理学的未来研究既需要聚焦于心理机制的功能障碍，也需要关注功能障碍作为个体差异的一个方面的进化来源和进化机制。

临床医生通常没有心理障碍的理论定义，也不考虑心理机制的功能障碍问题，只是直接处理可治疗的症状，韦克菲尔德的有害的功能失调的界定是心理障碍最好的界定之一。本章基本上就是围绕这个界定从进化的角度探讨心理障碍的内涵、标准、分类及其产生根源和形成机制的。未来基于这个概念的进一步临床应用在很大程度上取决于我们从进化的角度对心理机制的进一步探讨，当然有关功能失调的神经学的理论知识也是非常重要的，它们可以为临床医生识别真正的功能障碍提供指导。总之，对心理障碍的进一步界定和理解可以通过进化心理学的理论和实证研究得到拓展和完善。

参考文献

Abed, R.T. (1998). The sexual competition hypothesis for eating disorders.

British Journal of Medical Psychology, 71, 525—547.

Baron-Cohen, S. (1997). *The maladapted mind: Classic readings in evolutionary psychopathology*. Hove, UK: Psychology Press.

Barr, K.N., & Quinsey, V.L. (2004). Is psychopathy pathology or a life strategy? Implications for social policy. In C. Crawford & C. Salmon (Eds.), *Evolutionary psychology, public policy and personal decisions* (pp.293—317). Mahwah, NJ: Lawrence Erlbaum.

Benros, M.E., Mortensen, P.B., & Eaton, W.W. (2012). Autoimmune diseases and infections as risk factors for schizophrenia. *Annals of the New York Academy of Sciences*, 1262, 56—66.

Brüne, M. (2008). *Textbook of evolutionary psychiatry: The origins of psychopathology*. New York, NY: Oxford University Press.

Brüne, M., Ghiassi, V., & Ribbert, H. (2010). Does borderline personality reflect the pathological extreme of an adaptive reproductive strategy? Insights and hypotheses from evolutionary life-history theory. *Clinical Neuropsychiatry*, 7, 3—9.

Burgess, R.L., & MacDonald, K. (2005). *Evolutionary perspectives on human development*. 2nd ed. Thousand Oaks, CA: Sage Publications.

Burt, A., & Trivers, L.R. (2006). *Genes in conflict: the biology of selfish genetic elements*. Cambridge, MA: Harvard University Press.

Buss, D.M. (1991). Evolutionary personality psychology. *Annual Review of Psychology*, 42, 459—491.

Buss, D.M. (1995). Evolutionary psychology: A new paradigm for psychological science. *Psychological Inquiry*, 6, 1—30.

Buss, D.M. (1996). Social adaptation and five major factors of personality. In J.Wiggins (Ed.), *The five factor model of personality: Theoretical perspectives* (pp.180—207). New York: Guilford Publications.

Buss, D.M.熊哲宏, 张勇, 晏倩译. (2007).进化心理学.上海:华东师范大学出版社.

Buss, D.M, et al. (1990). International preferences in selecting mates: A study of 37 societies. *Journal of Cross Cultural Psychology*, 21, 5—47.

Buss, D. M., & Greiling, H. (1999). Adaptive individual differences.

Journal of Personality, *67*, 209—243.

Buss, D.M. & Haselton, M.G. (2005). The evolution of jealousy: A response to Buller. *Trends in Cognitive Sciences*, *9*, 506—507.

Buss, D.M., & Reeve, H.K. (2003). Evolutionary psychology and developmental dynamics: Comment on Lickliter and Honeycutt. *Psychological Bulletin*, *129*, 848—853.

Buss, D.M., Haselton, M.G., Shackleford, T.K., Bleske, A.L., & Wakefield, J.C. (1998). Adaptations, exaptations, and spandrels. *American Psychologist*, *53*, 533—548.

Caspi, A., Sugden, K., Moffitt, T.E., Taylor, A., Craig, I.W., Harrington, H., et al. (2003). Influence of life stress on depression: Moderation by a polymorphism in the 5-HTT gene. *Science*, *301*, 386—389.

Cosmides, L., & Tooby, J. (1999). Toward an evolutionary taxonomy of treatable conditions. *Journal of Abnormal Psychology*, *108*, 453—464.

Crespi, B.J. (2000). The evolution of maladaptation. *Heredity*, *84*, 623—629.

Crespi, B.J. (2010). The origins and evolution of genetic disease risk in modern humans. *Annals of the New York Academy of Sciences*, *1206*, 80—109.

Crespi, B., & Badcock, C. (2008). Psychosis and autism as diametrical disorders of the social brain. *Behavioral and Brain Sciences*, *31*, 241—261.

Crow, T.J. (2000) Schizophrenia as the price that homo sapiens pay for language: A resolution of the central paradox in the origin of the species. *Brain Research Review*, *31*, 118—129.

De Catanzaro, D. (1995). Reproductive status, family interactions, and suicidal ideation: Surveys of the general public and high-risk groups. *Ethology and Sociobiology*, *16*, 385—394.

Del Giudice, M. (2009). Sex, attachment, and the development of reproductive strategies. *Behavioral and Brain Sciences*, *32*, 1—21.

Del Giudice, M. (2012). Fetal programming by maternal stress: Insights from a conflict perspective. *Psychoneuroendocrinology*, *37*, 1614—1629.

Del Giudice, M. (2014a). An evolutionary life history framework for psychopathology. *Sychological Inquiry*, *25*, 261—300.

Del Giudice, M. (2014b). A tower unto Heaven: Toward an expanded framework for psychopathology. *Psychological Inquiry*, *25*, 394—413.

Del Giudice, M., Angeleri, R., Brizio, A., & Elena, M.R. (2010). The evolution of autistic-like and schizotypal traits: A sexual selection hypothesis. *Frontiers in Psychology*, *1*, 41.

Del Giudice, M., Ellis, B.J., & Shirtcliff, E.A. (2011). The adaptive calibration model of stress responsivity. *Neuroscience & Biobehavioral Reviews*, *35*, 1562—1592.

Del Giudice, M., Hinnant, J.B., Ellis, B.J., & El-Sheikh, M. (2012). Adaptive patterns of stress responsivity: A preliminary investigation. *Developmental Psychology*, *48*, 775—790.

Del Giudice, M., & Ellis, B.J. (2016). *Evolutionary foundations of developmental psychopathology*. John Wiley & Sons, Inc.

Ellis, B.J. (2004). Timing of pubertal maturation in girls: An integrated life history approach. *Psychological Bulletin*, *130*, 920—958.

Ellis, B.J. (2013). The hypothalamic-pituitary-gonadal axis: A switch-controlled, condition-sensitive system in the regulation of life history strategies. *Hormones and Behavior*, *64*, 215—225.

Ellis, B.J., & Boyce, W.T. (2011). Differential susceptibility to the environment: Toward an understanding of sensitivity to developmental experiences and context. *Development and Psychopathology*, *23*, 1—5.

Ellis, B.J., Boyce, W.T., Belsky, J., Bakermans-Kranenburg, M.J., & Van IJzendoorn, M.H. (2011a). Differential susceptibility to the environment: An evolutionary-neurodevelopmental theory. *Development and Psychopathology*, *23*, 7—28.

Ellis, B.J., & Bjorklund, D. (2005). *Origins of the social mind: Evolutionary psychology and child development*. New York, NY: Guilford.

Ellis, B.J., & Bjorklund, D. (2012). Beyond mental health: An evolutionary analysis of development under risky and supportive environmental conditions: An introduction to the special section. *Developmental Psychology*, *48*, 591—597.

Ellis, B.J., & Del Giudice, M. (2014). Beyond allostatic load: Rethinking the role of stress in regulating human development. *Development and Psychopathology*, 26, 1—20.

Ellis, B.J., Del Giudice, M., Dishion, T.J., Figueredo, A.J., Gray, P., Griskevicius, V., & Wilson, D.S. (2012). The evolutionary basis of risky adolescent behavior: Implications for science, policy, and practice. *Developmental Psychology*, 48, 598—623.

Ellis, B.J., Del Giudice, M., & Shirtcliff, E.A. (2013). Beyond allostatic load: The stress response system asa mechanism of conditional adaptation. In T.P. Beauchaine & S.P. Hinshaw (Eds.), *Child and adolescent psychopathology* (2nd ed., pp.251—284). Hoboken, NJ: Wiley & Sons.

Ellis, B.J., & Essex, M.J. (2007). Family environments, adrenarche, and sexual maturation: A longitudinal test of a life history model. *Child Development*, 78, 1799—1817.

Figueredo, A.J., Sefcek, J., Vásquez, G., Brumbach, B.H., King, J.E., & Jacobs, W.J. (2005). Evolutionary personality psychology. In D.M. Buss (Ed.), *The handbook of evolutionary psychology* (pp.851—877). Hoboken, NJ: Wiley.

Flinn, M.V. (2005). Culture and developmental plasticity: Evolution of the social brain. In K.MacDonald & R.L. Burgess (Eds.), *Evolutionary perspectives on child development* (pp.73—98). Thousand Oaks, CA: Sage.

Flinn, M.V., & Ward, C.V. (2005). Evolution of the social child. In B. Ellis & D. Bjorklund (Eds.), *Origins of the social mind: Evolutionary psychology and child development* (pp.19—44). London: Guilford Press.

Fulford, K.W.M., & Thornton, T. (2007). Fanatical about "harmful dysfunction". *World Psychiatry*, 6, 161—162.

Frankenhuis, W.E., & Del Giudice, M. (2012). When do adaptive developmental mechanisms yield maladaptive outcomes? *Developmental Psychology*, 48, 628—642.

Frankenhuis, W.E., &De Weerth, C. (2013). Does early-life exposure to stress shape or impair cognition? *Current Directions in Psychological Science*, *22*, 407—412.

Frankenhuis, W.E., Panchanathan, K., & Barrett, H.C. (2013). Bridging developmental systems theory and evolutionary psychology using dynamic optimization. *Developmental Science*, *16*, 584—598.

Gangestad, S.W., & Simpson, J.A. (2007). *The evolution of mind: Fundamental questions and controversies*. New York: Guilford Press.

Gilbert, P. (1995). Biopsychosocial approaches and evolutionary theory as aids to integration in clinical psychology and psychotherapy. *Clinical Psychology and Psychotherapy*, *2*, 135—156.

Gilbert, P. (1998). Evolutionary psychopathology. *British Journal of Medical Psychology*, *71*, 351—547.

Gilbert, P. (2002). Evolution and cognitive therapy. *Cognitive Psychotherapy: An International Quarterly*, *16*, 259—383.

Gilbert, P., & Irons, C. (2005). Focused therapies and compassionate mind training for shame and self-attacking. In P.Gilbert (Ed.), *Compassion: Conceptualisations, research and use in psychotherapy* (pp. 263—325). Hove, UK: Routledge.

Gilbert, P., & Mayhew, S.L. (2008). Compassionate mind training with people who hear malevolent voices: A case series report. *Clinical Psychology & Psychotherapy*, *15*, 113—138.

Gilbert, P., & Procter, S. (2006). Compassionate mind training for people with high shame and self-criticism: Overview and pilot study of a group therapy approach. *Clinical Psychology & Psychotherapy*, *13*, 353—379.

Glenn, A.L. (2011). The other allele: Exploring the long allele of the serotonin transporter gene as a potential risk factor for psychopathy: A review of the parallels in findings. *Neuroscience and Biobehavioral Reviews*, *35*, 612—620.

Glenn, A.L., Kurzban, R., & Raine, A. (2011). Evolutionary theory and psychopathy. *Aggression and Violent Behavior*, *16*, 371—380.

Glover, V. (2011). Prenatal stress and the origins of psychopathology: An evolutionary perspective. *Journal of Child Psychology and Psychiatry*, *52*, 356—367.

Hagen, E.H. (1999). The functions of postpartum depression. *Evolution and Human Behavior*, *20*, 325—359.

Hagen, E.H. (2002). Depression as bargaining: The case postpartum. *Evolution and Human Behavior*, *23*, 323—336.

Hagen, E. H. (2003). The bargaining model of depression. In P. Hammerstein (Ed.), *Genetic and cultural evolution of cooperation*. Cambridge, MA: MIT Press.

Hagen, E.H. (2005). Controversial issues in evolutionary psychology. In D. M.Buss (Ed.), *The handbook of evolutionary psychology* (pp.145—174). Hoboken, NJ: Wiley.

Haig, D. (1993). Genetic conflicts in human pregnancy. *Quarterly Review of Biology*, *68*, 495—532.

Kaplan, H.S., & Gangestad, S.W. (2004). Life history theory and evolutionary psychology. In D.M.Buss (Ed.), *The handbook of evolutionary psychology* (pp.68—95). New York: Wiley.

Kendler, K.S. (2004). Major depression and generalised anxiety disorder: Same genes, (partly) different environments—revisited. *Focus*, *2*, 416—425.

Kendler, K.S., Myers, J., & Prescott, C.A. (2002). The etiology of phobias. An evaluation of the stress-diathesis model. *Archives of General Psychiatry*, *59*, 242—248.

Kennair, L. E. O. (2002). Evolutionary psychology: An emerging integrative perspective within the science and practice of psychology. *Human Nature Review*, *2*, 17—61.

Kennair, L.E.O. (2003). Evolutionary psychology and psychopathology. *Current Opinion in Psychiatry*, *16*, 691—699.

Kennair, L.E.O. (2005). The evolving science of the developable. *Evolutionary Psychology*, *3*, 216—226.

Kennair, L.E.O. (2007). Fear and fitness revisited. *Journal of Evolutionary Psychology*, *5*, 105—117.

Kennair, L.E.O. (2011). The problem of defining psychlopatholgy and challenges to evolutionary psychlogy theory. In D. M. Buss & P. H. Hawley (Eds.), *The evolution of personality and individual differences* (pp.451—479). New York: Oxford University Press.

Keller, M.C., & Miller, G. (2006). Resolving the paradox of common, harmful, heritable mental disorders: Which evolutionary genetic models work best? *Behavioral and Brain Sciences*, *29*, 385—452.

Keller, M.C., Nesse, R.M. (2006). The evolutionary significance of depressive symptoms: Different adverse situations lead to different depressive symptom patterns. *Journal of Personality and Social Psychology*, *91* (2), 316—330.

Mealey, L. (1995). The sociobiology of sociopathy: An integrated evolutionary model. *Behavioral and Brain Sciences*, *18*, 523—541.

Mealey, L. (2000). Anorexia: A "losing" strategy? *Human Nature*, *11*, 105—116.

Marks, I. (1988) Blood-injury phobia: A review. *American Journal of Psychiatry*, *145*, 1207—1213.

Martel, M. M. (2013). Sexual selection and sex differences in the prevalence of childhood externalizing and adolescent internalizing disorders. *Psychological Bulletin*, *139*, 1221—1259.

Mysterud, I., & Poleszynski, D.V. (2003). Expanding evolutionary psychology: Toward a better understanding of violence and aggression. *Social Science Information*, *42*, 5—50.

Nesse, R.M. (2001). On the difficulty of defining disease: A Darwinian perspective. *Medicine, Health Care and Philosophy*, *4*, 37—46.

Nesse, R.M. (2004a). Natural selection and the elusiveness of happiness. *Philosophical Transactions of the Royal Society of London B*, *359*, 1333—1347.

Nesse, R.M. (2004b). Cliff-edged fitness functions and the persistence of schizophrenia. *Behavioral and Brain Sciences*, *27*, 862—863.

Nesse, R.M. (2005). Natural selection and the regulation of defenses: A signal detection analysis of the smoke detector principle. *Evolution and Human Behavior*, *26*, 88—105.

Nesse, R.M. (2006). Evolutionary explanations of mood and mood disorders. In D.J. Stein, D.J. Kupfur, & A.F. Schatzberg (Eds.), *American psychiatric publishing textbook of mood disorders* (pp.159—175). Arlington, VA: American Psychiatric Publishing.

Nesse, R.M. (2011). Ten questions for evolutionary studies of disease vulnerability. *Evolutionary Applications*, *4*, 264—277.

Nesse, R.M., & Jackson, E.D. (2006). Evolution: Psychiatric nosology's missing biological foundation. *Clinical Neuropsychiatry*, *3*, 121—131.

Nesse, R.M., & Williams, G.C. (1996). *Why we get sick: The new science of Darwinian medicine*. New York: Vintage Books.

Nettle, D. (2001). *Strong imagination: Madness, creativity and human nature*. Oxford, UK: Oxford University Press.

Nettle, D. (2004). Evolutionary origins of depression: A review and reformulation. *Journal of Affective Disorders*, *81*, 91—102.

Nettle, D. (2006). Reconciling the mutation—selection balance model with the schizotypy-creativity connection. *Behavioral and Brain Sciences*, *29*, 418.

Painter, R.C., Westendorp, R.G.J., De Rooij, S.R., Osmond, C., Barker, D.J.P., & Rosenboom, T.J. (2008). Increased reproductive success of women after prenatal undernutrition. *Human Reproduction*, *23*, 2591—2595.

Patterson, P.H. (2011). *Infectious behavior: Brain-immune connections in autism, schizophrenia, and depression*. Cambridge, MA: MIT Press.

Pitchford, I. (2002). *Evolutionary developmental psychopathology*. PhD thesis, University of Sheffield, Sheffield, United Kingdom.

Poulton, R., & Menzies, R.G. (2002). Non-associative fear acquisition: A review of the evidence from retrospective and longitudinal research. *Behaviour Research and Therapy*, *40*, 127—149.

Poulton, R., Davies, S., Menzies, R.G., Langley, J.D., & Silva, P.A. (1998). Evidence for a non-associative model of the acquisition of a fear of heights. *Behaviour Research and Therapy*, *36*, 537—544.

Poulton, R., Menzies, R.G., Craske, M.G., Langley, J.D., & Silva, P.A.

(1999). Water trauma and swimming experiences up to age 9 and fear of water at age 18: A longitusinal study. *Behaviour Research and Therapy*, *37*, 39—48.

Rowe, D.C. (2002). On genetic variation in menarche and age at first sexual intercourse: A critique of the Belsky—Draper hypothesis. *Evolution and Human Behavior*, *23*, 365—372.

Rutter, M. (2006). *Genes and behavior: Nature-nurture interplay explained*. Malden, MA: Blackwell.

Schlomer, G.L., Del Giudice, M., & Ellis, B.J. (2011). Parent-offspring conflict theory: An evolutionary framework for understanding conflict within human families. *Psychological Review*, *118*, 496—521.

Sandseter, E.B.H., & Kennair, L.E.O. (2010). Children's risky play from an evolutionary perspective: The antiphobic effects of thrilling experiences.

Scarr, S. (1995). Psychology will be truly evolutionary when behavior genetics is included. *Psychological Inquiry*, *6*, 68—71.

Sloman, L., & Price, J.S. (1987). Losing behavior (yielding subroutine) and human depression: Proximate and selective mechanisms. *Ethology and Sociobiology*, *8*, 99—109.

Stone, V., Cosmides, L., Tooby, J., Kroll, N., & Knight, R. (2002). Selective impairment of reasoning about social exchange in a patient with bilateral limbic system damage. *Proceedings of the National Academy of Sciences*, *99*, 11531—11536.

Trivers, R.L. (1972). Parental investment and sexual selection. In B.Campbell (Ed.), *Sexual selection and the descent of man 1871—1971* (pp.136—179). Chicago, IL: Aldine.

Trivers, R.L. (1974). Parent-offspring conflict. *American Zoologist*, *14*, 249—264.

Troisi, A., & McGuire, M. (2002). Darwinian psychiatry and the concept of mental disorder. *Neuroendocrinology Letters*, *23* (Suppl 4), 31—38.

Tooby, J., & Cosmides, L. (1990). On the universality of human nature and the uniqueness of the individual: The role of genetics and adaptation. *Journal of Personality*, *58*, 17—67.

Turkheimer, E. (2000). Three laws of behavior genetics and what they mean. *Current Directions in Psychological Science*, *9*, 160—164.

Wakefield, J.C. (1999). Evolutionary versus prototype analyses of the concept of disorder. *Journal of Abnormal Psychology*, *108*, 374—399.

Wakefield, J.C. (2007). The concept of mental disorder: Diagnostic implications of the harmful dysfunction analysis. *World Psychiatry*, *6*, 149—156.

Watson, D. (2005). Rethinking the mood and anxiety disorders: A quantitative hierarchical model for DSM-V. *Journal of Abnormal Psychology*, *114*, 522—536.

Watson, P.J., & Andrews, P.W. (2002). Towards a revised evolutionary adaptationist analysis of depression: The social navigation hypothesis. *Journal of Affective Disorders*, *72*, 1—14.